Streuung und Strukturen

Springer
Berlin
Heidelberg
New York
Hongkong
London
Mailand
Paris
Tokio

Bogdan Povh Mitja Rosina

Streuung und Strukturen

Ein Streifzug durch die Quantenphänomene

Mit 106 Abbildungen

Springer

Professor Dr. Bogdan Povh
Max-Planck-Institut für Kernphysik
Postfach 10 39 80
69117 Heidelberg
Deutschland

Professor Dr. Mitja Rosina
University of Ljubljana
Department of Physics
Jadranska 19, POB 2964
1000 Ljubljana
Slovenien

ISBN 3-540-42887-9 Springer-Verlag Berlin Heidelberg New York

Die Deutsche Bibliothek - CIP-Einheitsaufnahme

Povh Bogdan: Streuung und Strukturen : ein Streifzug durch die Quantenphänomene /
Bogdan Povh ; Mitja Rosina.
- Berlin ; Heidelberg ; New York ; Barcelona ; Hongkong ; London ; Mailand ; Paris ; Singapur ; Tokio :
Springer, 2002
ISBN 3-540-42887-9

Springer-Verlag Berlin Heidelberg New York
ein Unternehmen der BertelsmannSpringer Science+Business Media GmbH

http://www.springer.de

Satz: Jürgen Sawinski, Heidelberg
Einbandgestaltung: Erich Kirchner, Heidelberg

Gedruckt auf säurefreiem Papier SPIN 10857506 55/3141/di - 5 4 3 2 1 0

Vorwort

La simplicité affectée est une imposture delicate.
La Rochefoucauld

Die Absicht dieses Buches kann am besten mit dem folgenden Spruch von Ernest Rutherford charakterisiert werden: „*If you can't explain a result in simple, nontechnical terms, then you don't really understand it*". Mit „*simple, nontechnical terms*" sind in diesem Buch die Begriffe gemeint, mit denen jeder Physiker umgehen können sollte.

Physik mag kompliziert erscheinen, wenn man durch Details den Blick auf größere Zusammenhänge verliert. Physik wird einfach, wenn man durch Anwendung weniger grundlegender Konzepte ein Prinzip offen legt und Größenordnungen abschätzt. Wir werden im Folgenden die Eigenschaften von Quantensystemen (Elementarteilchen, Nukleonen, Atomen, Molekülen, Quantengasen, Quantenflüssigkeiten und Sternen) mit Hilfe elementarer Konzepte und Analogien zwischen diesen Systemen darstellen. Die Wahl der Themen entspricht dem Themenkatalog, den einer der Autoren (B.P.) für die mündliche Physik-Diplomprüfung in Heidelberg benutzt hat. Das Buch ist vor allem für die Vorbereitung auf die mündliche Diplomprüfung und auf die Disputation der heutigen Promotionen gedacht. Einige der Kapitel (z. B. 6 und 8) sind jedoch inhaltlich weit über den Rahmen des Prüfungsniveaus ausgebaut worden, so dass das Buch auch für einen breiteren Kreis von Physikern von Interesse sein könnte. In einzelnen Fällen, wenn wir der Meinung waren, dass die heutigen Lehrbücher die neuere Entwicklungen in der Physik noch nicht verständlich präsentieren (z. B. Kap. 3), haben wir den Umfang des Kapitels über den sonst von uns vorgegebenen Rahmen erweitert.

Im Gegensatz zu den üblichen Lehrbüchern werden keine präzisen Herleitungen vorgeführt. Es wird statt dessen versucht, mittels elementarer Prinzipien (Unschärferelation, Pauli-Prinzip), universeller Konstanten (Massen der Teilchen und Kopplungskonstanten) und einfacher Abschätzungen *on the back of an envelope* den physikalischen Zusammenhang zu beleuchten. Eines der Vorbilder, das Buch in diesem Geiste zu schreiben, waren die Vorlesungen von Victor Weisskopf für die Sommerstudenten im CERN und seine kurzen Essays – „*search for simplicity*“– im American Journal of Physics aus dem Jahre 1985.

Die einzelnen Kapitel sind als selbstständige Einheiten verfasst. Wenn wir uns auf andere Kapitel beziehen, dann nur, um die Analogien zwischen verschiedenen physikalischen Systemen zu unterstreichen.

Zu jedem Kapitel nennen wir Lehrbücher, in denen die allgemeinen Begriffe, die wir benutzen, und die einfachen Formeln, die wir nicht herleiten, enthalten sind. Die sonst noch notwendigen Referenzen sind im Text mit den Autorennamen angegeben und auch am Ende jedes Kapitels angeführt.

In den Kap. 1–3 und 9 stellen wir die Streuung als Methode zur Untersuchung von Quantensystemen dar.

In den Kap. 4–6 befassen wir uns mit dem Aufbau der elementaren Systeme der elektromagnetischen und starken Wechselwirkung, den Atomen und Hadronen.

Die interatomaren Kräfte, die zum Aufbau komplexer Moleküle führen, sind in den Kap. 7 und 8, die analoge Kraft der starken Wechselwirkung, die Kernkraft, ist kurz im Kap. 10 behandelt.

Die entarteten Systeme von Fermionen und Bosonen, von Quantengasen bis zu den Neutronensternen, sind das Hauptthema der Kap. 11–15.

Im Kap. 16 erwähnen wir einige offenen Fragen der heutigen Elementarteilchenphysik.

Es ist offensichtlich, dass sich beim Versuch, komplexe Phänomene mit Hilfe der „physikalischen Intuition“ elegant darzustellen, Denkfehler einschleichen können. Wir bitten den kritischen Leser, uns auf solche Ausrutscher aufmerksam zu machen. Wir würden uns freuen, wenn wir Anregungen zur Erschließung weiterer Beispiele der Quantenphänomene, die man in der Art *on the back of an envelope* plausibel machen kann, bekämen. Auch Vorschläge, wie man die in diesem Buch zu lang geratenen Abhandlungen, ohne Verlust an Klarheit, straffen könnte, sind sehr willkommen.

Besonderer Dank für inhaltliche, stilistische und sprachliche Verbesserungsvorschläge für das gesamte Buch gilt Christoph Scholz (Reilingen) und Michael Treichel (München). Auch den jetzigen Titel des Buches hat uns Michael Treichel vorgeschlagen.

Paul Kienle (München) hat uns wertvolle Kritik zu den ersten beiden, Peter Brix (Heidelberg) zu den kernphysikalischen Kapiteln mitgeteilt. Die Abhandlung der chiralen Symmetriebrechung haben wir mit Jörg Hüfner (Heidelberg) und Thomas Walcher (Mainz) ausführlich diskutiert. Nachhilfeunterricht in Phasenübergängen und Festkörperphysik haben wir von Franz Wegner (Heidelberg) und Reimer Kühn (Heidelberg) bekommen. Samo Fišinger (Heidelberg) hat uns geholfen den Aufsatz über die Proteine zu formulieren. Die Kapitel über die Quantengase und Quantenflüssigkeiten sind mit Hilfe von Allard Mosk (Utrecht) und Mattias Weidemüller (Heidelberg) zustande gekommen. Claus Rolfs (Bochum) hat das Kapitel über Sterne gründlich korrigiert. Über die neuen Ergebnisse der Neutrinoforschung haben wir mit Stephan Schönert (Heidelberg) ausfürlich diskutiert. Ingmar Köser und Claudia Ries haben sich bemüht, den Entwurf des Buches ins Hochdeutsche zu übertragen. Für das Layout und die Herstellung der Abbildungen war Jürgen Sawinski verantwortlich.

Die Zusammenarbeit mit Wolf Beiglböck und Gertrud Dimler vom Springer-Verlag war wie gewohnt ausgezeichnet.

Heidelberg,
Juli 2002

Bogdan Povh
Mitja Rosina

Präludium

Der mächtigste Kaiser der 13. Dynastie brachte das Reich der Mitte zu neuem Glanz. Ein neues Bild, das des Drachens, dem Symbol der Macht des Reiches, sollte seinen Palast schmücken. Er beauftragte den besten Künstler des Reiches mit der Fertigung des Bildes.

Erst zwei Jahre darauf erscheint der Künstler wieder mit dem Bild vor dem Kaiser. Als er das Leinen aufrollt, erblickt der Kaiser einen grünen Untergrund mit einem gelben, leicht geschlängelten Strich.

„Und dafür hast du zwei Jahre gebraucht?" fragt der Kaiser verärgert. Überzeugt, dass ihn der Künstler verhöhnt hätte, lässt er ihn abführen und verurteilt ihn zum Tode. Der weise Berater des Kaisers sagt jedoch: „Lasst uns, großer Kaiser, persönlich anschauen, was der Künstler die zwei Jahre getrieben hat." Als der Kaiser und sein Berater die Künstlerwerkstatt betreten, sehen sie über 700 Bilder, aufgereiht nach Datum. Jeden Tag hat der Künstler ein neues Bild gemalt. Die ersten Bilder stellen den Drachen mit allen möglichen Details dar. Die neueren haben weniger und weniger unwesentliche Details, aber die Ausstrahlung des Drachens wird immer deutlicher. Die letzten Bilder sind dem Bild, das ihm der Künstler gebracht hat, schon sehr ähnlich. „Jetzt sehe ich", sagt der Kaiser, „das Wesen des Drachens hat der Künstler in der Tat unübertrefflich dargestellt."

Der Kaiser begnadigte den Künstler.

Chinesisches Märchen

Inhaltsverzeichnis

KAPITEL 1

Photonstreuung

> Und so lasset auch die Farben
> Mich nach meiner Art verkünden,
> Ohne Wunden, ohne Narben,
> Mit der lässlichsten der Sünden.
>
> *Goethe*

Streuexperimente sind Paradebeispiele der quantenmechanischen Messung. Der Strahl von Atomen, Ionen, Elektronen, Photonen – um nur einige zu nennen – wird meistens mit Beschleunigern hergestellt. Im Detektor weist man die Energie bzw. den Absolutwert des Impulses und den Winkel des gestreuten Teilchens nach. Daraus berechnet man den Impuls- und den Energieübertrag auf das Streuzentrum, woraus die Eigenschaften des untersuchten Systems abgeleitet werden.

Die Streuung zwischen Elementarteilchen (Photonen, Leptonen und Quarks) zeichnet sich dadurch aus, dass diese Teilchen keine angeregten Zustände aufweisen und die Wechselwirkung durch die elementare Koppelung an die Austauschbosonen beschrieben werden kann. Die Streuung von Elementarteilchen an zusammengesetzten Systemen, Atomen oder Nukleonen, bietet die ideale Methode zur Aufklärung ihrer Struktur.

Photonen werden selbstverständlich von allen geladenen Teilchen gestreut. Da aber der Streuwirkungsquerschnitt proportional zum Quadrat der beschleunigten Ladung – die Proportionalkonstante sorgt für die richtige Einheit – ist, das bedeutet umgekehrt proportional zum Quadrat der Teilchenmasse, sind die elektromagnetischen Effekte in Photon-Elektron-Streuungen am einfachsten zu beobachten.

1.1 Compton-Effekt

Die Berechnung der Photonstreuung am freien Elektron, die Compton-Streuung, gehört zu den Standardübungen der relativistischen Quantenmechanik, durch die sich jeder einmal durchquälen musste. Wir behandeln hier nur die Klein-Nishina-Formel und diskutieren die Eigenschaften der Streuung in zwei interessanten kinematischen Bereichen.

Die beiden Amplituden, die zur Streuung beitragen, sind in Abb. 1.1 symbolisch dargestellt.

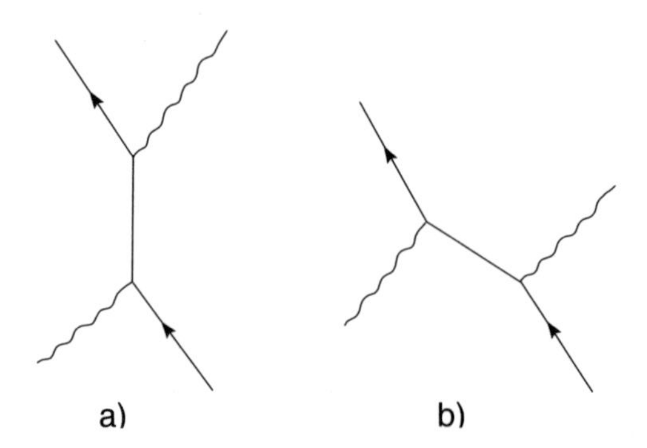

Abb. 1.1. Schematisch werden die beiden Amplituden (**a**) und (**b**) gezeigt, die in erster Ordnung zur Compton-Streuung beitragen. Die Elektronen bewegen sich in positiver Zeitrichtung, die Positronen entgegengesetzt

Die berühmte Klein-Nishina-Formel für unpolarisierte Strahlung lautet:

$$\frac{\mathrm{d}\sigma}{\mathrm{d}\Omega'_\omega} = \frac{1}{2} r_\mathrm{e}^2 \left(\frac{\omega'}{\omega}\right)\left(\frac{\omega'}{\omega} + \frac{\omega}{\omega'} - \sin^2\theta\right) , \tag{1.1}$$

wobei $\hbar\omega$ und $\hbar\omega'$ die Energien der einfallenden bzw. gestreuten Photonen sind und θ der Streuwinkel ist. Zwischen dem Winkel θ und den Energien gilt die folgende Relation:

$$\cos\theta = 1 - \frac{m_\mathrm{e}c^2}{\hbar\omega'} + \frac{m_\mathrm{e}c^2}{\hbar\omega} . \tag{1.2}$$

Hier ist r_e der so genannte klassische Elektronradius, dessen anschauliche Deutung wir erst später diskutieren:

$$r_\mathrm{e} = \frac{e^2}{4\pi\varepsilon_0 m_\mathrm{e}c^2} = \frac{\alpha\hbar c}{m_\mathrm{e}c^2} = \alpha\lambda\!\!\!^-_\mathrm{e} . \tag{1.3}$$

Die Compton-Wellenlänge und der klassische Radius des Elektrons berechnen sich zu $\lambda\!\!\!^-_\mathrm{e} = \hbar/(m_\mathrm{e}c) = 386\,\mathrm{fm}$ und $r_\mathrm{e} = 2.82\,\mathrm{fm}$. Bei der Compton-Streuung mit hochenergetischen Photonen ($E_\gamma \gg m_\mathrm{e}c^2$) an Elektronen, die im Atom gebunden sind, kann man die Elektronen in guter Näherung als frei betrachten. In Speicherringexperimenten kann man jedoch die Streuung am tatsächlich freien Elektron beobachten, was wir auch in Abschn. 1.5 kurz behandeln werden.

Von besonderem Interesse ist die kohärente Streuung von niederenergetischen Photonen an allen Elektronen eines Atoms. Wenn die Atome im Kristall gebunden sind, kann die Kohärenz der Streuung auf den Gesamtkristall erweitert werden.

Bei kleinen Energien, $E_\gamma \ll m_e c^2$, darf der Rückstoß vernachlässigt werden und man kann $\omega = \omega'$ setzen. In dieser Näherung ergibt die Klein-Nishina-Formel genau denselben Wert wie der klassisch berechnete Wirkungsquerschnitt für die Thomson-Streuung

$$\frac{\mathrm{d}\sigma}{\mathrm{d}\Omega} = r_\mathrm{e}^2 \frac{1 + \cos^2\theta}{2} . \tag{1.4}$$

Im Folgenden fragen wir uns: wo steckt in den Amplituden (Abb. 1.1) das klassische Bild des oszillierenden Elektrons im Feld der einfallenden Strahlung, das Bild, das in der Herleitung der Thomson-Formel (1.4) wesentlich ist?

1.2 Thomson-Streuung

1.2.1 Klassische Herleitung

Betrachten wir zuerst die Streuung von linear polarisiertem Licht an einem Elektron eines Atoms (Abb. 1.2). Bei Vernachlässigung des Rückstoßes bewegt sich das Elektron im elektrischen Feld $\boldsymbol{E}_0 \mathrm{e}^{\mathrm{i}\omega t}$ der einlaufenden Lichtwelle mit der Beschleunigung

$$\boldsymbol{a} = \boldsymbol{E}_0 \frac{e}{m} \mathrm{e}^{\mathrm{i}\omega t} . \tag{1.5}$$

Die beschleunigte Ladung strahlt. Für die Wellen, die sich senkrecht zum induzierten Dipol ausbreiten, ist die elektrische Feldstärke in der Strahlungszone proportional zum Produkt aus Beschleunigung und Ladung:

$$\boldsymbol{E}_\mathrm{s}(t,\ r,\ \vartheta = \pi/2) = \frac{1}{4\pi\varepsilon_0} \frac{e^2}{mc^2} \boldsymbol{E}_0 \frac{\mathrm{e}^{\mathrm{i}(\omega t - kr)}}{r} , \tag{1.6}$$

wobei der Vorfaktor $1/(4\pi\varepsilon_0)$ für die richtige Einheit und die $1/r$-Abhängigkeit für die Energieerhaltung sorgen, da $\int \boldsymbol{E}_\mathrm{s} r^2 \mathrm{d}\Omega$ unabhängig von r sein muss.

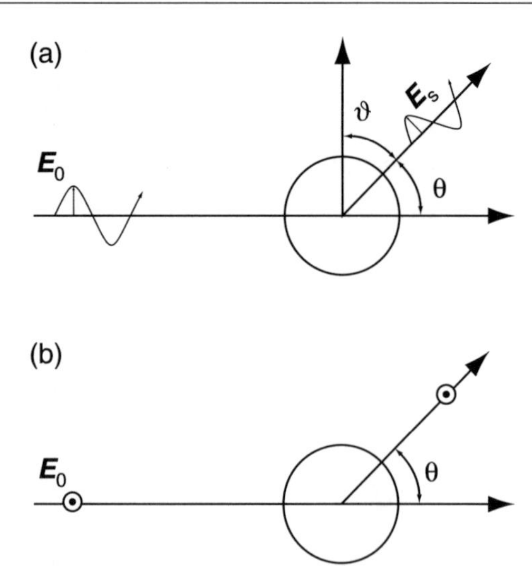

Abb. 1.2. Kohärente Photonstreuung am Atom. Polarisationsvektor (**a**) in der Ebene ($\vartheta = \pi/2 - \theta$), (**b**) senkrecht zur Ebene ($\vartheta = \pi/2$)

Für die Strahlung in eine Richtung mit $\vartheta \neq \pi/2$ ist die Amplitude der elektrischen Feldstärke reduziert. Der Reduktionsfaktor ist $\sin\vartheta$, wobei ϑ bezüglich der Polarisationsrichtung der einfallenden Welle gemessen wird. Dieser Faktor gibt die Projektion des Polarisationsvektors der einlaufenden Strahlung auf die Polarisationsrichtung des Strahlungsfeldes (Abb. 1.2) an.

Die Energiedichte

$$\frac{1}{2}(\varepsilon_0 \boldsymbol{E}_\mathrm{s}^2 + \mu_0 \boldsymbol{B}_\mathrm{s}^2) = \varepsilon_0 \boldsymbol{E}_\mathrm{s}^2 \tag{1.7}$$

mit c multipliziert gibt den Energiefluss. Der im Raumwinkel $\mathrm{d}\Omega$ gestreute Energiefluss ergibt sich damit zu

$$\begin{aligned} c\varepsilon_0 \boldsymbol{E}_\mathrm{s}^2 r^2 \mathrm{d}\Omega &= \frac{c\varepsilon_0 \boldsymbol{E}_0^2}{(4\pi\varepsilon_0)^2}\left(\frac{e^2}{mc^2}\right)^2 \sin^2\vartheta\,\mathrm{d}\Omega \\ &= c\varepsilon_0 \boldsymbol{E}_0^2 r_\mathrm{e}^2 \sin^2\vartheta\,\mathrm{d}\Omega\,. \end{aligned} \tag{1.8}$$

Der so genannte klassische Elektronradius r_e (siehe (1.3)) ist ein Maß für die Beschleunigung des Elektrons im elektrischen Feld. Er hat nichts mit der geometrischen Ausdehnung des Elektrons zu tun.

Seine historische Bezeichnung als Radius stammt aus der Beziehung

$$mc^2 = \frac{e^2}{4\pi\varepsilon_0 r_\mathrm{e}} \,. \tag{1.9}$$

Die elektrostatische Energie einer Kugel mit dem Radius r_e und der Ladung e entspricht der Elektronmasse.

Die Erscheinung des Radius r_e in der Elektrodynamik hat eine plausible Erklärung. Nähern sich zwei Elektronen bis auf einen Abstand r_e, so wird die potentielle Energie so groß, dass ein $\mathrm{e}^+\mathrm{e}^-$-Paar erzeugt werden kann; damit verliert das Konzept eines einzelnes Elektrons seinen Sinn.

Für unpolarisiertes Licht definiert man den Winkel θ bezüglich der Strahlrichtung (Abb. 1.2). Die Gesamtintensität des gestreuten Lichts bekommt man durch die inkohärente Mittelung der Beiträge (1.8) der beiden orthogonalen Polarisationszustände. In Atomen mit Z Elektronen und Wellenlängen, die groß im Vergleich zum Atomradius sind, schwingen die Elektronen mit der gleichen Phase und die Beiträge zu der Streuung an einzelnen Elektronen werden kohärent addiert:

$$c\varepsilon_0 \boldsymbol{E}_\mathrm{s}^2 \mathrm{d}\Omega = c\varepsilon_0 \boldsymbol{E}_0^2 Z^2 r_\mathrm{e}^2 \, \frac{1+\cos^2\theta}{2} \mathrm{d}\Omega \,. \tag{1.10}$$

Der Photonenfluss, d.h. die Zahl der Photonen, die pro Sekunde und Flächeneinheit das Target treffen, ist $\Phi_0 = c\varepsilon_0 \boldsymbol{E}_0^2/(\hbar\omega)$. Die Zahl der in den Raumwinkel $\mathrm{d}\Omega$ gestreuten Photonen ergibt sich aus

$$\Phi_\mathrm{s} \mathrm{d}\Omega = \Phi_0 Z^2 r_\mathrm{e}^2 \, \frac{1+\cos^2\theta}{2} \mathrm{d}\Omega \,, \tag{1.11}$$

womit sich der differentielle Wirkungsquerschnitt zu

$$\frac{\mathrm{d}\sigma}{\mathrm{d}\Omega} = Z^2 r_\mathrm{e}^2 \, \frac{1+\cos^2\theta}{2} \tag{1.12}$$

berechnet.

1.2.2 Quantenmechanische Herleitung

Dasselbe Resultat wie oben kann man auch quantenmechanisch sehr einfach für kleine Energien herleiten. Da wir nicht-relativistisch rechnen dürfen, ist die Wechselwirkung zwischen Photon und Elektron durch den folgenden Hamiltonoperator gegeben:

$$\frac{(\boldsymbol{p} - e\boldsymbol{A})^2}{2m_\mathrm{e}} = \frac{\boldsymbol{p}^2}{2m_\mathrm{e}} - \frac{e\boldsymbol{A}\cdot\boldsymbol{p}}{m_\mathrm{e}} + \frac{e^2\boldsymbol{A}^2}{2m_\mathrm{e}} \,. \tag{1.13}$$

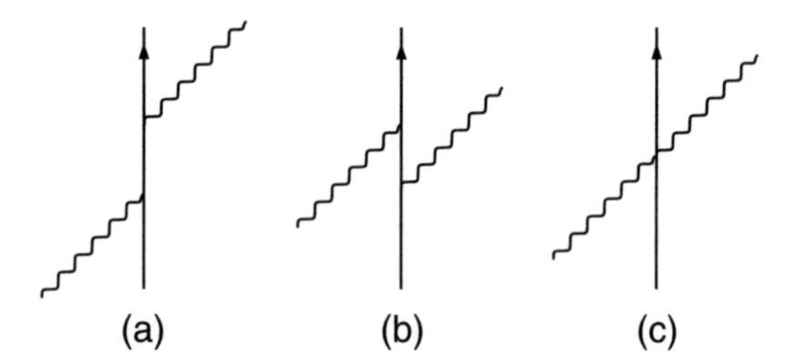

Abb. 1.3. Die Amplituden, die in nicht-relativistischer Näherung zur Compton-Streuung beitragen

Der erste Term entspricht der kinetischen Energie des Elektrons, die restlichen der Störung. In Abb. 1.3 sind die Amplituden, die zu α proportional sind, grafisch dargestellt. Die Amplituden (a) und (b) haben die Form

$$M \sim \frac{e\langle \boldsymbol{A} \cdot \boldsymbol{p} \rangle}{m_\mathrm{e}} \frac{1}{\Delta E} \frac{e\langle \boldsymbol{A} \cdot \boldsymbol{p} \rangle}{m_\mathrm{e}} \,. \tag{1.14}$$

Wenn man die beiden Amplituden explizit ausschreibt, kann man sich leicht vergewissern, dass sie verschiedene Vorzeichen haben und sich für $\omega' \to \omega$ aufheben. Dass die beiden Amplituden verschiedene Vorzeichen haben, ist verständlich, da die Amplituden (a) $\Delta E = +\hbar\omega$ und (b) $\Delta E = -\hbar\omega$ haben. Weiterhin sind die Amplituden (a) und (b) bei Energien $\hbar\omega \ll m_\mathrm{e}c^2$ sowieso klein, verglichen mit der Amplitude (c). Die ersten beiden beinhalten zwei Vertices, somit haben sie m_e^2 im Nenner, während in der Amplitude (c) die Elektronmasse nur in der ersten Potenz auftritt.

Oberflächlich betrachtet könnte man die Amplitude (c) als den Grenzfall von (a) und (b) annehmen; dies ist jedoch nicht der Fall, wie wir im Folgenden sehen werden.

Wenn wir die Amplitude (c) ausrechnen wollen, müssen wir das elektromagnetische Feld $\boldsymbol{A}$ quantisieren. Bei Erzeugung oder Vernichtung des Photons mit der Polarisation $\boldsymbol{\varepsilon}$ ist der Erwartungswert von $\boldsymbol{A}$ gleich $(\hbar/\sqrt{2\varepsilon_0\,\hbar\omega})\,\boldsymbol{\varepsilon}$. Um diese „Normierung des Photons" plausibel zu machen, betrachten wir eine elektromagnetische Eigenmode (periodische Randbedingung) im Normierungsvolumen: $E/\mathcal{V} = \varepsilon_0\boldsymbol{E}^2/2 + \boldsymbol{B}^2/2\mu_0 = \varepsilon_0|\mathrm{d}\boldsymbol{A}/\mathrm{d}t|^2/2 + |\nabla \times \boldsymbol{A}|^2/2\mu_0 = \varepsilon_0[(\omega A)^2 + c^2(kA)^2]/2 = \varepsilon_0\omega^2 A^2 = \hbar\omega/2$. Wir haben das elektrische und magnetische Feld mit A ausgedruckt; beide Felder geben gleichen

Beitrag. Die Amplitude (c) ist dann für $\omega' \to \omega$ gegeben durch

$$M = 2\frac{e^2}{2m_e}\frac{\boldsymbol{\varepsilon}_i}{\sqrt{\varepsilon_0}}\frac{\hbar}{\sqrt{2\hbar\omega}} \cdot \frac{\boldsymbol{\varepsilon}_f}{\sqrt{\varepsilon_0}}\frac{\hbar}{\sqrt{2\hbar\omega}} = \frac{2\pi r_e(\hbar c)^2}{\hbar\omega}\boldsymbol{\varepsilon}_i \cdot \boldsymbol{\varepsilon}_f \,, \tag{1.15}$$

wobei $\boldsymbol{\varepsilon}_i$ und $\boldsymbol{\varepsilon}_f$ die Polarisationsvektoren des ein- bzw. auslaufenden Photons sind. Deren Skalarprodukt ist entweder 1 (Abb. 1.2b) oder $\cos\theta$ (Abb. 1.2a). Der so abgeleitete Wirkungsquerschnitt für die unpolarisierte Strahlung an Z Elektronen lautet dann:

$$\frac{d\sigma}{d\Omega} = \frac{2\pi}{\hbar}Z^2\overline{|M|^2}\frac{(\hbar\omega/c)^2}{(2\pi\hbar)^3c^2} = Z^2 r_e^2\frac{1+\cos^2\theta}{2} \,, \tag{1.16}$$

was mit der klassisch hergeleiteten Gleichung (1.12) identisch ist.

1.2.3 Quantenmechanische Deutung von r_e

Oberflächlich betrachtet klingt es überraschend, dass die Dirac-Gleichung im nicht-relativistischen Limes dasselbe Resultat wie (1.12) ergibt, obwohl die in Abb. 1.3c dargestellte entsprechende Amplitude in diesem Fall nicht explizit vorkommt. Die Erklärung ist folgende: Im relativistischen Fall enthält der Propagator in den Amplituden (a) und (b) der Abb. 1.1 auch Positronen. In Abb. 1.4 sind die Positronen in den beiden mit (c) bezeichneten Diagrammen explizit dargestellt.

Während die Amplituden (a) und (b) wegen der Stromkopplung $\sqrt{\alpha}\,p/m_e c$ für kleine Geschwindigkeiten gegen 0 gehen, ist die Kopplung des Photons an das Elektron-Positron-Paar $\sqrt{\alpha}$. Im Falle der Paarerzeugung hat der Zwischenzustand zwei Elektronenmassen mehr und der Propagator ist proportional zu $1/2m_e$. Daraus folgt, dass die mit (c) bezeichneten Amplituden in Abb. 1.4 zu $\langle e^2\mathbf{A}^2/2m_e\rangle$ proportional sind.

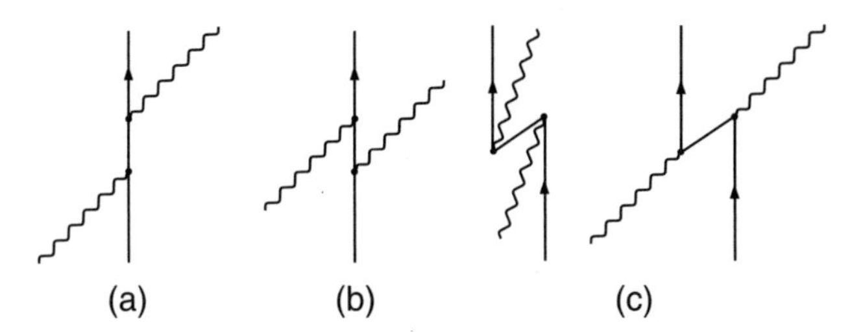

Abb. 1.4. Der Beitrag der Elektron-Positron-Paare (*c*) zur Compton-Streuung.

Es ist durchaus interessant zu betonen, dass der klassischen Oszillation des Elektrons im elektromagnetischen Feld im relativistischen Fall die Kopplung des Photons an die Fluktuation des Vakuums in Elektron-Positron-Paare entspricht. Das bedeutet, dass die Thomson-Streuung in der relativistischen Rechnung als Summe der Beiträge der kleinen Komponenten der Dirac-Wellenfunktion resultiert.

Auch der klassische Elektronradius bekommt eine neue Deutung: Die Thomson-Streuung ist proportional zu

$$r_\mathrm{e}^2 = \alpha(\alpha \lambda\!\!\!^{-}{}_\mathrm{e}^2) \,, \tag{1.17}$$

d. h. proportional zu der Wahrscheinlichkeit, dass man ein Elektron-Positron-Paar innerhalb seiner Reichweite findet ($\propto \alpha \lambda_\mathrm{e}^2$) und proportional zu der Wahrscheinlichkeit, dass dieses Elektron-Positron-Paar mit dem Photon wechselwirkt (α).

1.3 Formfaktor

Die Streuung von Elementarteilchen an zusammengesetzten Systemen ist die beste Methode, deren Ausdehnung zu messen.

1.3.1 Geometrische Deutung des Formfaktors

Wenn die Wellenlänge der Röntgenstrahlung vergleichbar mit der Ausdehnung des Atoms wird, muss man die Phasen der Wellen berücksichtigen, die an verschiedenen Bereichen des Atoms gestreut werden. In Abb. 1.5 sind die Ebenen senkrecht zum Vektor $\boldsymbol{q}$, dem Impulsübertrag, skizziert.

Alle Strahlen, die in derselben Ebene gestreut werden (Strahlen 1, 2), besitzen dieselbe Phase, und die Amplituden addieren sich vollständig. Daher ist es ausreichend, wenn wir nur einen Strahl in jeder weiteren Ebene betrachten und die Phasenunterschiede relativ zu der Ebene, die durch die Mitte der Kugel geht (Strahl 3), bestimmen. Der Gangunterschied zwischen Strahl 1 und Strahl 3 ist $\Delta = 2r \sin(\theta/2)$ und die Phase

$$2\pi \Delta/\lambda = 2pr \sin(\theta/2)/\hbar = \boldsymbol{q}\boldsymbol{r}/\hbar \,, \tag{1.18}$$

wobei $\lambda = 2\pi\hbar/p$.

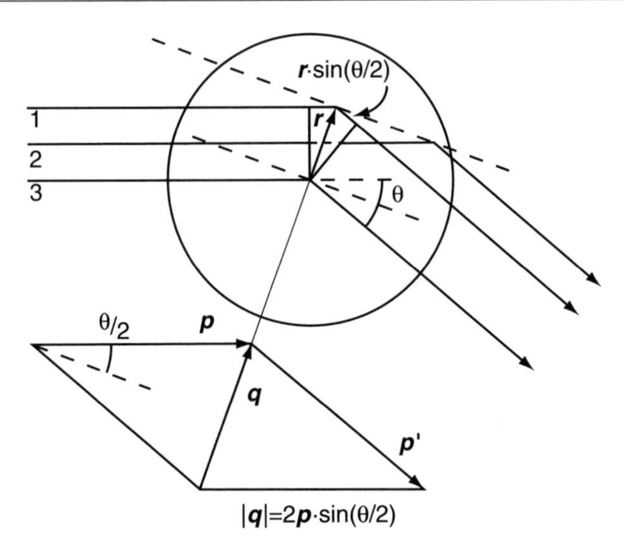

Abb. 1.5. Beugung von Röntgenstrahlen am Atom

Die Amplitude der unter dem Winkel θ elastisch gestreuten Strahlung ist dann um den Faktor

$$F(q^2) = \int \varrho(\boldsymbol{r}) e^{\mathrm{i}\boldsymbol{qr}/\hbar} \mathrm{d}^3 r \tag{1.19}$$

reduziert. Diesen Faktor nennen wir den Formfaktor. Er ist die Fourier-Transformierte der Ladungsverteilung $\varrho(\boldsymbol{r})$ des Atoms.

Der differentielle Wirkungsquerschnitt für die Streuung von Röntgenstrahlenan Atomen ist damit

$$\frac{\mathrm{d}\sigma}{\mathrm{d}\Omega} = Z^2 r_{\mathrm{e}}^2 F^2(q^2) \frac{1+\cos^2\theta}{2} \,. \tag{1.20}$$

Definieren wir den Erwartungswert des quadratischen Atomradius $\langle r^2 \rangle$ und entwickeln (1.19) nach q^2 bei $q^2 = 0$, so erhalten wir

$$\begin{aligned} F(q^2) &= 1 - \frac{q^2}{2\hbar^2} \overline{\cos^2\theta} \int r^2 \varrho(r)\, 4\pi r^2 \mathrm{d}r + \ldots \\ &= 1 - \frac{\langle r^2 \rangle}{6\hbar^2} q^2 + \ldots \,, \end{aligned} \tag{1.21}$$

wobei die Mittelung über $\cos^2\theta$ bekanntlich 1/3 ist.

Abb. 1.6. Elektronendichteverteilung im NaCl-Kristall. Die Zahlen geben relative Elektronendichten an

Die atomaren Formfaktoren sind durch Röntgenbeugung an Kristallen bestimmt worden. In Abb. 1.6 sind die experimentell gewonnenen Elektronendichten von Na^+- und Cl^--Ionen im NaCl- Kristall aufgetragen. Diese Dichten entsprechen etwa denen der Edelgase Neon und Argon. Um die Formfaktoren zu entnehmen, muss man die Dichteverteilungen durch Z^2 der beiden Ionen dividieren. Solch normierte Dichteverteilungen in Edelgasen haben fast die gleiche Ausdehnung und sind in einer sehr guten Näherung durch eine Exponentialfunktion beschrieben (Abb. 5.3), dessen Fourier-Transformierte

$$F(q^2) \approx \frac{1}{[1+(qa)^2]^2} \tag{1.22}$$

mit $a^2 = \langle r^2 \rangle/(12\hbar^2)$ ist. Die mittleren quadratischen Radien der beiden Ionen sind vergleichbar, $\sqrt{\langle r^2 \rangle} \approx 0.13$ nm.

In Abb. 1.6 sind relative Elektronendichten gezeichnet und das Cl^--Ion erscheint größer als das Na^+-Ion.

1.3.2 Dynamische Deutung des Formfaktors

Versuchen wir einmal, eine dynamische Deutung des Formfaktors zu geben. Die Ausdehnung des Atoms ist mit der Bindungsenergie des Elektrons im Coulomb-Feld durch die Unschärfe-Relation verknüpft.

Anstelle der Bindungsenergie führen wir den Begriff der typischen Anregung des Systems ein, die wir mit D bezeichnen. Im Falle des Oszillatorpotentials ist D der Abstand zwischen den angeregten Zuständen, in Atomen ist D in der Größenordnung der Bindungsenergie. Der Erwartungswert von $\langle r^2 \rangle$ kann dann näherungsweise durch D ersetzt werden:

$$\langle r^2 \rangle = f \frac{\hbar^2}{\langle p^2 \rangle} = f \frac{\hbar^2}{2m_e D} . \tag{1.23}$$

Der Wert von f hängt vom jeweiligen Potential ab, ist aber in der Größenordnung von 1. Der Formfaktor (1.21) kann dann mit der typischen Anregung des Systems D (1.23) ausgedrückt werden:

$$F(q^2) = 1 - \frac{f}{12 m_e D} q^2 + \ldots . \tag{1.24}$$

Bei zunehmendem Impulsübertrag wird die Rückstoßenergie letztendlich ausreichen, das Elektron in einen höheren Zustand oder ins Kontinuum zu befördern. Die Wahrscheinlichkeit, dass das System nach der Streuung im Grundzustand bleibt, nimmt schnell ab, wenn

$$\frac{q^2}{2m_e} \geq D \tag{1.25}$$

wird.

1.4 Rückstoßfreie Streuung am Kristall

Da für die Entdeckung der rückstoßfreien Streuung der Röntgenstrahlen am Kristall bzw. der Gammaemission im Kristall zweimal der Nobelpreis verliehen wurde (von Laue 1920, Mössbauer 1957), wollen wir hier die Wahrscheinlichkeit *on the back of an envelope* herleiten, dass die Streuung am gesamten Kristall stattfindet.

Die Atome sind im Kristall gebunden, das interatomare Potential hat die Form eines harmonischen Oszillators. Die typische Anregung ist $D = \hbar\omega$. Betrachten wir ein Atom im Grundzustand, dessen Wellenfunktion

$$\psi_0(r) = \left(\frac{M\omega}{\hbar\pi} \right)^{3/4} \mathrm{e}^{-M\omega r^2/(2\hbar)} \tag{1.26}$$

ist. Die Wahrscheinlichkeit, dass das Atom im Grundzustand bleibt, ist die Fourier-Transformierte des Quadrates der Wellenfunktion (1.26)

$$P(0,0) = \int e^{iqr/\hbar} \psi_0^2 d^3r = e^{-q^2/(4M\hbar\omega)} \,. \qquad (1.27)$$

Jetzt müssen wir die typische Anregung des Kristalls D bzw. $\hbar\omega$ definieren. Im Debye-Modell des Kristalls ist $D \approx \frac{1}{3}k\Theta$, wobei Θ die Debye-Temperatur ist. Wenn wir diesen Wert für D in (1.27) einsetzen, bekommen wir

$$P(0,0)_{\mathrm{DW}} = e^{-3q^2/(4Mk\Theta)} \,. \qquad (1.28)$$

Gleichung (1.28) ist die vereinfachte Form des Debye-Waller-Faktors für $T = 0\,\mathrm{K}$. Sie gibt die Wahrscheinlichkeit für die kohärente Streuung am Kristall wie auch für die rückstoßfreie Emission von Gammastrahlen kristalliner Quellen (Mössbauereffekt) an.

1.5 Photonstreuung am freien Elektron

Photonstreuung (oder Compton-Streuung) am freiem Elektron ist am Elektronspeicherring leicht durchzuführen und findet viele Anwendungen in der Beschleunigerphysik. Bei DESY z.B. trifft ein Laserstrahl mit $\hbar\omega = 2.415$ eV auf Elektronen von 27.570 GeV. Die rückgestreuten Photonen befinden sich im Energiebereich der hochenergetischen Gammastrahlen mit einer Energie von 13.92 GeV (Abb. 1.7).

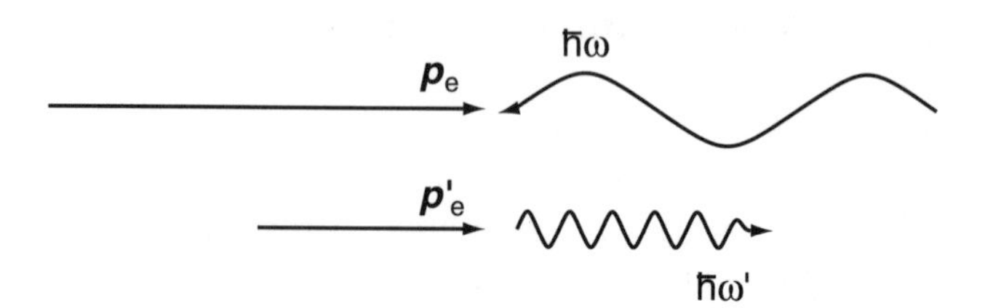

Abb. 1.7. Streuung des Laserlichts am hochenergetischen Elektron

Die Energie des rückgestreuten Photons kann man leicht abschätzen, wenn man die relativistisch invariante Größe s, das Quadrat der Schwerpunktenergie, vor der Streuung mit dem nach der Streuung gleichsetzt. Vor der Streuung ist

$$\begin{aligned} s &= (E_\mathrm{e} + E_\gamma)^2 - (p_\mathrm{e}c - E_\gamma)^2 \\ &= m_\mathrm{e}^2c^4 + 2E_\gamma(E_\mathrm{e} + p_\mathrm{e}c) \\ &\approx m_\mathrm{e}^2c^4 + 4E_\gamma E_\mathrm{e} \, , \end{aligned} \tag{1.29}$$

wobei $E_\mathrm{e} \approx p_\mathrm{e}c$ angenommen wurde, nach der Streuung

$$\begin{aligned} s' &= (E'_\mathrm{e} + E'_\gamma)^2 - (p'_\mathrm{e}c + E'_\gamma)^2 \\ &= m_\mathrm{e}^2c^4 + 2E'_\gamma(E'_\mathrm{e} - p'_\mathrm{e}c) \\ &\approx m_\mathrm{e}^2c^4 + E'_\gamma \frac{m_\mathrm{e}^2c^4}{E'_\mathrm{e}} \, . \end{aligned} \tag{1.30}$$

Das letzte Glied in (1.30) bekommt man, wenn man s' mit $E'_\mathrm{e} + p'_\mathrm{e}c$ erweitert und $E'_\mathrm{e} \approx p'_\mathrm{e}c$ annimmt.

Unter Berücksichtigung der Energieerhaltung $E'_\mathrm{e} \approx E_\mathrm{e} - E'_\gamma$ ergibt der Vergleich der beiden Ausdrücke für s

$$E'_\gamma = 4E_\gamma E_\mathrm{e} \frac{E_\mathrm{e} - E'_\gamma}{m_\mathrm{e}^2c^4}, \tag{1.31}$$

was zum Resultat

$$E'_\gamma = \frac{E_\mathrm{e}}{1 + m_\mathrm{e}^2c^4/(4E_\gamma E_\mathrm{e})} = E_\mathrm{e} \cdot \frac{4E_\gamma E_\mathrm{e}}{s} \tag{1.32}$$

führt. Für die zuvor genannten Energien ist $m_\mathrm{e}^2c^4/4E_\gamma E_\mathrm{e} = 0.98$ und $E'_\gamma \approx E'_\mathrm{e} \approx E_\mathrm{e}/2$. Daraus folgt die Schwerpunktenergie von $\sqrt{s} \approx \sqrt{2}m_\mathrm{e}c^2$. In diesem Betrag steckt die Ruheenergie von $m_\mathrm{e}c^2$, so dass die kinetische Energie nur ein Bruchteil der Gesamtenergie ist. Wir dürfen daher den Wirkungsquerschnitt nicht-relativistisch abschätzen. Der totale Wirkungsquerschnitt ist lorentz-invariant, und wir können den Thomsonschen Wert

$$\sigma = \frac{8}{3}\pi r_\mathrm{e}^2 \tag{1.33}$$

annehmen.

Die exakte Rechnung, der über 4π integrierte Klein-Nishina-Wirkungsquerschnitt, ergibt für das vorgeführte Beispiel einen um einen Faktor 0.81 kleineren Wert. Für die Schwerpunktenergien unterhalb der doppelten Elektronenmasse, $pc \leq m_e c^2$, ist der Thomsonsche Wirkungsquerschnitt eine gute Abschätzung.

Als Compton-Streuung wird in der Regel die quasielastische Photonstreuung am Elektron des Atoms verstanden. Bei geringer Energie- und Winkelauflösung der Messung reicht es, die Kinematik der Streuung am ruhenden Elektron zu berechnen. Die Qualität der heutigen Detektoren ist jedoch ausreichend, um die Auswirkung der atomaren, molekularen oder Festkörpereffekte auf die Kinematik der gestreuten Teilchen zu beobachten.

Weiterführende Literatur

R. P. Feynman, R. B. Leighton, M. Sands: *The Feynman Lectures on Physics Vol. II* (Addison-Wesley, Reading 1964)

R. P. Feynman: *Quantum Electrodynamics* (Benjamin, New York 1962)

KAPITEL 2

Leptonstreuung

J.J. Thomson got the Nobel prize for demonstrating that the electron is a particle. George Thomson, his son, got the Nobel prize for demonstrating that the electron is a wave. For me the electron is simply a second quantized relativistic field operator.

Cecilia Jarlskog
Physikalisches Kolloquium, Heidelberg 2001

Die Elektronenstreuung am Proton hat die ersten Hinweise auf die endliche Ausdehnung des Protons (Hofstadter 1957) und später (Friedman, Kendall, Taylor 1967) den experimentellen Nachweis für das heutige Partonmodell des Nukleons gegeben.

In den letzten Jahren sind Neutrinoexperimente in Mode gekommen. Das Ziel dieser Experimente ist es festzustellen, ob die Neutrinos eine endliche Masse haben. Dies hofft man, durch die Beobachtung von Oszillationen zwischen Neutrinos verschiedener Familien herauszufinden. Als Nachweis der Neutrinos dienen Detektoren, die die elastische Streuung am Elektron durch dessen Rückstoß nachweisen oder die elastische Streuung am Quark mit Ladungsaustausch identifizieren können.

In diesem Kapitel verdeutlichen wir die Analogie zwischen Elektron-Quark-, Neutrino-Elektron- und Neutrino-Quark-Streuung.

2.1 Elektron-Quark-Streuung

Die Symbole der Größen, die den Streuprozess beschreiben, sind in Abb. 2.1 definiert.

Bei der Streuung ist das Viererimpulsübertragsquadrat negativ ($q^2 < 0$), daher benutzt man lieber die Variable $Q^2 = -q^2$. Das virtuelle Photon hat eine invariante Masse, $M_\gamma = Q/c$, und die Energie ν. Im Laborsystem ist das Quadrat der Photonmasse (mit c^4 multipliziert) $(Qc)^2 = 4EE' \sin^2(\theta/2)$ und die Energie des Photons $\nu = E - E'$. Hier ist θ der Streuwinkel des Elektrons.

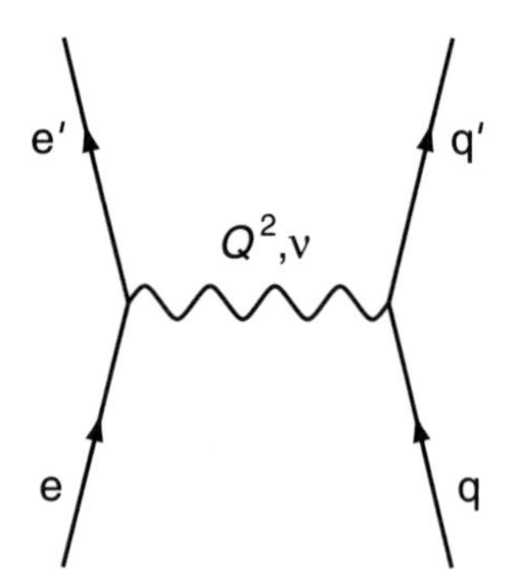

Abb. 2.1. Elektron-Quark-Streuung: e, e', q und q' sind Vierervektoren, Q^2 das negative Quadrat des Viererimpulsübertrags und ν der Energieübertrag

2.1.1 Mott-Streuung

Die Streuung eines Elektrons an spinlosen geladenen Teilchen bezeichnen wir als Mott-Streuung. Der Photonpropagator ist bekanntlich proportional zu $1/Q^2$. Zu diesem Resultat führen verschiedene Wege, hier bieten wir eine alternative Herleitung, die transparent machen wird, warum der Photonpropagator quadratisch vom Impulsübertrag abhängt und die Reichweite eines virtuellen Teilchens exponentiell mit seiner Masse abnimmt.

Zur Streuung tragen zwei Amplituden bei. Das Elektron kann ein Photon emittieren, wie auch das Quark. Um die Matrixelemente zu bestimmen, müssen wir die Virtualität der beiden Photonen ermitteln. Für reelle Photonen gilt die Beziehung $\hbar\omega = |\boldsymbol{q}|c$, daher beträgt die Virtualität des einen Photons $\Delta E_1 = \hbar\omega - |\boldsymbol{q}|c$, die Virtualität des anderen $\Delta E_2 = \hbar\omega' - |\boldsymbol{q}|c$. Die Kopplungskonstante in den Vertices ist selbstverständlich die Ladung. Um aus dem SI-System das unangenehme ε_0 zu vermeiden, schreiben wir die Photon-Elektron-Kopplungskonstante $e/\sqrt{\varepsilon_0} = \sqrt{4\pi\alpha\hbar c}$. Als Normierung der Wellenfunktion des Photons wählen wir $\hbar c/\sqrt{2|\boldsymbol{q}|c}$.

Um diese Normierung plausibel zu machen, betrachten wir eine elektromagnetische Eigenmode (periodische Randbedingung) im Normierungsvolumen: $E/\mathcal{V} = \varepsilon_0\boldsymbol{E}^2/2 + \boldsymbol{B}^2/2\mu_0 = \hbar\omega/2$. Da der elektrische und der magnetische Beitrag gleich sind, dürfen wir die Energie mit dem elektrischen Potential ϕ ausdrücken. Die elektrische Feldstärke ist dem Potential ϕ proportional, so ist $\varepsilon_0\boldsymbol{E}^2 = \varepsilon_0(k\phi)^2 = \hbar\omega/2$. Die Wechselwirkung von Elektron und elektrischem Feld ist dann

$H' = e\phi = (e/k)\sqrt{\hbar\omega/2\varepsilon_0} = (e/\varepsilon_0)(\hbar c)/\sqrt{2\hbar\omega}$ (siehe auch Gl. 1.15).

Dann ist die Streuamplitude (s. Abb. 2.2)

$$M = 4\pi\hbar c \frac{\sqrt{\alpha}\hbar c}{\sqrt{2}|\boldsymbol{q}|c} \left(\frac{1}{\hbar\omega - |\boldsymbol{q}c|} + \frac{1}{\hbar\omega' - |\boldsymbol{q}|c} \right) \frac{\sqrt{\alpha}\hbar c}{\sqrt{2}|\boldsymbol{q}|c} . \tag{2.1}$$

Das Einheitsvolumen, das wir für die Normierung benutzt haben, hebt sich im Endergebnis auf, und wir haben es daher in (2.1) nicht explizit hingeschrieben.

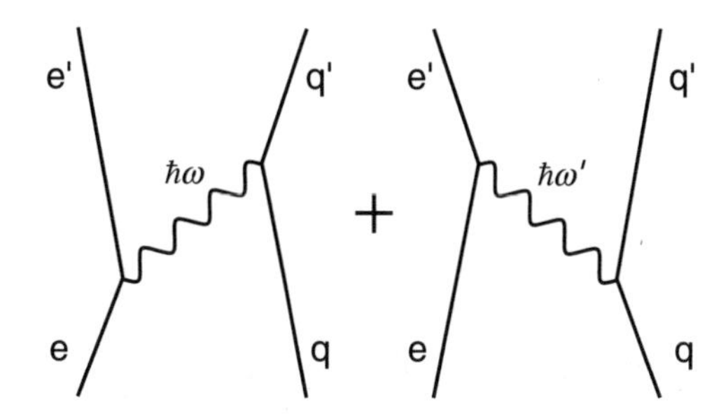

Abb. 2.2. Die beiden Beiträge zur Streuamplitude

Beim Energieübertrag vom Quark zum Elektron gilt $\omega' = -\omega$, daher können wir in obigem Ausdruck die Integrationsvariable ω' umbenennen. Die Streuamplitude kann dann geschrieben werden als

$$M = -\frac{4\pi\alpha(\hbar c)^3}{(\hbar\omega)^2 - (\boldsymbol{q}c)^2} = -\frac{4\pi\alpha(\hbar c)^3}{q^2c^2} , \tag{2.2}$$

was die wohlbekannte Form des Photonpropagators ist. Da bei der Streuung der Viererimpulsübertrag $q^2 < 0$ ist, benutzt man die Variable $Q^2 = -q^2$.

Warum in dem Photonpropagator und allen anderen Bosonpropagatoren im Nenner die Virtualität des Austauschteilchens im Quadrat erscheint, ist aus obiger Überlegung klar: Die beiden Amplituden der Austauschbosonen (eines von links nach rechts und eines von rechts nach links) stellen einen symmetrischen Zustand dar. Die Summe dieser Amplituden ist umgekehrt proportional zum Quadrat des Impulsübertrags.

Wir betrachten die Streuung relativistischer Elektronen im Coulomb-Feld, hier bleibt die Helizität

$$h = \frac{\boldsymbol{s} \cdot \boldsymbol{p}}{|\boldsymbol{s}| \cdot |\boldsymbol{p}|} \tag{2.3}$$

erhalten. Das Elektron soll den Spin in Richtung des Strahls haben. Die Helizitätserhaltung führt zu einem zusätzlichen Faktor $\cos(\theta/2)$ (Abb.2.3) in der Amplitude bei einem Streuwinkel θ. Dementsprechend verschwindet die Streuung bei 180°.

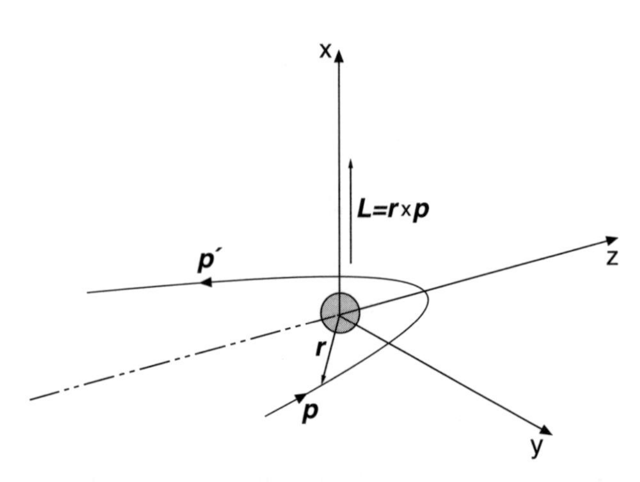

Abb. 2.3. Die Helizität bleibt im Grenzfall $v/c \to 1$ erhalten. Bei Streuung um 180° am spinlosen Target ist dies auf Grund der Drehimpulserhaltung nicht möglich

Jetzt können wir die Streuformel für relativistische Elektronen an spinlosen geladenen Quarks hinschreiben. Die Zahl der Streuungen pro Zeit W (goldene Regel) ist

$$c\sigma = \frac{2\pi}{\hbar}|M^2|\frac{\mathrm{d}n}{\mathrm{d}E} \,. \tag{2.4}$$

Das Normierungsvolumen haben wir, wie schon beim Matrixelement, unterschlagen. Explizit lautet dann die Mott-Streuformel für Elektronen an spinlosen Quarks mit der Ladung $z_q e$ im Raumwinkel $\mathrm{d}\Omega$ und der Energie E':

$$\frac{\mathrm{d}\sigma(\mathrm{eq} \to \mathrm{eq})}{\mathrm{d}E'\mathrm{d}\Omega} = \frac{4z_\mathrm{q}^2\alpha^2E'^2(\hbar c)^2}{Q^4c^4}\cos^2\frac{\theta}{2}\delta\left(\nu - \frac{Q^2}{2m}\right) \,. \tag{2.5}$$

Wegen des Rückstoßes ist $E \neq E'$. Die Deltafunktion, die durch den Phasenraum $\mathrm{d}n/\mathrm{d}E$ ins Spiel kommt, sorgt für die richtige Beziehung zwischen Q^2 und $\nu = E - E'$ bei der elastischen Streuung, was wir kurz erläutern wollen.

Das Quark übernimmt die vom Photon übertragene Energie ν und den Dreierimpuls $\boldsymbol{q}$. Die invariante Masse m des Quarks nach der Streuung ist

$$(\nu + mc^2)^2 - (\boldsymbol{q}c)^2 = (mc^2)^2 , \tag{2.6}$$

woraus folgt

$$\nu^2 + 2mc^2\nu + (mc^2)^2 - (\boldsymbol{q}c)^2 = (mc^2)^2 . \tag{2.7}$$

Nach unserer Definition des Viererimpulsübertrags ist

$$-(Qc)^2 = (qc)^2 = \nu^2 - (\boldsymbol{q}c)^2 \tag{2.8}$$

und

$$Q^2 = 2m\nu . \tag{2.9}$$

Den üblichen Ausdruck für den Mott-Wirkungsquerschnitt bekommt man, wenn man beim konstanten Winkel θ über E' integriert unter Berücksichtigung der Tatsache, dass $\delta(ax) = \delta(x)/a$ ist. Der differenzielle Wirkungsquerschnitt für die Mott-Streuung in der üblichen Form heißt dann

$$\frac{\mathrm{d}\sigma_{\mathrm{Mott}}}{\mathrm{d}\Omega} = \frac{4\alpha^2 E'^2 (\hbar c)^2}{Q^4 c^4} \frac{E'}{E} \cos^2 \frac{\theta}{2} . \tag{2.10}$$

2.1.2 Berücksichtigung des Quarkspins

Quarks haben jedoch den Spin $s = 1/2$ und die Ladung $z_\mathrm{q}e$. Demzufolge haben sie auch ein magnetisches Moment. Bei einer Streuung geladener Teilchen mit magnetischen Momenten findet ein Spinflip statt. Dieser Beitrag ist zum Viererimpulsübertrag und $\sin^2(\theta/2)$ proportional:

$$\begin{aligned}\frac{\mathrm{d}\sigma\,(\mathrm{eq} \to \mathrm{eq})}{\mathrm{d}E'\mathrm{d}\Omega} &= \frac{4z_\mathrm{q}^2\alpha^2 E'^2(\hbar c)^2}{Q^4c^4}\,\delta\left(\nu - \frac{Q^2}{2m}\right) \\ &\quad\times \left(\cos^2\frac{\theta}{2} + 2\frac{Q^2}{4m^2c^2}\sin^2\frac{\theta}{2}\right) .\end{aligned} \tag{2.11}$$

Unter Berücksichtigung von (2.10) können wir (2.11) kompakter für die Elektron-Quark-Streuung schreiben als

$$\frac{\mathrm{d}\sigma\,(\mathrm{eq}\to\mathrm{eq})}{\mathrm{d}\Omega}=\frac{\mathrm{d}\sigma_{\mathrm{Mott}}}{\mathrm{d}\Omega}z_{\mathrm{q}}^{2}\left(1+2\tau\tan^{2}\frac{\theta}{2}\right) \tag{2.12}$$

mit

$$\tau=\frac{Q^{2}}{4m^{2}c^{2}}\,. \tag{2.13}$$

2.2 Elektron-Nukleon-Streuung

Da die Ladungsträger im Nukleon Quarks sind, kann mit Recht die elastische Elektron-Nukleon-Streuung bei Energien unterhalb 200 MeV ($\lambda = h/p \approx 1$ fm) als kohärente Streuung an den Quarks bezeichnet werden. Um die Formel (2.12) für die Elektron-Nukleon-Streuung anwendbar zu machen, müssen wir Folgendes berücksichtigen: das Nukleon ist ein zusammengesetztes System mit einer endlichen Ausdehnung und einem magnetischen Moment, das nicht einem Dirac-Teilchen entspricht ($g \neq 2$). Die endliche Ausdehnung beschreiben wir mit je einem Formfaktor für die elektrische Ladungsverteilung und für die Verteilung der Magnetisierung. Das anomale magnetische Moment wirkt sich nicht nur in der magnetischen Streuung aus, sondern auch – durch die von dem anomalen magnetischen Moment induzierten elektrischen Felder – in der elektrischen Streuung. Diese Korrekturen werden üblicherweise durch die so genannte Rosenbluth-Formel parametrisiert

$$\frac{\mathrm{d}\sigma}{\mathrm{d}\Omega}=\frac{\mathrm{d}\sigma_{\mathrm{Mott}}}{\mathrm{d}\Omega}\left[\frac{G_{\mathrm{E}}^{2}(Q^{2})+\tau G_{\mathrm{M}}^{2}(Q^{2})}{1+\tau}+2\tau G_{\mathrm{M}}^{2}(Q^{2})\tan^{2}\frac{\theta}{2}\right]. \tag{2.14}$$

Hierbei sind $G_{\mathrm{E}}^{2}(Q^{2})$ und $G_{\mathrm{M}}^{2}(Q^{2})$ die elektrischen und magnetischen Formfaktoren, die von Q^2 abhängen. Diese sind so normiert, daß sie für $Q^2 \to 0$ die Gesamtladung und das magnetische Moment in Einheiten des nuklearen Magneton wiedergeben. Für das Proton ist dann $G_{\mathrm{E}}^{\mathrm{p}}(Q^2=0)=1$ und $G_{\mathrm{M}}^{\mathrm{p}}(Q^2=0)=2.79$ und für das Neutron $G_{\mathrm{E}}^{\mathrm{n}}(Q^2=0)=0$ und $G_{\mathrm{M}}^{\mathrm{n}}(Q^2=0)=-1.91$.

2.2.1 Nukleonradius

Der Erwartungswert des quadratischen Ladungsradius ist gegeben durch (1.21)

$$\langle r^2 \rangle = -6\hbar^2 \left(\frac{\mathrm{d}G_\mathrm{E}^2}{\mathrm{d}Q^2} \right)_{Q^2=0} , \tag{2.15}$$

und der entsprechende Ausdruck für den magnetischen Radius enthält die Ableitung von G_M nach Q^2. Der Ladungsradius des Protons und die Radien der Magnetisierungen von Proton und Neutron sind etwa gleich groß. Der Wert von $\sqrt{\langle r^2 \rangle}$ liegt zwischen 0.81 fm und 0.89 fm in Abhängigkeit davon, in welchem Q^2-Bereich des Formfaktors die Ableitung ausgerechnet wird.

2.2.2 Nukleonformfaktor

Sowohl der Radius als auch der Protonenformfaktor bis zu $Q^2 \approx 20$ GeV^2 sind experimentell bekannt. Für $Q^2 \geq 0.2$ GeV^2 wird der Formfaktor durch einen so genannten Dipolfit beschrieben:

$$G_\mathrm{E}(Q^2) = \left[1 + \frac{Q^2}{0.71(\mathrm{GeV}/c)^2} \right]^{-2} = 1 - \frac{Q^2}{0.36(\mathrm{GeV}/c)^2} + \dots . \tag{2.16}$$

Versuchen wir jetzt, den Formfaktor (2.16) in Verbindung mit der typischen Anregung im Nukleon (1.24) zu bringen. Der erste angeregte Zustand des Nukleons mit negativer Parität liegt ≈ 0.6 GeV höher als der Grundzustand. Diese Energie identifizieren wir mit der typischen Anregung im Nukleon D. Statt der Elektronmasse in Formel (1.24) setzen wir die Masse des Konstituentenquarks $m_q = 0.35$ GeV ein. Dann heißt der Formfaktor in erster Näherung

$$F(Q^2) = 1 - \frac{Q^2}{2m_q D} = 1 - \frac{Q^2}{0.42(\mathrm{GeV/c})^2} + \dots , \tag{2.17}$$

in guter Übereinstimmung mit (2.16) – eine weitere Demonstration, dass die Ausdehnung eines Quantenobjekts und seine Anregungen durch die Unschärferelation eng verbunden sind.

Wenn man den Formfaktor (2.16) als Fourier-Transformierte der Ladungsverteilung interpretiert, dann hat letztere die Form

$$\varrho(r) = \varrho(0)\mathrm{e}^{-2r/a_0^\mathrm{p}} \tag{2.18}$$

mit $a_0^\mathrm{p} = 0.47\,\mathrm{fm}$. Interessanterweise zeigt die radiale Abhängigkeit der Ladungsverteilung im Proton die gleiche exponentielle Form wie die im Wasserstoffatom. Wenn man das Proton als ein nichtrelativistisches System behandeln dürfte, dann hätte das statische gluonische Feld im Proton eine $1/r$-Abhängigkeit, und dem Bohrschem Radius a_0 würde im Proton ein Radius von $a_0^\mathrm{p} \approx 0.5$ fm entsprechen. Das ist keine große Überraschung. Die typische Anregungsenergie im Wasserstoffatom ist $D_\mathrm{H} \approx 10\,\mathrm{eV}$, im Proton $D_\mathrm{p} \approx 0.6\,\mathrm{GeV}$. Deswegen erwarten wir

$$\frac{D_\mathrm{p}}{D_\mathrm{H}} \approx \frac{\alpha_\mathrm{s}/a_0^\mathrm{p}}{\alpha/a_0} \approx 10^7 \,. \tag{2.19}$$

Hier haben wir angenommen, dass das Verhältnis zwischen der starken und der elektromagnetischen Kopplung $\alpha_\mathrm{s}/\alpha \approx 100$ ist. Die Überraschung ist jedoch die Ladungsverteilung des Protons, die den Quarks im einfachen Coulomb-Feld entspricht. Dies ist in keinem Modell ordentlich beschrieben. Bei kleinen Abständen zwischen Quarks ist ein $1/r$-Potential denkbar, aber bei großen Abständen, die den kleinen Q^2 entsprechen, würde man erwarten, dass sich der Einfluss des Confinements bemerkbar macht. Tatsächlich tragen die Ladungen im Inneren des Protons die Konstituentenquarks. Die Mesonen (Quark-Antiquark-Paare), die das Confinement nicht spüren, sind für die Ladungsverteilung in der Peripherie verantwortlich. Eine theoretische Beschreibung des Confinement-Phänomens gibt es bislang nicht.

2.3 Neutrino-Elektron-Streuung

Die Neutrinostreuung am Elektron ist die Rutherford- bzw. Mott-Streuung der schwachen Wechselwirkung, statt des Photons wird das Z^0-Bosonausgetauscht (Abb. 2.4). Der wesentliche Unterschied zu dem elektromagnetischen Fall steckt in der großen Masse des Z^0-Austauschbosons. Dieses koppelt auch nicht mit gleicher Stärke an alle Leptonpaare. Deswegen werden wir eine effektive schwache Kopplungskonstante $\tilde{\alpha}_\mathrm{Z} = f\alpha_\mathrm{Z}$ benutzen. Der Faktor f ist von der Größenordnung 1, und wir werden ihn in Kap. 16 über die elektroschwache Wechselwirkung genauer diskutieren.

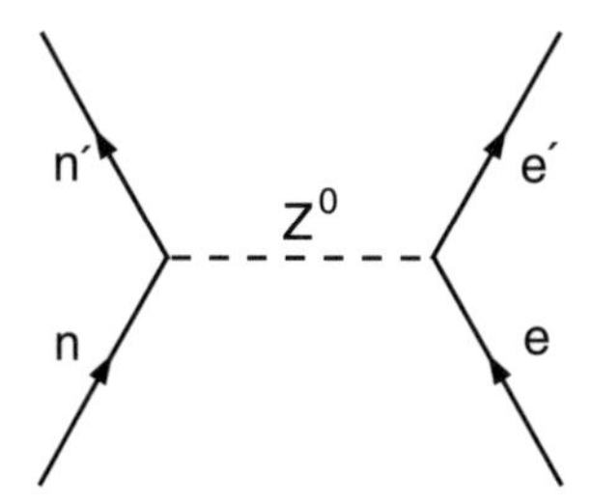

Abb. 2.4. Neutrinostreuung am Elektron ohne Ladungaustausch

Die zu (2.10) analoge Formel für die Streuung $\nu\mathrm{e} \to \nu'\mathrm{e}'$ heißt dann

$$\frac{\mathrm{d}\sigma(\nu\mathrm{e} \to \nu'\mathrm{e}')}{\mathrm{d}\Omega} = \frac{4(\tilde{\alpha}_Z \hbar c)^2 E'^2}{\{(\hbar\omega)^2 - [(\boldsymbol{q}c)^2 + (m_Z c^2)^2]\}^2} \frac{E'}{E} \cos^2\frac{\theta}{2} f^2(\theta) , \tag{2.20}$$

wobei wir mit $f^2(\theta)$ die Spinabhängigkeit der Winkelverteilung bezeichnen.

Bei niedrigen Energien (unter etwa 10 GeV) können wir $\hbar\omega$ und $\boldsymbol{q}c$ gegen die Masse $M_Z c^2 = 91$ GeV) vernachlässigen. Man erkennt, dass im Gegensatz zur Rutherford- bzw. Mott-Streuung die Vorwärts-Divergenz $1/\sin^4(\theta/2)$ nicht vorhanden ist.

Machen wir jetzt noch eine *on the back of an envelope*-Abschätzung des totalen Neutrino-Elektron-Wirkungsquerschnitts. Gehen wir in Schwerpunktsystem ($E_{\mathrm{cm}} = E'_{\mathrm{cm}}$) und, da in diesem System die Winkelabhängigkeit nicht sehr ausgeprägt ist, ersetzen das Integral über den Raumwinkel durch 4π. Das Verhältnis zwischen der schwachen und der elektromagnetischen Kopplung ist $\alpha_W/\alpha \approx 4$, aber für grobe Abschätzungen werden wir $\tilde{\alpha}_W \approx \tilde{\alpha}_Z \approx \alpha$ benutzen. Dann bekommen wir für den integralen Wirkungsquerschnitt

$$\sigma(\nu\mathrm{e} \to \nu'\mathrm{e}') \approx 4\pi \frac{4(\alpha\hbar c)^2 E_{\mathrm{cm}}^2}{(m_Z c^2)^4} . \tag{2.21}$$

Wenn man $E_{\mathrm{cm}}^2 = \frac{1}{2} m_{\mathrm{e}} c^2 E_{\mathrm{lab}}$ für Neutrinos mit $E_{\mathrm{lab}} = 10$ MeV einsetzt, bekommt man etwa $3.5 \cdot 10^{-18}\,\mathrm{fm}^2$. Eine genaue Berechnung ergibt noch einen Faktor $1/(96 \sin^4\theta_W \cos^4\theta_W) = 0.30$. Man sieht, dass unsere sehr einfache Rechnung, bei der wir den Unterschied zur elektromagnetischen Wechselwirkung nur durch die Z^0-Masse korrigiert haben, ganz gut funktioniert!

Der experimentelle Nachweis der Neutrino-Elektron-Streuung ist bei kleinen Energien $E_\nu \approx 10\,\text{MeV}$ nicht einfach. Der Wirkungsquerschnitt $3.5 \cdot 10^{-18}\,\text{fm}^2$ ist klein! Zum Vergleich: der Wirkungsquerschnitt für die Thomson-Streuung am Wasserstoffatom ist $\approx \pi r_\text{e}^2 \approx 33\,\text{fm}^2$, der typische hadronische Wirkungsquerschnitt entspricht der Hadrongröße $\approx 1\,\text{fm}^2$.

Die stärkste vorhandene Neutrinoquelle ist die Sonne – Kernreaktoren hingegen produzieren Antineutrinos! Der Fluss von Sonnenneutrinos wird z. B. durch Neutrino-Elektron-Streuung in einem mit 32 000 Tonnen gefüllten Wasser-Cherenkov-Detektor in Kamiokande (Japan) gemessen. Neutrinos mit einer Energie von 5.5 MeV geben schon einen ausreichenden Rückstoß an Elektronen, so dass ihr Cherenkov-Licht nachgewiesen werden kann.

2.4 Neutrino-Quark-Streuung

Selbstverständlich streuen die Neutrinos auch an Quarks über den Z^0-Austausch. Die Streuung ohne Ladungsaustausch kann nur über den Nachweis des „Jets“ gemessen werden, der vom gestoßenen Quarks herrührt. Experimentell leichter zugänglich ist jedoch die elastische Streuung mit Ladungsaustausch, vermittelt durch $W^\pm$-Bosonen. Für die Beschreibung der Neutrino-Streuung am Quark können wir die Grafen in Abb. 2.1 gleich übernehmen, wenn wir das Elektron e durch das Neutrino ersetzen, aber e′ beibehalten. Die beiden Quarks q und q′ in der Streuung $\nu+\text{q}\to \ell^-+\text{q}'$ haben verschiedene Flavours. Im Jahre 1987 wurde in der großen Magellanschen Wolke die berühmte Supernova SN1987A beobachtet. Dabei wurden im Kamiokande-Detektor elf Antineutrinos nachgewiesen, die bei dieser Sternexplosion entstanden waren. Woher stammen diese Antineutrinos? Primär entstehen Neutrinos beim Kollaps des aus Eisen bestehenden Kern der Supernova, nämlich über die Reaktion $\text{p}+\text{e}^- \to \text{n}+\nu_\text{e}$. Durch den Kollaps wird aber der Kern aufgeheizt und strahlt thermische $\nu\bar{\nu}$-Paare mit Energien von 3–5 MeV ab. Diese thermischen Antineutrinos könnten im Detektor durch $\bar{\nu}_\text{e}+\text{p}\to \text{e}^+ +\text{n}$ (Abb. 2.5) nachgewiesen werden. Schätzen wir die Größenordnung des Wirkungsquerschnitts für diese Reaktion ab, mit ähnlicher Großzügigkeit wie in (2.21),

$$\sigma(\bar{\nu}_\text{e}\text{p} \to \text{e}^+\text{n}) \approx 4\pi \frac{4(\alpha\hbar c)^2 E_\text{cm}^2}{(m_\text{W}c^2)^4} \approx 3 \cdot 10^{-16}\,\text{fm}^2\,. \tag{2.22}$$

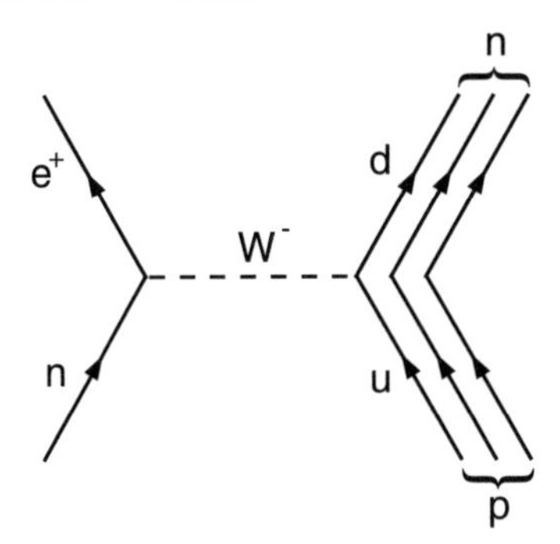

Abb. 2.5. Antineutrinostreuung am Proton mit Ladungsübertrag

Durch eine genauere Berechnung kommt noch ein weiterer Faktor hinzu: $1/(8\sin^4\theta_{W)} \approx 2$.

Der Wirkungsquerschnitt für Ladungsaustausch ist zwei Größenordnungen größer als der für die Neutrino-Elektron-Streuung (2.21). Der Unterschied liegt in E_{cm}, die für die Streuung am massiven Nukleon wesentlich höher ist.

2.4.1 Schwaches Potential

Die Streuamplitude kann in der Bornschen Näherung als die Fourier-Transformierte des Potentials betrachtet werden. Umgekehrt können wir aus der Streuamplitude das schwache Potential bestimmen. Das entsprechende Potential hat die Yukawa-Form

$$V_W = \frac{\alpha_W \hbar c}{r} e^{(-m_W c/\hbar)r} . \tag{2.23}$$

Bei niedrigen Energien ist die Streuamplitude das Volumenintegral des Potentials

$$\int V_W(r) d^3r = \frac{4\pi\alpha_W(\hbar c)^3}{(m_W c^2)^2} = 4\sqrt{2} G_F . \tag{2.24}$$

Die Fermi-Konstante $G_F = 90\ \mathrm{eV\,fm}^3$ kann also als das Volumenintegral des schwachen Potentials betrachtet werden. Der Faktor $4\sqrt{2}$ kommt durch die historische Normierung der G_F.

Weiterführende Literatur

B. Povh, K. Rith, Ch. Scholz, F. Zetsche: *Teilchen und Kerne* (Springer, Berlin Heidelberg 1999)

Ch. Berger: *Elementarteilchenphysik* (Springer, Berlin Heidelberg 2002)

KAPITEL 3

Quasielastische Lepton-Quark-Streuung

In jeden Quark begräbt er seine Nase.
Mephistopheles in Goethes Faust

Bei Elektronenenergien $E > 15$ GeV und Impulsüberträgen $Q^2 > 1$ GeV^2 findet die Streuung an Konstituenten des Nukleons statt. Historisch wurden diese Konstituenten Partonen getauft. Unter Partonen versteht man alle, in der hochenergetischen Streuung gesehenen Konstituenten des Nukleons: die Valenzquarks, die Seequarks und die Gluonen. In der Leptonstreuung sieht man direkt nur die Quarks, die sowohl eine elektrische wie auch eine schwache Ladung besitzen.

Die Quarks sind im Proton gebunden und bewegen sich innerhalb der Confinementgrenze mit Fermi-Impulsen, die dieser Grenze entsprechen. Die großen Impulsüberträge garantieren, dass die Streuung in einer solch kurzen Zeit stattfindet, dass Wechselwirkungen zwischen den Quarks während des Stoßes vernachlässigt werden können. In guter Näherung können wir die Streuung wie am freien, jedoch sich bewegenden Quark betrachten. Historisch wurde dieser Bereich der quasielastischen Streuung als tiefinelastische Streuung bezeichnet. Wir werden jedoch diese Streuung lieber als quasielastische Streuung an Quarks benennen.

Die Massen der elementaren leichten Quarks sind in der Größenordnung von 10 MeV/c^2. Eingeschlossen in einem Volumen mit dem Durchmesser $\approx$ 1 fm sind die Quarks mit einer solch kleinen Masse als relativistisch anzusehen. Für hochenergetische Prozesse relativistischer Vielteilchensysteme eignet sich statistische Beschreibung; im Falle des Nukleons werden wir die partonische Struktur mit der Impulsverteilung (keine Wellenfunktionen) von Quarks und Gluonen beschreiben.

Bei großen Impulsüberträgen ist die perturbative Feldtheorie (QCD) der starken Wechselwirkung anwendbar. Die quasielastische Streuung muss lorentz-invariant formuliert werden. Wir brauchen jedoch auch eine anschauliche Interpretation der formalen Theorie. Diese wurde der Interpretation der QED im Bild der virtuellen Photonen der Weizsäcker-Williams-Methode entnommen. Wir glauben, dass eine kurze Zusammenfassung dieser Methode, die im Falle der Elektrodynamik konzeptionell sehr einfach ist, zum Verstehen des Partonbildes sehr vorteilhaft ist. Weiterhin kann man mit dem Vergleich zwischen dem Photonfeld einer elektrischen Ladung und dem Gluonfeld einer starken Ladung den Unterschied zwischen QED und QCD besonders schön verdeutlichen.

Dieses Kapitel ist etwas länger geworden als die übrigen in diesem Buch, da es unserer Meinung nach eine ähnliche Einführung in die starke Wechselwirkung in Lehrbüchern nicht gibt.

3.1 Virtuelle Weizsäcker-Williams-Photonen

Die Bremsstrahlung wird gewöhnlich als Emission betrachtet, die die Abbremsung des Elektrons im Coulomb-Feld des Atomkerns begleitet. Aber die Bremsstrahlung und ebenso andere Prozesse kann man auch in einem Bezugssystem betrachten, in dem sich das Elektron in Ruhe befindet. Dies nennt man dann die Methode der virtuellen Quanten. Wir werden sehen, dass diese Alternative für stark wechselwirkende Systeme sehr gut geeignet ist.

Im Ruhesystem des Elektrons bewegt sich das Proton mit einer großen Energie $E \gg Mc^2$ auf das Elektron zu. Das Coulomb-Feld einer bewegten Ladung $+e$ (wenn Proton) mit Masse M und Energie E ist lorentz-kontrahiert, wie es in Abb. 3.1 symbolisch dargestellt wird. Das transversale elektrische Feld wird durch Lorentz-Kontraktion um einen Faktor $\gamma = E/M_0c^2$ verstärkt. Im Abstand b senkrecht zur

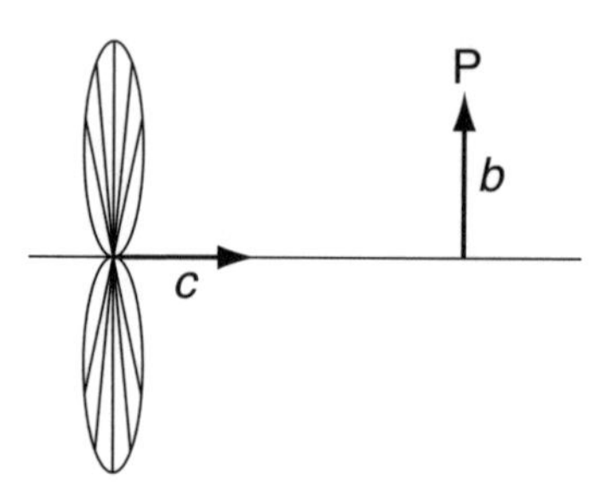

Abb. 3.1. Das kugelsymmetrische Coulomb-Feld einer ruhenden Ladung wird, wenn es sich bewegt, lorentz-kontrahiert. Das transversale elektrische Feld wird um einen Faktor $\gamma = E/M_0c^2$ verstärkt

Bewegungsrichtung ist

$$E_\perp = \frac{e\gamma}{4\pi\,\varepsilon_0 b^2} \,. \tag{3.1}$$

Ein Beobachter im Punkt P (Abb. 3.1) registriert die vorbeifliegende Ladung als einen elektrischen und magnetischen Puls. Im Folgenden berücksichtigen wir nur die transversale Komponente des elektrischen Pulses, denn nur diese ist für unsere Betrachtung wichtig. Die Zeitdauer des Pulses ist

$$\Delta t \approx \frac{b}{\gamma c} \,, \tag{3.2}$$

wobei wir für die Geschwindigkeit der Ladung immer c annehmen dürfen und die Zeitskala bei der Transformation zum Beobachtersystem ein γ im Nenner bekommt. Die Form des elektrischen Pulses ist in Abb. 3.2 gezeigt.

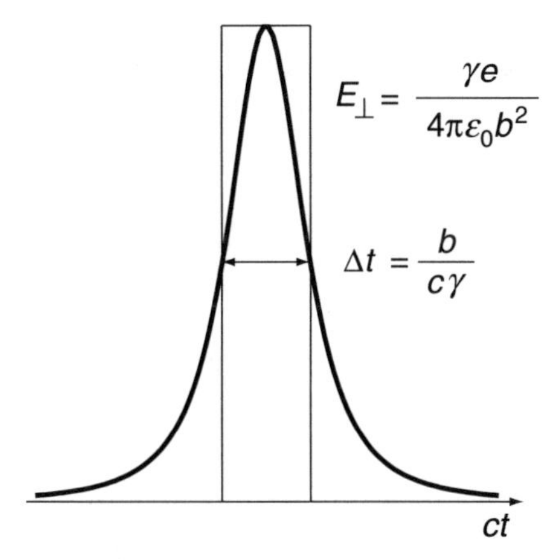

Abb. 3.2. Die einfache Abschätzung des Pulses (Kastenform $E_\perp \times \Delta t$, *dünne Linie*) und realistische Linienform (*dicke Linie*)

Den Energiefluss in Abhängigkeit von der Frequenz können wir sehr einfach abschätzen, ohne die Fourier-Transformationen exakt auszurechnen. Die Form des Energiepulses ist – ähnlich wie die von $E_\perp$ – zeitlich stark begrenzt, dessen Energiefluss ist

$$\Phi = c\varepsilon_0 \int_{-\infty}^{+\infty} E_\perp^2 \mathrm{d}t \,. \tag{3.3}$$

Die Fourier-Transformierte eines deltaförmigen Pulses ($\Delta t \to 0$) ist eine Konstante. Für eine endliche Breite Δt wird das Spektrum bei einer maximalen Frequenz, $\omega_{\max} = 1/\Delta t = \gamma c/b$, abgeschnitten (siehe Abb. 3.3).

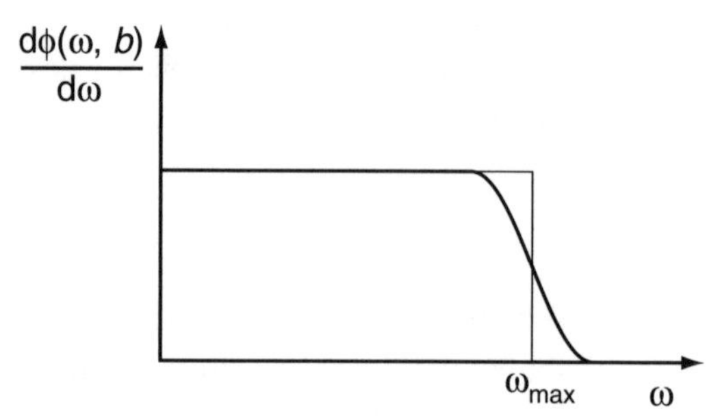

Abb. 3.3. Verteilung des Energieflusses nach ω, die *dünne Linie* mit einer scharfen Abschneidefrequenz, die *dicke Linie* mit dem realistischen Verlauf

Um das virtuelle Photonenspektrum mit der Strukturfunktion zu vergleichen, müssen wir den Energiefluss quantisieren und die in der QCD üblichen Variablen einführen: $Q \propto \hbar/b$ und $x = \omega/\omega_{\max}$:

$$\frac{\mathrm{d}\Phi(\omega, b)}{\mathrm{d}\omega}\mathrm{d}\omega\mathrm{d}b^2 \propto \hbar\omega\Gamma(\hbar\omega, Q^2)\mathrm{d}(\hbar\omega)\mathrm{d}Q^2. \tag{3.4}$$

Um den Vergleich möglichst einfach zu halten, bezeichnen wir mit x den Bruchteil der Energie, die im elektromagnetischen Feld steckt. Die Verteilung der virtuellen Photonen $x\,\Gamma(x, Q^2)$ (Abb. 3.4) werden wir direkt mit der Gluon-Strukturfunktion $x\,G(x, Q^2)$ vergleichen.

Das Bremsstrahlungsspektrum bei einem bestimmten Q^2 bekommt man, wenn man die Funktion $\Gamma(x, Q^2)$ mit dem Compton-Wirkungsquerschnitt multipliziert. Experimentell bestimmt man das Spektrum durch koinzidenten Nachweis des Bremsstrahlungsphotons und des Rückstoßelektrons. Aus der Abb. 3.4 sieht man, dass die Form der „Strukturfunktion" der virtuellen Photonen unabhängig von Q^2 ist. Die Zahl der Photonen nimmt jedoch mit Q^2 zu.

Schreiben wir noch explizit den Wirkungsquerschnitt für die weichen Röntgenstrahlen hin. In diesem Fall dürfen wir den Elektron-Photon-Wirkungsquerschnitt mit der Thomson-Formel (1.16) annähern,

$$\frac{\mathrm{d}\sigma(\omega, \theta)}{\mathrm{d}\omega\mathrm{d}\Omega} \propto Z^2 r_{\mathrm{e}}^2 \frac{1 + \cos^2\theta}{2} \int \mathrm{d}b^2 \frac{\Phi(\omega, b)}{\mathrm{d}\omega}\,. \tag{3.5}$$

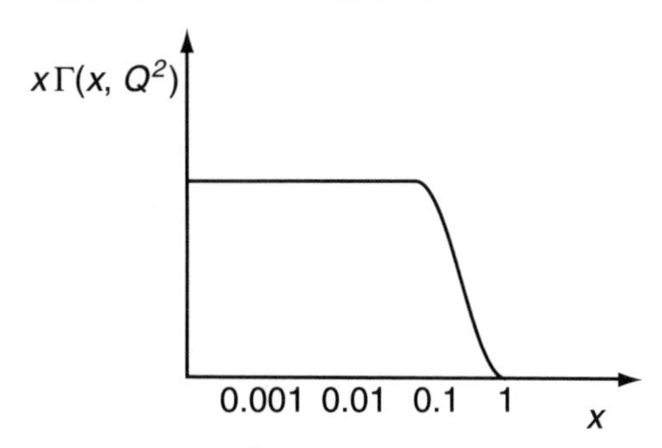

Abb. 3.4. Die Funktion $\Gamma(x, Q^2)$ gibt die Zahl der Bremsstrahlungsphotonen im Intervall $d(\hbar\omega)$ bei einem bestimmten Q^2 an

Das Bremsstrahlungsspektrum ist das Integral über alle möglichen b^2-Werte bzw. alle Impulsüberträge Q^2.

Im folgenden Abschnitt werden wir sehen, dass (3.5) direkt auf die Elektron-Quark-Streuung im quasielastischen Fall übertragbar ist.

3.2 Virtuelle Bjorken-Feynman-Partonen

Betrachten wir das Proton in einem schnell bewegten System. Wir vernachlässigen die transversalen Impulse, wie wir es schon im elektromagnetischen Fall mit den longitudinalen Feldkomponenten getan haben. Die Gesamtenergie des Protons wird von Partonen getragen. Jedes Parton hat einen Bruchteil x der Gesamtenergie, des Impulses bzw. der Masse (siehe Tabelle 3.1 und Abb. 3.5).

Diskutieren wir zunächst die Verbindung zwischen der quasielastischen Streuung am Nukleon mit dem Bild der virtuellen Photonen. Ei-

Tabelle 3.1. Kinematische Größen des Protons und des Partons im schnell bewegten System. Mit p_L ist die longitudinale Komponente des Impulses bezeichnet, mit p_T die transversale

	Proton	Parton
Energie	E	xE
Impuls	p_L	xp_L
	$p_T = 0$	$p_T = 0$
Masse	M	$m = (x^2E^2 - x^2p_L^2)^{1/2} = xM$

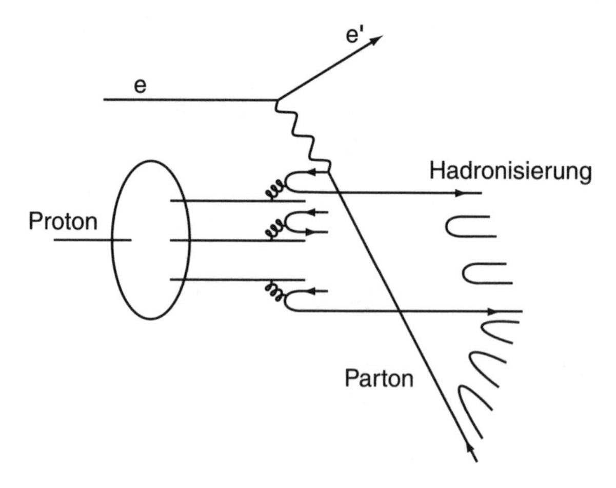

Abb. 3.5. Partonen

ne besondere Schwierigkeit stellen die Gluonen dar, denn das statische Gluonfeld des Quarks ist wegen der Größe der starken Kopplungskonstante α_s und/oder des Confinements analytisch nicht darstellbar. Wir nehmen aber an, dass sich in einem schnell bewegten System das Gluonfeld als virtuelle Gluonquanten beobachten lässt. Noch eine weitere Komplikation: die Gluonen haben weder eine elektrische noch eine schwache Ladung. Man kann sie nicht direkt in der quasielastischen Leptonstreuung beobachten. Partonen, die eine elektrische und eine schwache Ladung tragen, sind die Quarks. Deswegen betrachten wir erst die Streuung an Quarks.

3.2.1 Elektronstreuung an Quarks

Die Variable x können wir in lorentz-invarianten Größen angeben. Die Bedingung für die elastische Streuung an Parton der Masse $m = xM$ folgt aus (2.9)

$$x = \frac{Q^2}{2M\nu} . \tag{3.6}$$

Um die Vorfaktoren in den Definitionen der Strukturfunktionen richtig zu bekommen, müssen wir doch eine etwas formalere Einführung der Variablen x vornehmen.

Die Wahrscheinlichkeit, ein Parton mit dem Bruchteil x des Gesamtimpulses des Protons zu finden, ist durch die Verteilung $q_i(x)$ gegeben. Der Index i bezeichnet den Flavour des Partons und damit auch dessen

Ladung. Die Ladung des Quarks wird in Einheiten der elementaren Ladung, $z_i e$, angegeben. Der Wirkungsquerschnitt für die quasielastische Streuung kann dann als inkohärente Summe elastischer Streuungen an Quarks, die mit (2.11) beschrieben werden:

$$\left(\frac{\mathrm{d}\sigma(\mathrm{eq}\to\mathrm{eq})}{\mathrm{d}E'\mathrm{d}\Omega}\right)_{\text{Nukleon}} = \frac{\mathrm{d}\sigma_{\text{Mott}}}{\mathrm{d}\Omega}\sum_i z_i^2 q_i(x)\cdot\left(1+2\frac{Q^2}{4m_i^2c^2}\tan^2\frac{\theta}{2}\right)\cdot\delta\left(\nu-\frac{Q^2}{2m_i}\right). \tag{3.7}$$

Führen wir eine neue Variable $\xi = Q^2/2M\nu$ ein, so erhalten wir nach Einsetzen in die Delta-Funktion

$$\delta\left(\nu-\frac{Q^2}{2m}\right) = \delta\left[\frac{\nu}{x}(x-\xi)\right] = \frac{x}{\nu}\delta(x-\xi)\,. \tag{3.8}$$

Der Beitrag zum Wirkungsquerschnitt kommt nur von Quarks mit dem Bruchteil x des Gesamtimpulses

$$x = \xi = \frac{Q^2}{2M\nu}\,. \tag{3.9}$$

Der endgültige Ausdruck ist dann

$$\left(\frac{\mathrm{d}\sigma(\mathrm{eq}\to\mathrm{eq})}{\mathrm{d}E'\mathrm{d}\Omega}\right)_{\text{Nukleon}} = \frac{\mathrm{d}\sigma_{\text{Mott}}}{\mathrm{d}\Omega}\left(\frac{\sum_i z_i^2 x q_i(x)}{\nu}+\frac{\sum_i z_i^2 q_i(x)}{M}\tan^2\frac{\theta}{2}\right). \tag{3.10}$$

Es ist üblich, die inkohärenten Summen über die einzelnen Quarkbeiträge zum Wirkungsquerschnitt als Strukturfunktionen zu bezeichnen. Die Strukturfunktion, die den Spinflipanteil des Wirkungsquerschnitts der quasielastischen Streuung bestimmt, ist

$$F_1 = \frac{1}{2}\sum_i z_i^2 q_i(x) \tag{3.11}$$

und die, die den Coulomb-Anteil angibt, ist – ebenso wie für spinlose Quarks

$$F_2 = \sum_i z_i^2 x q_i(x)\,. \tag{3.12}$$

Die Deutung der Strukturfunktionen ist, wie schon erwähnt, besonders anschaulich in einem System, in dem sich das Proton schnell bewegt. In diesem System gibt die Funktion $2F_1$ die Wahrscheinlichkeit an, ein Parton mit dem Bruchteil x des Gesamtimpulses im Proton zu finden. Die Funktion F_2 ist dieselbe Wahrscheinlichkeit multipliziert mit x. Die Analogie zwischen (3.10) und (3.5) ist offensichtlich. Der Elektron-Quark- ersetzt den Photon-Elektron-Wirkungsquerschnitt, die Quarkstrukturfunktion die Photonstrukturfunktion.
Es mag überaschend sein, dass man die starke Wechselwirkung mit der Methode der virtuellen Photonen von Weizsäcker-Williams einführt. Die Methode war von Interesse in der Zeit der semiklassischen Behandlung der Photon-Elektron-Wechselwirkung, sie war geeignet, um ein klassisches System zu quantisieren. Später wurde sie von der Feldtheorie der QED verdrängt. Auch in der QCD rechnen die „richtigen" Theoretiker mit den lorentz-invarianten feldtheoretischen Formalismen, so weit sie können. Es gibt zwei Gründe dafür, warum wir die Weizsäcker-Williams-Methode zur Betrachtung der starken Wechselwirkung gewählt haben. Einerseits ist diese Betrachtung sehr anschaulich, da die Gluonen, die man im Experiment nachweist, als Bremsstrahlungsgluonen interpretiert werden können. Zweitens, eine der wichtigsten theoretischen Methoden, die man auch im nicht-perturbativen Bereich der QCD anwenden kann, die Lichtkegel-Methode, ist nicht viel mehr als eine etwas formalisiertere Weizsäcker-Williams-Methode.

3.2.2 Neutrinostreuung an Quarks

Die Messungen der Strukturfunktionen in der quasielastischen Neutrinostreuung sind interessant, weil sich die Wirkungsquerschnitte von Neutrinos und Antineutrinos an Quarks und Antiquarks unterscheiden. Experimentell wurden die Reaktionen mit Myon-Neutrinos und Antineutrinos am besten untersucht:

$$\nu_\mu + q_{\mathrm{d,s,\bar{u}}} \to \mu^- + q_{\mathrm{u,c,\bar{d}}} \tag{3.13}$$

und

$$\bar{\nu}_\mu + q_{\mathrm{u,\bar{d},\bar{s}}} \to \mu^+ + q_{\mathrm{d,\bar{u},\bar{c}}} \,. \tag{3.14}$$

Das liegt daran, dass reine, hochenergetische Strahlen nur für Myonneutrinos möglich sind. Man bekommt sie in den so genannten tertiären Strahlen, nach dem Zerfall von Pionen, $\pi^+ \to \nu_\mu + \mu^+$ und

$\pi^- \rightarrow \bar{\nu}_\mu + \mu^-$. Am CERN werden Pionen mit 400 GeV-Protonen erzeugt. Pionen und Kaonen werden auf einer Strecke von etwa 300 Metern gebündelt gehalten und in einem Graphittarget abgebremst. Die Neutrinos aus dem Zerfall sind kinematisch vorwärts ausgerichtet. Das Spektrum ist breitbandig mit einem Maximum bei 26 GeV und einem höherenergetischen Rest bis zu etwa 150 GeV. Die quasielastische Streuung wird in einem Kalorimeter nachgewiesen. Aus der Kinematik des Myons und der Energie der in der Streuung erzeugten Hadronen kann sowohl der Impuls- wie auch der Energieübertrag bestimmt werden.

Wegen der Erhaltung der Helizität von Fermionen bei hohen Energien sind die Wirkungsquerschnitte von Neutrinos und Antineutrinos an Quarks verschieden. Machen wir eine Abschätzung dieses Unterschieds mit der Annahme, dass Quarks die Masse 0 haben. Im Schwerpunktsystem haben die Neutrinos und Quarks vor der Streuung die Gesamtspinprojektion $S_z = 0$. Das liegt daran, dass wegen der Paritätsverletzung der schwachen Wechselwirkung sowohl das Neutrino als auch das Quark negative Helizität haben. Da bei der Neutrinostreuung bei diesen Energien nur die s-Wellenstreuung vorkommt, muss auch im Endzustand $S_z = 0$ sein. Das ist der Fall für die Streuung von Neutrinos an Quarks und Antineutrinos an Antiquarks für alle Streuwinkel (Abb. 3.6a). Anders die Streuung von Neutrinos an Antiquarks

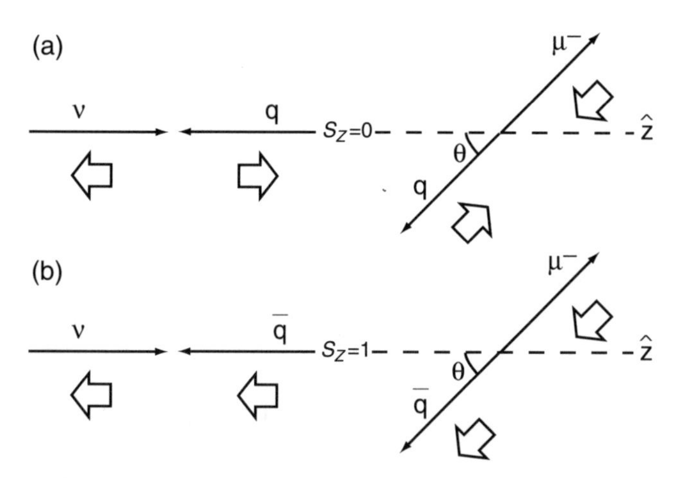

Abb. 3.6a,b. Die Streuung von Neutrinos an Quarks findet im Zustand $S_z = 0$ statt. Die Winkelverteilung ist isotrop. An Antiquarks ($S_z = -1$) ist die Winkelverteilung proportional zu $\cos^2 \theta$

(Abb. 3.6b). Die Spinprojektion vor der Streuung ist $S_z = -1$ (für Antineutrinos an Quarks ist $S_z = +1$). Die Streuamplitude hängt vom Streuwinkel θ ab und ist proportional zu $\cos\theta$, der Wirkungsquerschnitt wiederum ist proportional zu $\cos^2\theta$. Da der Mittelwert von $\langle\cos^2\theta\rangle = 1/3$ ist, erwartet man, dass das Verhältnis zwischen beiden Wirkungsquerschnitten 3:1 ist. Dieses Verhältnis hängt besonders von der Kinematik, aber auch von x ab (siehe (3.6)). Die exakte Rechnung bestätigt, dass der über x gemittelte Wert für das Verhältnis der Wirkungsquerschnitte zwischen Neutrino-Quark und Antineutrino-Quark in der Tat etwa 3:1 ist.

Mit dem Vergleich der quasielastischen Streuung mit Neutrinos und Antineutrinos kann man die Häufigkeit der Quarks und Antiquarks im Nukleon bestimmen. In Abb. 3.7 sind die Verteilungen von Valenz- und Seequarks bei $Q^2 \approx 5\ \mathrm{GeV}^2/c^2$ und $Q^2 \approx 50\ \mathrm{GeV}^2/c^2$ gezeigt.

Die Fläche unterhalb der Valenzquarkverteilung zählt die Valenzquarks, gewichtet mit dem Quadrat deren Ladung und dem Bruchteil des Gesamtimpulses x,

$$\int_0^1 \frac{F_2(x)}{x}\mathrm{d}x \approx \int_0^1 \left[\left(\frac{2}{3}\right)^2 + \left(\frac{2}{3}\right)^2 + \left(\frac{1}{3}\right)^2\right] q(x)\mathrm{d}x = 1\ . \tag{3.15}$$

Hier haben wir angenommen, dass u- und d-Quarks dieselbe Verteilung haben.

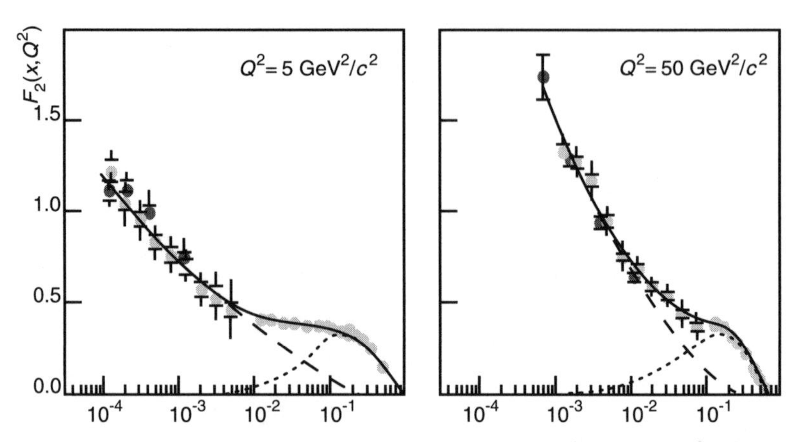

Abb. 3.7. Die Strukturfunktion $F_2(x)$ bei (*links*) $Q^2 \approx 5\,\mathrm{GeV}^2/c^2$ und (*rechts*) $Q^2 \approx 50\,\mathrm{GeV}^2/c^2$. Die Trennung zwischen den Valenzquarks (*Punkte*) und Seequarks (*Striche*) wurde mit Hilfe der Neutrinostreuung gewonnen

3.2.3 Gluonbremsstrahlung

Wie bereits erwähnt, sieht man in der quasielastischen Leptonstreuung nur die Partonen, die entweder eine elektrische oder eine schwache Ladung tragen. Die Anwesenheit der Gluonen kann man nur indirekt bestimmen. Die Summe der Quarkimpulse in der quasielastischen Streuung beträgt nur etwa die Hälfte des Gesamtimpulses des Nukleons, die fehlende Hälfte schreibt man den Gluonen zu.

Bremsstrahlungsgluonen beobachtet man immer, wenn die starke Ladung beschleunigt wird. Diese manifestieren sich als hadronische Jets. In der e^+e^--Annihilation in ein Quark-Antiquark-Paar z. B. beobachtet man zwei entgegengesetzte hadronische Jets, die der Hadronisierung der Quarks entsprechen. Manchmal wird im Prozess zusätzlich ein „Bremsstrahlungsgluon“ als dritter Jet beobachtet (Abb. 3.8).

Am besten untersucht ist die Gluonbremsstrahlung in der quasielastischen Streuung, die wir kurz beschreiben wollen. Der Q^2-Wert definiert auch die räumliche Auflösung Δr, mit der man die Struktur

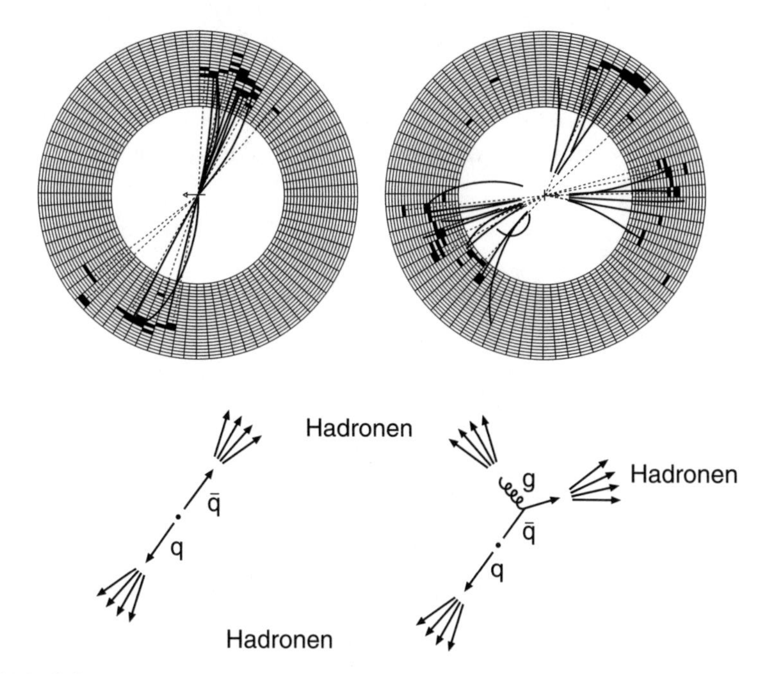

Abb. 3.8. Typisches Zwei- und Drei-Jet-Ereignis, gemessen mit dem JADE-Detektor am e^+e^--Speicherring PETRA

des Objekts untersucht:

$$\Delta r \propto \frac{\hbar c}{Q} . \tag{3.16}$$

Die Strukturfunktion hängt offensichtlich von Q^2, der Auflösung der Messung, ab, wie aus Abb. 3.7 zu entnehmen ist. Diese Q^2-Abhängigkeit ist in Abb. 3.9 veranschaulicht. Bei einer schlechten Auflösung misst man die Impulse von Partonen innerhalb des durch die Auflösung definierten Volumens. Je besser die Auflösung ist, desto mehr Partonen gibt es.

Wenn man die Kopplungskonstante kennt, kann man die Wahrscheinlichkeiten für die Prozesse ausrechnen, die zur Aufspaltung der Quarks und Gluonen führen. Die Wahrscheinlichkeiten, „*splitting functions*“ genannt, sind in Abb. 3.10 grafisch symbolisiert.

Dieses System der gekoppelten Gleichungen beschreibt die Q^2-Abhängigkeit der Strukturfunktionen sehr gut. In der Messung kann man nur die Strukturfunktionen der Quarks bestimmen. Die Gluonen tragen weder eine elektrische noch eine schwache Ladung. Jedoch wird durch die Q^2-Abhängigkeit der Quarkstrukturfunktion $F_2(x, Q^2)$ auch die Gluonstruktur $G(x, Q^2)$ mit Hilfe der Gleichungen in Abb. 3.10 bestimmt. Bei jedem Q^2 muss die Summe der Impulse der Gluonen und Quarks gleich dem Gesamtimpuls des Nukleons sein. Mit dieser Bedingung bestimmt man die gluonischen Strukturfunktionen.

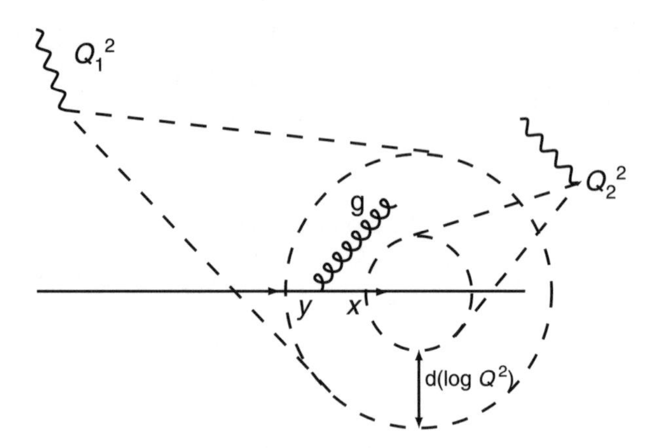

Abb. 3.9. Die Wechselwirkung des Photons mit einem Quark, das ein Gluon abstrahlt. Bei kleinerem Q_1^2 wird das Quark samt dem Gluon als Einheit gesehen. Bei größerem Q_2^2 nimmt die Auflösung zu, man misst den Impulsbruchteil des Quarks ohne den des Gluons. Die logarithmische Abhängigkeit der Auflösung folgt aus (3.17)

$$\frac{\mathrm{d}}{\mathrm{d}(\ln Q^2)} \begin{pmatrix} F_2^N(x, Q^2) \\ xG(x, Q^2) \end{pmatrix} = \frac{\alpha_s(Q^2)}{2\pi} \begin{pmatrix} P_{qq} & P_{qg} \\ P_{gq} & P_{gg} \end{pmatrix} \begin{pmatrix} F_2^N(y, Q^2) \\ yG(y, Q^2) \end{pmatrix}$$

mit

$$\begin{pmatrix} P_{qq} & P_{qg} \\ P_{gq} & P_{gg} \end{pmatrix} =$$

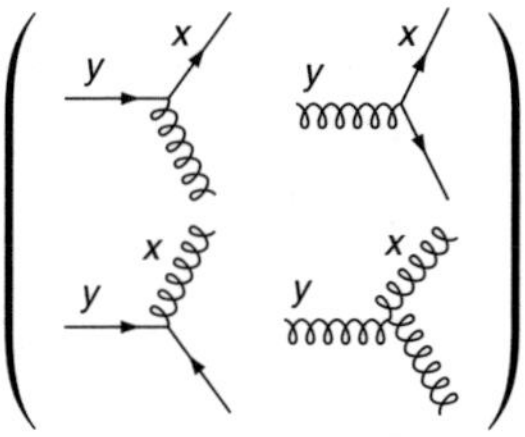

Abb. 3.10. Die Funktion P_{qq} gibt die Wahrscheinlichkeit an, dass das Quark ein Gluon abstrahlt, wenn man die Auflösung der Messung um $\mathrm{d}(\ln Q^2)$ verbessert; P_{qg} die Wahrscheinlichkeit, dass ein Quark mit x durch Paarproduktion entsteht; P_{gq} die Wahrscheinlichkeit, dass ein Gluon mit x durch Quarkannihilation entsteht; P_{gg} die Wahrscheinlichkeit für die Spaltung des Gluons

In Abb. 3.11 sind die Gluon-Strukturfunktionen für $Q^2 = 5\,\mathrm{GeV}^2/c^2$ und $Q^2 = 50\,\mathrm{GeV}^2/c^2$ gezeigt.

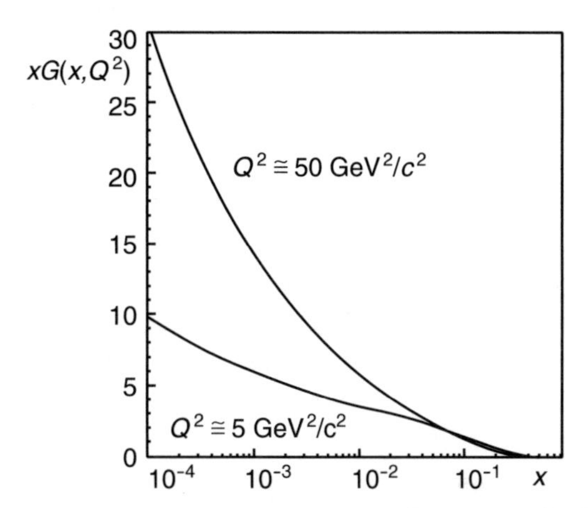

Abb. 3.11. Die Gluon-Strukturfunktion bei $Q^2 = 5\,\mathrm{GeV}^2/c^2$ und $Q^2 = 50\,\mathrm{GeV}^2/c^2$. Je größer Q^2 ist, desto mehr weiche Gluonen gibt es

Diese gluonischen Strukturfunktionen sollten mit den photonischen $x\Gamma(x, Q^2)$ (s. Abb. 3.4) verglichen werden. Beide Prozesse, die Bremsstrahlung von Photonen und die von Gluonen, unterliegen den gleichen Gesetzmäßigkeiten. Wenn die Gluonen keine starke Ladung hätten, würden beide Bremsstrahlungsspektren gleich aussehen. Der Unterschied kommt von der Kopplung der Gluonen mit sich selbst. Dadurch spalten sich die hochenergetischen Gluonen in mehrere energetisch ärmere, das gluonische Spektrum verschiebt sich zu kleineren x. Je besser die Auflösung, desto mehr wird der Gesamtimpuls von weichen Gluonen getragen.

3.3 Kopplungskonstanten

Die Quantenchromodynamik (QCD) ist die allgemein akzeptierte Theorie der starken Wechselwirkung. Die Quarks tragen die starke Ladung, die Farbe. Die Wechselwirkung zwischen den Quarks wird durch die Gluonen vermittelt. Die Gluonen sind auch Träger der starken Ladungen und koppeln aneinander. Die Stärke der Kopplung von Quarks an Gluonen und von Gluonen an Gluonen ist durch die „Kopplungskonstante" α_s gegeben. Sie ist jedoch stark von Q^2 abhängig. Bei $Q^2 \approx 10^4\,\mathrm{GeV}^2/c^2$ hat sie einen Wert von etwa 0.12, bei $Q^2 \approx 100\,\mathrm{GeV}^2/c^2$ etwa 0.16 und bei $Q^2 \approx 1\,\mathrm{GeV}^2/c^2$ von etwa 0.5. Die Q^2-Abhängigkeit ist logarithmisch und ist durch den folgenden Ausdruck gegeben:

$$\alpha_s(Q^2) = \frac{12\pi}{(33 - 2n_f) \cdot \ln(Q^2/\Lambda^2)} . \tag{3.17}$$

Dabei bezeichnet n_f die Zahl der beteiligten Quarktypen. Da virtuelle Quark-Antiquark-Paare aus schweren Quarks nur eine sehr geringe Lebensdauer haben, ist ihr Abstand vom getroffenen Quark so klein, dass sie erst bei sehr großen Werten von Q^2 aufgelöst werden können. Für Q^2 in der Größenordnung von $1\,\mathrm{GeV}^2/c^2$ erwartet man $n_f \approx 3$ und $n_f = 6$ erst für $Q^2 \to \infty$. Der einzig freie Parameter der QCD Λ muss experimentell bestimmt werden, sein Wert beträgt etwa $250\,\mathrm{GeV}/c$. Zum Vergleich: Die QED hat ebenfalls einen freien Parameter, die Feinstrukturkonstante α, die experimentell sehr leicht über den Thomson-Wirkungsquerschnitt zugänglich ist.

Die experimentelle Überprüfung der QCD ist nicht so elegant durchzuführen, wie das im Fall der QED möglich ist. Auch die Genauigkeit, mit der die QED getestet wurde, wird für die QCD niemals erreicht werden. Die Quarks und Gluonen befinden sich vor und nach der Streuung im Confinement. Was man nach der Wechselwirkung beobachtet, sind hadronisierte Quarks und Gluonen. Da die Hadronen in Richtung der fliegenden Quarks und Gluonen gebündelt sind (Jets), kann man den elementaren Prozess gut rekonstruieren.

Versuchen wir zu veranschaulichen, woher der Ausdruck (3.17) kommt. Die Q^2-Abhängigkeit der Kopplungskonstante ist in der Tat nicht eine Eigenschaft der starken Wechselwirkung, sondern eine allgemeine Eigenschaft aller Wechselwirkungen, eine Folge der Vakuumpolarisation.

3.3.1 Elektromagnetische Kopplungskonstante α

Die Anziehung zwischen der positiven und der negativen Ladung ist nicht exakt durch das Coulomb-Gesetz gegeben. Bei kleinen Abständen, $r < ƛ_e$, nimmt die effektive Ladung zu, da die Ladung die virtuellen Elektron-Positron-Paare polarisiert. Diese Polarisation ist paralel zum elektrischen Feld. Der Vektor der Polarisation zeigt in Richtung $\boldsymbol{r}$, wenn die Ladung positiv ist. Das muss so sein, da sich die virtuellen Elektron-Positron-Paare (Abb. 3.12) so verteilen, dass die positive Ladung aus dem Zentrum verdrängt wird.

Die Größe der Korrektur schätzen wir grob ab. Der Wert der Schleife in Abb. 3.12 hängt bekanntlich von $\log Q^2$ ab. Die Integration geht von 0 bis ∞ und der Wert dieses Integrals divergiert. Wir sind jedoch nur

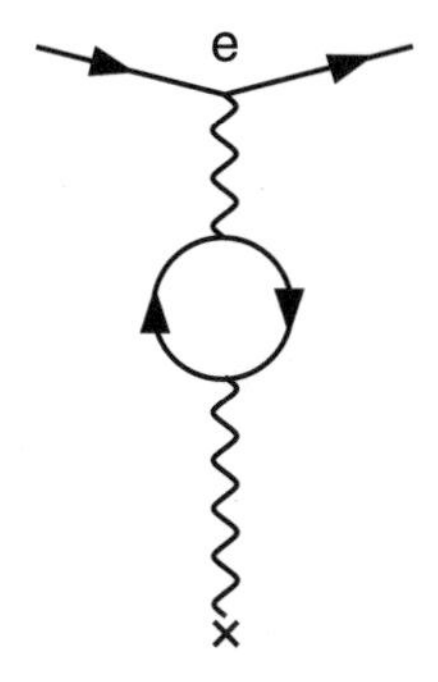

Abb. 3.12. Die niedrigste Korrektur zum Coulomb-Gesetz. Die Elektron-Positron-Paare verteilen sich so, dass sich die gleichen Ladungen abstoßen

an der Q^2-Abhängigkeit der Kopplungskonstante interessiert, wenn sie bei einem Impulsübertrag μ^2 durch die Messung schon bekannt ist. Dann ist der Wert der Schleife (Abb. 3.12)

$$-\frac{\alpha}{3\pi}\ln\left(\frac{Q^2}{\mu^2}\right) . \tag{3.18}$$

Das endgültige Resultat für die Kopplungskonstante bekommen wir, wenn wir auch die höheren Korrekturen aus Abb. 3.13 berücksichtigen.

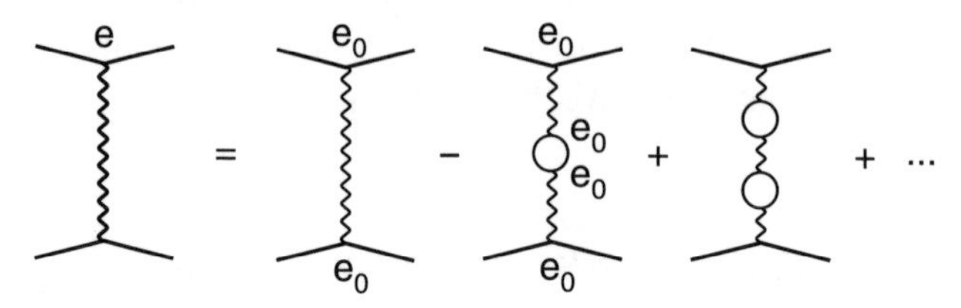

Abb. 3.13. Die höheren Korrekturen zur Vakuumpolarisation stellen eine geometrische Reihe dar

Die Summe der in Abb. 3.13 angedeuteten Korrektur ist in Abb. 3.14 grafisch dargestellt und kann analytisch folgendermaßen geschrieben werden:

$$\alpha(Q^2) = \frac{\alpha(\mu^2)}{1-[\alpha(\mu^2)/3\pi]\ln(Q^2/\mu^2)} . \tag{3.19}$$

Diese Formel gilt bei $Q, \mu \gg m_e c$ und der Wert von α ist bei einer geeigneten Skala angegeben. Bei Abständen $r \geq \lambda\!\!\!^{-}_e$ ist die Vakuumpolarisation vernachlässigbar. Die Werte für α sind bis zu $Q^2 \approx 10^4\,\mathrm{GeV}^2/c^2$ bestimmt worden, und sie stimmen mit dem Ausdruck (3.19) überein.

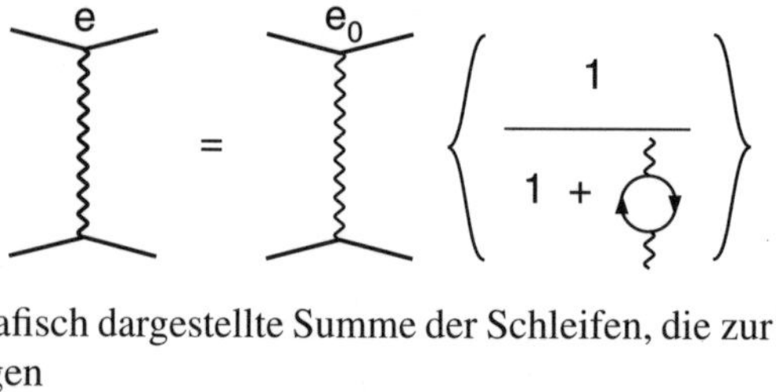

Abb. 3.14. Grafisch dargestellte Summe der Schleifen, die zur Vakuumpolarisation beitragen

3.3.2 Starke Kopplungskonstante α_s

Die Vakuumpolarisation der stark wechselwirkenden Teilchen wird genauso behandelt wie die Teilchen mit elektromagnetischer Wechselwirkung. Der einzige Unterschied ist, dass nicht nur Quark-Antiquark-Paare (Abb. 3.15) zur Polarisation beitragen, sondern auch gluonische Schleifen. Der Beitrag zur Polarisation von Quark-Antiquark-Paare schirmt die starke Ladung ab, ähnlich wie die Elektron-Positron-Paare die elektrische Ladung (Abb. 3.15: $\mathrm{g} \to \mathrm{q\bar{q}}$). Dieser Beitrag wird durch die Zahl der Flavours n_f gewichtet. Auch die Selbstkopplung der transversalen Gluonen (Abb. 3.15: $g \to \mathrm{g_T g_T}$) erzeugt die gleiche Polarisation. Aber man hat aus der QCD abgeleitet, dass das dominierende Glied (Abb. 3.15: $\mathrm{g} \to \mathrm{g_C g_T}$), die Kopplung der Gluonen an transversale und coulomb-artige Gluonen, die starke Ladung nach außen verdrängt.

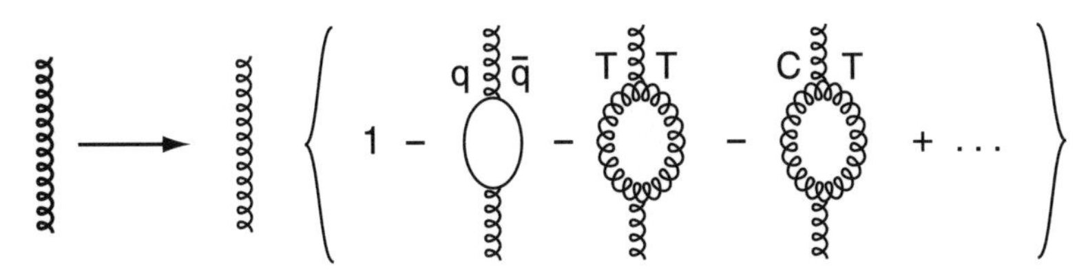

Abb. 3.15. Beiträge der gluonischen Schleifen zur Vakuumpolarisation, Gluon $\mathrm{g} \to \mathrm{q\bar{q}}$, $\mathrm{g} \to \mathrm{g_T g_T}$, $\mathrm{g} \to \mathrm{g_C g_T}$

Analog zur Summe der geometrischen Reihe (Abb. 3.13) lautet der Ausdruck für $\alpha_s(Q^2)$, ausgedrückt relativ zu einem Referenzwert bei $Q^2 = \mu^2$:

$$\alpha_s(Q^2) = \frac{\alpha_s(\mu^2)}{1 + [\alpha_s(\mu^2) 12\pi](33 - 2n_\mathrm{f}) \ln(Q^2/\mu^2)} \,. \tag{3.20}$$

Gleichung (3.17) bekommen wir, wenn wir die üblicherweise benutzte Skala für Q^2

$$\Lambda^2 = \mu^2 \exp\left[\frac{-12\pi}{(33 - 2n_\mathrm{f})}\alpha_s(\mu^2)\right] \tag{3.21}$$

in (3.20) einführen.

3.3.3 Schwache Kopplungskonstante α_W

Die schwachen Bosonen (siehe Kap. 16) $W^{\pm,0}$ tragen den schwachen Isospin, der Effekt der Selbstkopplung überwiegt die Vakuumpolarisation, und die Stärke von α_W nimmt mit wachsendem Q^2 ab.

Weiterführende Literatur

J. D. Jackson: *Classical Electrodynamics* (Wiley, New York 1975)

F. Halzen, A. D. Martin: *Quarks & Leptons* (Wiley, New York 1984)

B. Povh, K. Rith, Ch. Scholz, F. Zetsche: *Teilchen und Kerne* (Springer, Berlin Heidelberg 1999)

KAPITEL 4

Wasserstoffatom

> Das Atom der modernen Physik kann allein durch eine partielle Differentialgleichung in einem abstrakten vieldimensionalen Raum dargestellt werden. Alle seine Eigenschaften sind gefolgert; keine materiellen Eigenschaften können ihm in direkter Weise zugeschrieben werden. Das heißt jedes Bild des Atoms, das unsere Einbildung zu erfinden vermag, ist aus diesem Grunde mangelhaft. Ein Verständnis der atomaren Welt in jener ursprünglichen sinnlichen Weise ist unmöglich.
>
> *Heisenberg im Jahre 1945*

Das Wasserstoffatom ist das einfachste atomare System. Es kann mit großer Genauigkeit als Einteilchensystem beschrieben werden und ist als solches analytisch lösbar. Daher eignet es sich zum Testen elementarer Quantenmechanik. Darüberhinaus stellen die Präzisionsexperimente am Wasserstoffatom noch immer die genauesten Tests der Quantenelektrodynamik (QED) dar.

Alle Eigenschaften des Wasserstoffatoms sind durch die Ladung e des Elektrons, seine Masse m_e und die Plancksche Konstante $\hbar$ gegeben. Für die Kopplungskonstante der elektromagnetischen Wechselwirkung benutzen wir die dimensionslose Feinstrukturkonstante $\alpha = e^2/(4\pi\varepsilon_0\hbar c)$.

4.1 Niveauschema

4.1.1 Semiklassisch

Das Elektron bewegt sich im Coulomb-Feld des Protons mit einer mittleren potentiellen Energie $\bar{V} = -\alpha\hbar c/\bar{r}$. Dabei ist $\bar{r}$ der Radius der klassischen Bahn des Elektrons um das Proton (eigentlich ist $\bar{r} = \langle 1/r\rangle^{-1}$).

Die mittlere kinetische Energie des Elektrons ist $\bar{K} = \bar{p}^2/2m_e$, und $\bar{p}$ ist sein mittlerer Impuls (eigentlich $\sqrt{\langle p^2\rangle}$). Im Grundzustand des Atoms müssen die Orts- und Impulsverschmierung der Unschärferelation genügen. Die Unschärferelation gilt als Ungleichung. Wenn man sie aber als Gleichung benutzt ($\Delta r \Delta p = k\hbar$), ist der Faktor k vor dem $\hbar$ vom Potential abhängig. Um quantitative Resultate im Fall des Coulomb-Potentials zu erhalten, muss man $\bar{r}\bar{p} = \hbar$ verlangen. Das erinnert an die de-Broglie-Regel, die verlangt, dass in stabilen Kreisbahnen der Umfang $2\pi r$ ein ganzzahliges Vielfaches der de-Broglie-Wellenlänge $\lambda = h/p$ sein muss.

Hierzu eine kleine Erläuterung: Im gebundenen Zustand ist die Wellenlänge nicht gut definiert. Aber in einem Quantenzustand der Größe $\bar{r}$, der keine Knoten besitzt, ist $\bar{r} \approx \lambda\!\!\!^{-}$. Um das zu zeigen, muss man eine Fourier-Analyse der Schrödinger-Wellenfunktion durchführen. Dann zeigt sich, dass in Objekten der Größe $\bar{r}$ die Hauptbeiträge von Wellen mit $\lambda\!\!\!^{-} = \bar{r}$ herrühren. Wie wir später sehen werden, ist im Fall des Wasserstoffs $\bar{r}$ der Radius, bei dem die mit r^2 multiplizierte Elektrondichteverteilung ihr Maximum besitzt. Diesen Radius nennen wir auch den wahrscheinlichsten Radius.

Mit Hilfe der Unschärferelation kann die mittlere kinetische Energie geschrieben werden als

$$\bar{K} = \frac{\hbar^2}{2m_e\bar{r}^2} . \tag{4.1}$$

Den Grundzustandsradius $\bar{r}$ findet man durch die Bedingung, dass die totale Energie des Systems

$$E = -\frac{\alpha\hbar c}{\bar{r}} + \frac{\hbar^2}{2m_e\bar{r}^2} \tag{4.2}$$

minimal wird: $\mathrm{d}E/\mathrm{d}\bar{r} = 0$. Den Radius des Minimums nennt man den Bohrschen Radius a_0:

$$a_0 = \frac{\hbar c}{\alpha m_e c^2} = \frac{\lambda\!\!\!^{-}_e}{\alpha} . \tag{4.3}$$

Hier ist $\lambda\!\!\!^{-}_e$ die Compton-Wellenlänge des Elektrons. Die Bindungsenergie des Wasserstoffatoms im Grundzustand, auch Rydbergsche Konstante Ry genannt, ist

$$E_1 = -\frac{\alpha^2 m_e c^2}{2} = -\frac{\alpha\hbar c}{2a_0} = -1\,\mathrm{Ry} = -13.6\,\mathrm{eV} . \tag{4.4}$$

Im Grundzustand mit der Hauptquantenzahl $n = 1$ hat die Wellenfunktion keine Knoten, die de-Broglie-Wellenlänge ist $\lambda\!\!\!^{-}_1 \approx \bar{r}$. Im ersten angeregten Zustand, $n = 2$, weist die Wellenfunktion einen Knoten auf, die Wellenlänge des Elektrons ist dann $\lambda\!\!\!^{-}_2 = \bar{r}/2$. Für den n-ten Zustand gilt $\lambda\!\!\!^{-}_n = \bar{r}/n$. Daraus folgen die Radien und die Bindungsenergien:

$$\bar{r}_n = n^2 a_0 \; ; \quad E_n = -\mathrm{Ry}/n^2 \; . \tag{4.5}$$

In Abb. 4.1 sind die Knoten der Wellenfunktionen durch die stehenden Wellen veranschaulicht, und das bekannte Bild des Wasserstoffniveauschemas ist dargestellt.

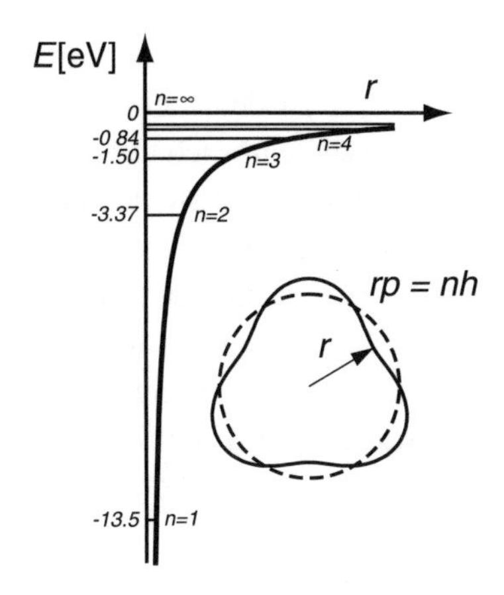

Abb. 4.1. Das Wasserstoffniveauschema in der semiklassischen Näherung; weiterhin wird das Elektron als stehende Welle interpretiert

4.1.2 Dirac-Niveauschema

Eine genaue Betrachtung des Wasserstoffatoms bekommt man mit Hilfe der Lösung der Dirac-Gleichung. In der Tat beschreibt diese das Wasserstoffatom fast perfekt, da sie den Spin und die relativistische Dynamik des Elektrons berücksichtigt. Was noch zur Perfektion fehlt, ist die Berücksichtigung des Protonspins, der endlichen Ausdehnung des Protons und der Effekte der Strahlungskorrekturen. Diese werden wir unter der Hyperfeinstrukturaufspaltung und Lamb-Verschiebung behandeln. Das Niveauschema des Wasserstoffatoms, nach der Dirac-Gleichung berechnet, ist in Abb. 4.2 skizziert. Zum Vergleich sind auch die Energien der Niveaus ohne Berücksichtigung des Spins und der Relativität angegeben. Die Energieunterschiede werden als relativistische Korrekturen und Spin-Bahn-Wechselwirkung gedeutet. Die Feinstrukturaufspaltung ΔE_{fs} kann man als eine Verschiebung bezüglich der nicht-relativistischen Energien auffassen, sie beträgt (bis auf α^2)

$$\Delta E_{\text{fs}} = -\frac{\alpha^2}{n^3}\left(\frac{1}{j+1/2} - \frac{3}{4n}\right)\text{Ry}\,. \tag{4.6}$$

Es ist interessant zu bemerken, dass die mit der Dirac-Gleichung berechneten Zustände, neben der Hauptquantenzahl, nur vom Gesamtdrehimpuls $\boldsymbol{j} = \boldsymbol{\ell} + \boldsymbol{s}$ abhängig sind. Der Bahndrehimpuls ist keine gute Quantenzahl.

Im Folgenden wollen wir nur die Größenordnungen verschiedener Verschiebungen im Vergleich zu den nicht-relativistischen Energien plausibel machen. Das ist sehr lehrreich. Man sieht, wie elegant die Dirac-Gleichung die relativistischen Effekte berücksichtigt. Andererseits ist die Dirac-Gleichung nur für das Wasserstoffatom und wasserstoffähnliche Atome und Ionen exakt lösbar. Für Atome mit mehreren Elektronen gibt es keine analytischen Lösungen.

Für $n = 1$ kann man die relativistischen Korrekturen zur Niveauverschiebung in erster Ordnung der Störungsrechnung ziemlich genau abschätzen, und wir werden sie ausführlich behandeln.

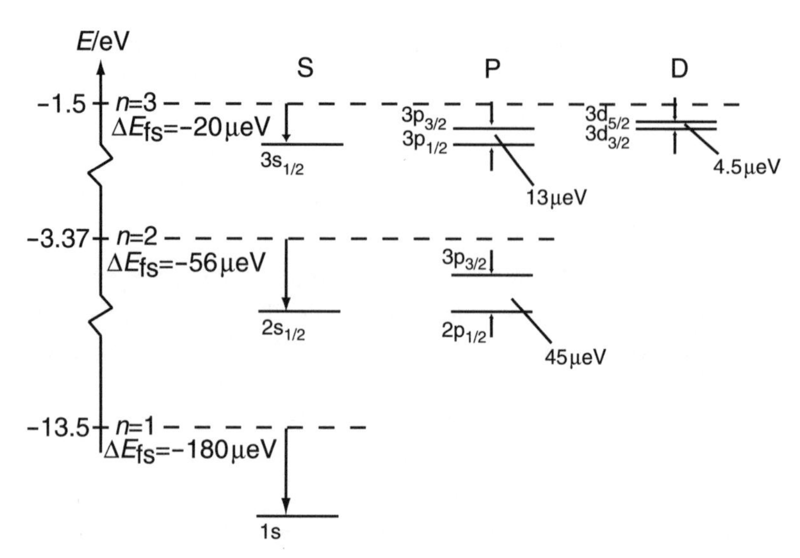

Abb. 4.2. Das Niveauschema des Wasserstoffatoms, berechnet nach der Dirac-Gleichung. Zum Vergleich sind auch die nicht-relativistisch berechneten Energien der Niveaus angegeben

Die Korrektur zur kinetischen Energie beträgt

$$\Delta_K = -\frac{p^4}{8m_e^3c^2} \,. \tag{4.7}$$

Im Grundzustand ist

$$E_0 = \frac{p^2}{2m} + V \,, \tag{4.8}$$

und die Korrektur zur kinetischen Energie lässt sich schreiben als

$$\Delta_K = -\frac{p^4}{8m_e^3c^2} = -\frac{1}{2mc^2}\left[E_0^2 + 2E_0\alpha\hbar c\left\langle\frac{1}{r}\right\rangle + \alpha^2(\hbar c)^2\left\langle\frac{1}{r^2}\right\rangle\right] . \tag{4.9}$$

Wenn man für $E_0 = -1\,\mathrm{Ry}$ einsetzt und berücksichtigt, dass im Grundzustand $\langle 1/r\rangle = 1/a_0$ und $\langle 1/r^2\rangle = 2/a_0^2$ ist, ergibt sich

$$\Delta_K = -\frac{5}{4}\alpha^2\mathrm{Ry} \,. \tag{4.10}$$

Δ_K ist die Energie, um die sich der Grundzustand auf Grund der kinetischen Energie vermindert.

4.1.3 Zitterbewegung

Das Elektron ist nicht genauer zu lokalisieren als seine Compton-Wellenlänge $\lambda\!\!\!^{-}_e$. Die Positronen, die in der Lösung der Dirac-Gleichung das Elektron begleiten, vernichten zeitweise das Elektron und erzeugen es an einer anderen Stelle. Das führt zu einer Verschmierung der örtlichen Elektronkoordinate, historisch Zitterbewegung genannt.

Die stochastische Bewegung des Elektrons innerhalb eines Bereichs von $\lambda\!\!\!^{-}_e$ vermindert das Coulomb-Potential an der Stelle $r = 0$. Um diese Korrektur abzuschätzen, entwickeln wir das Potential in eine Taylor-Reihe nach $\boldsymbol{r}$

$$V(\boldsymbol{r} + \delta\boldsymbol{r}) = V(\boldsymbol{r}) + \boldsymbol{\nabla} V\delta\boldsymbol{r} + \frac{1}{2}\sum_{ij}\nabla_i\nabla_j V\delta r_i\delta r_j + \ldots \,. \tag{4.11}$$

Wegen des Vektorcharakters der Verschmierung fällt bei der Mittelung über den Raum der lineare Term weg, $\langle\delta\boldsymbol{r}\rangle = 0$, der quadratische Term bekommt die Form

$$\frac{1}{2}\sum_{ij}\nabla_i\nabla_j V\delta r_i\delta r_j \to \frac{1}{6}\nabla^2 V(\delta\boldsymbol{r})^2 \,. \tag{4.12}$$

Dieser Term ist nur für $\boldsymbol{r} = \mathbf{0}$ von Null verschieden, da der Laplace-Operator, angewendet auf das Coulomb-Potential, die Poisson-Gleichung, $\nabla^2(1/r) = -4\pi\delta(\boldsymbol{r})$, erfüllt. $\delta(\boldsymbol{r})$ ist selbstverständlich die Diracsche Deltafunktion.

Wenn wir näherungsweise für $\langle(\delta\boldsymbol{r})^2\rangle = ƛ_e^2$ einsetzen, lautet der Korrekturterm zum Coulomb-Potential

$$\Delta_D = \frac{1}{6} ƛ_e^2 \alpha \hbar c 4\pi \delta(\boldsymbol{r}) \, . \tag{4.13}$$

Die Energieverschiebung bekommen wir, wenn wir den Erwartungswert von Δ_D ausrechnen. Der einzige Beitrag kommt von $\boldsymbol{r} = \mathbf{0}$. Daher müssen wir die δ-Funktion in (4.13) durch die Elektron-Wahrscheinlichkeitsdichte bei $\boldsymbol{r} = \mathbf{0}$ ersetzen

$$|\psi(0)|^2 = \frac{1}{4\pi} \frac{2}{a_0^3} \, . \tag{4.14}$$

Unsere Abschätzung weicht nur 30 % ab vom richtigen Wert, den man als Darwin-Term bezeichnet:

$$\Delta_D = \alpha^2 \mathrm{Ry} \, . \tag{4.15}$$

Die Energieverschiebung im Grundzustand ist dann die Summe der beiden Korrekturen

$$\Delta E_{fs} = \Delta_K + \Delta_D = -\frac{\alpha^2}{4} \mathrm{Ry} = -1.8 \cdot 10^{-4}\,\mathrm{eV} \, . \tag{4.16}$$

Um genaue Korrekturen angeregter Zustände zu erhalten, ist eine Mittelung über die Impulsverteilung der Zustände notwendig, unsere großzügige Abschätzung gibt ungenaue Werte.

Betrachten wir jetzt das Niveau mit $n = 2$. Im Zustand $\ell = 0$ beträgt $\Delta_{fs} = -0.562 \cdot 10^{-4}\,\mathrm{eV}$. Für die Zustände mit $\ell \neq 0$ muss man zusätzlich die Spin-Bahn-Kopplung berücksichtigen. Diese ist von vergleichbarer Größe wie die anderen relativistischen Korrekturen und auch proportional zu $E_n \alpha^2$.

4.1.4 Spin-Bahn-Aufspaltung

Aus (4.6) erkennt man, dass die Zustände mit gleichem j, aber unterschiedlichem ℓ entartet sind. Dies bedeutet für das Niveau mit $n = 2$, dass die relativistische Energieverschiebung $\Delta_K + \Delta_D$ im

$\ell = 0$-Zustand gleich der Summe dieser beiden und der Spin-Bahn-Verschiebung im ($\ell = 1$, $j = 1/2$)-Zustand ist.

Die Spin-Bahn-Aufspaltung im $\ell = 1$-Zustand ist:

$$\Delta E_{\mathrm{ls}} = \frac{\alpha \hbar}{2 m_{\mathrm{e}}^2 c} \left\langle \frac{1}{r^3} \right\rangle (\boldsymbol{\ell} \cdot \boldsymbol{s}) . \tag{4.17}$$

Dies ist leicht nachzuvollziehen. Das vom Proton erzeugte Magnetfeld im Ruhesystem des Elektrons ist nach dem Biot-Savartschen Gesetz

$$\boldsymbol{B} = \frac{e}{4\pi \varepsilon_0 c^2 r^3} \boldsymbol{r} \times \boldsymbol{v} . \tag{4.18}$$

Bei der Transformation des Feldes in das rotierende System des Atoms wird das Feld mit einem Faktor 1/2 multipliziert (Thomas-Faktor). Setzt man den Drehimpuls in (4.18) ein, ist das Feld

$$\boldsymbol{B} = \frac{e}{8\pi \varepsilon_0 m_{\mathrm{e}} c^2 r^3} \boldsymbol{\ell} . \tag{4.19}$$

Die $\boldsymbol{\ell s}$-Verschiebung (4.17) bekommt man, wenn man das Magnetfeld mit dem magnetischen Moment des Elektrons, $-(e/m)\boldsymbol{s}$, multipliziert. Da die Wellenfunktion im Zustand mit $n = 2$, $\ell = 1$

$$\psi(r) = \frac{1}{\sqrt{24\, a_0^3}} \frac{r}{a_0} \exp\left(-\frac{r}{a_0}\right) \tag{4.20}$$

ist, berechnet sich der Mittelwert von $1/r^3$ zu:

$$\left\langle \frac{1}{r^3} \right\rangle = \frac{1}{24\, a_0^3} \int_0^\infty \exp\left(-\frac{2r}{a_0}\right) \frac{r}{a_0} \frac{\mathrm{d}r}{a_0} = \frac{1}{24\, a_0^3} . \tag{4.21}$$

Und mit

$$\boldsymbol{\ell s} = \frac{1}{2}[j(j+1) - \ell(\ell+1) - s(s+1)]\hbar^2 = \begin{cases} +\frac{1}{2}\hbar^2 & \text{für } j = 3/2 \\ -1\hbar^2 & \text{für } j = 1/2 \end{cases} \tag{4.22}$$

ist die Spin-Bahn-Aufspaltung im ($n = 2$, $\ell = 1$)-Zustand

$$\Delta E_{\mathrm{ls}}(j = 3/2) - \Delta E_{\mathrm{ls}}(j = 1/2) = \frac{1}{4} \alpha^2 E_2 = 0.446 \cdot 10^{-4}\,\mathrm{eV} . \tag{4.23}$$

In Abb. 4.2 sind die Energieverschiebungen jeweils für die Zustände $n = 1, n = 2$ und $n = 3$ schematisch gezeichnet.

4.2 Lamb-Verschiebung

Die Lamb-Verschiebung in den Zuständen mit $n = 1, \ell = 0$ und $n = 2$, $\ell = 0$ ist theoretisch – so glaubt man – auf sechs Stellen bekannt. In der Tat werden die genauesten Daten der Lamb-Verschiebung durch die Messung der Differenz der 2s- und 1s-Niveaus im Wasserstoffatom gewonnen. Wir werden diese grob abschätzen.

Zu der Lamb-Verschiebung tragen hauptsächlich zwei Strahlungskorrekturen bei. Die erste berücksichtigt die Tatsache, dass die Bewegung des Elektrons durch die Nullpunktschwingung des elektromagnetischen Feldes beeinflusst wird, die zweite trägt der Abschirmung der elektrischen Ladung durch die Polarisation des Vakuums Rechnung. Da der erste Mechanismus den Hauptbeitrag zur Lamb-Verschiebung im Wasserstoffatom liefert, werden wir hier nur diesen beschreiben. Die endliche Ausdehnung des Protons trägt zur Lamb-Verschiebung im Wasserstoff nur 1 % bei.

4.2.1 Nullpunktschwingung

Zunächst wollen wir die Nullpunktschwingung des elektromagnetischen Feldes abschätzen. Wir betrachten das elektromagnetische Feld als eine inkohärente Summe ebener Wellen in einer Box der Größe L^3. Jedem Freiheitsgrad gehört eine Nullpunktenergie $\frac{1}{2}\hbar\omega$, im gegebenen Phasenraum, $L^3 4\pi(\hbar\omega/c)^2 \mathrm{d}(\hbar\omega/c)$:

$$\begin{aligned} \frac{1}{2}\int \mathrm{d}^3x(\varepsilon_0 \boldsymbol{E}^2 + \mu_0^{-1}\boldsymbol{B}^2) &= \frac{1}{2}L^3(\langle\varepsilon_0 \boldsymbol{E}^2\rangle + \langle\mu_0^{-1}\boldsymbol{B}^2\rangle) \\ &= 2L^3 \int \frac{4\pi(\hbar\omega/c)^2 \mathrm{d}(\hbar\omega/c)}{(2\pi\hbar)^3}\,\frac{\hbar\omega}{2}\,. \end{aligned} \tag{4.24}$$

Der Faktor 2 vor dem Integral kommt von den beiden Polarisationen des Photons. Die Hälfte des letzten Ausdrucks gehört dem elektrischen Feld, woraus

$$\langle \boldsymbol{E}^2\rangle = \int \frac{\omega^2\hbar\omega}{2\pi^2 c^3 \varepsilon_0}\,\mathrm{d}\omega \tag{4.25}$$

folgt. Dieses Integral divergiert. Jedoch genügt es zur Abschätzung der Lamb-Verschiebung, wenn man nur das Frequenzintervall zwischen $\hbar\omega_{\mathrm{min}} \approx 2\,\mathrm{Ry}$ und $\hbar\omega_{\mathrm{max}} \approx m_{\mathrm{e}}c^2$ berücksichtigt. Das werden wir anschließend begründen.

Das Feld $\boldsymbol{E}$ beschleunigt das Elektron, und dadurch verschmieren seine Koordinaten

$$m_e \delta \ddot{\boldsymbol{r}} = e\boldsymbol{E} \,. \tag{4.26}$$

Benutzen wir diesen Zusammenhang, um $\langle(\delta \boldsymbol{r})^2\rangle$ abzuschätzen. Die zweite Zeitableitung bringt einen Faktor $(-1/\omega^2)^2$ in das Integral (4.25) über ω:

$$\begin{aligned} \langle(\delta \boldsymbol{r})^2\rangle &= \int \left(-\frac{e}{m\omega^2}\right)^2 \frac{\omega^2\,\hbar\omega\,\mathrm{d}\omega}{2\pi^2 c^3 \varepsilon_0} = \frac{2\alpha(\hbar c)^2}{\pi m_e^2 c^4} \cdot \int \frac{\mathrm{d}\omega}{\omega} \\ &\approx \frac{2\alpha(\hbar c)^2}{\pi m_e^2 c^4} \cdot \ln \frac{\omega_{\max}}{\omega_{\min}} \,. \end{aligned} \tag{4.27}$$

Die Koordinate des Elektrons fluktuiert um $\delta \boldsymbol{r}$, was beides ändert, die kinetische und die potentielle Energie. Die Änderung der kinetischen Energie ist für das freie und das gebundene Teilchen gleich und ist in der Renormierung der Masse inbegriffen. Die Änderung der potentiellen Energie ist der Beitrag zur Lamb-Verschiebung.

Jetzt müssen wir den relevanten ultravioletten und den infraroten Cut-off für die Änderung der potentiellen Energie abschätzen.

Für die obere Grenze wählen wir die Elektronmasse ($\hbar\omega_{\max} \approx m_e c^2$), da eine bessere Auflösung der Elektronkoordinate als die Compton-Wellenlänge ($\hbar c/m_e c^2$) nicht möglich ist. Für die untere Grenze wählen wir eine typische Atomenergie ($\hbar\omega_{\min} \approx 2\,\mathrm{Ry}$), da die gebundenen Elektronen nicht stärker als Atomradien verschmiert sind. Diese Wahl werden wir sogleich rechtfertigen. Das Verhältnis beträgt dann

$$\frac{\omega_{\max}}{\omega_{\min}} \approx \frac{m_e c^2}{m_e c^2 \alpha^2} = \frac{1}{\alpha^2} \,. \tag{4.28}$$

Die Fluktuation des Elektrons verschmiert das Coulomb-Potential (siehe (4.11) und (4.12))

$$\Delta_V = \frac{1}{2}\frac{1}{3}\nabla^2 V \langle(\delta \boldsymbol{r})^2\rangle \,. \tag{4.29}$$

Wir können die Poissonsche Gleichung anwenden und das korrigierte Coulomb-Potential ausrechnen

$$\nabla^2 V = -4\pi\alpha\hbar c\,\delta(\boldsymbol{r}) \,, \tag{4.30}$$

wobei $\delta(\boldsymbol{r})$ wiederum die Diracsche Deltafunktion bedeutet. Die Verschmierung des Coulomb-Potentials beträgt dann

$$\langle \Delta_V \rangle = 4\pi\alpha\hbar c\, |\psi_n(0)|^2 \langle (\delta \boldsymbol{r})^2 \rangle = 4\pi\alpha\hbar c\, \frac{1}{\pi} \left(\frac{m_e c^2\, \alpha}{\hbar c\, n} \right)^3 \langle (\delta \boldsymbol{r})^2 \rangle\ . \tag{4.31}$$

In erster Ordnung entspricht diese Verschmierung einer Verschiebung der potentiellen Energie

$$\Delta E_{\mathrm{Lamb}} = \langle \Delta_V \rangle \approx \frac{4}{3\pi} \frac{m_e c^2\, \alpha^5}{n^3} \ln\left(\frac{1}{\alpha^2} \right) = \frac{8}{3\pi} \frac{\mathrm{Ry}\, \alpha^3}{n^3} \ln\left(\frac{1}{\alpha^2} \right)\ . \tag{4.32}$$

Unsere Abschätzung stimmt z. B. für den Zustand $n = 2$ innerhalb von 20% überein.

4.3 Hyperfeinstruktur

Betrachten wir weiterhin die Wechselwirkung zwischen den magnetischen Momenten des Protons und des Elektrons. Das Magnetfeld eines magnetischen Dipols, z. B. das des Protons, $\boldsymbol{\mu}_p$, ist:

$$\boldsymbol{B}(\boldsymbol{r}) = \frac{\mu_0}{4\pi} \frac{3\boldsymbol{r}(\boldsymbol{r} \cdot \boldsymbol{\mu}_p) - \boldsymbol{r}^2\, \boldsymbol{\mu}_p}{|\boldsymbol{r}|^5} + \frac{2\mu_0}{3}\, \boldsymbol{\mu}_p \delta(\boldsymbol{r})\ . \tag{4.33}$$

Die Dipol-Dipol-Wechselwirkungsenergie erhält man, wenn man das Skalarprodukt zwischen dem Magnetfeld aus (4.33) und dem magnetischen Dipolmoment des Elektrons bildet und über die Elektronverteilung im Gesamtraum integriert. Dabei hebt sich der Beitrag des ersten Summanden auf. Übrig bleibt nur der Beitrag der überlappenden Momente. Für die Wechselwirkung der magnetischen Momente des Elektrons und des Protons ist nur das Kontaktpotential V_{ss} von Bedeutung

$$V_{ss}(\boldsymbol{r}) = -\frac{2\mu_0}{3}\, \boldsymbol{\mu}_p \cdot \boldsymbol{\mu}_e\, \delta(\boldsymbol{r})\ . \tag{4.34}$$

Daraus folgt der Wert für die Hyperfeinaufspaltung:

$$\Delta E_{ss} = -\frac{2\mu_0}{3}\, \boldsymbol{\mu}_p \cdot \boldsymbol{\mu}_e\, |\psi(0)|^2\ . \tag{4.35}$$

Nur die Elektronen der Zustände mit $\ell = 0$ haben am Kernort eine endliche Aufenthaltswahrscheinlichkeit. Wir werden nur die Hyperfeinaufspaltung für den 1s-Zustand im Wasserstoffatom berechnen.

Die Wahrscheinlichkeit, das Elektron am Ort des Protons zu finden, ist nach (4.14) $|\psi(0)|^2 = 1/2\pi a_0^3$. Den Gesamtdrehimpuls des Atoms bezeichnet man mit $\boldsymbol{F}$, das ist die Summe aus dem Elektrondrehimpuls und dem Spin des Kerns. Im Falle des Wasserstoffatoms im 1s-Zustand gilt $\boldsymbol{F} = \boldsymbol{s}_\mathrm{e} + \boldsymbol{s}_\mathrm{p}$. Da bekanntlich

$$\boldsymbol{s}_\mathrm{p} \cdot \boldsymbol{s}_\mathrm{e} = \frac{1}{2}[F(F+1) - 2s(s+1)]\hbar^2 = \begin{cases} +\frac{1}{4}\hbar^2 \text{ für } F = 1 \\ -\frac{3}{4}\hbar^2 \text{ für } F = 0 \end{cases} \tag{4.36}$$

und $\boldsymbol{\mu}_\mathrm{p} = 2.973(e/m_\mathrm{p})\boldsymbol{s}_\mathrm{p}$ sowie $\boldsymbol{\mu}_\mathrm{e} = -(e/m_\mathrm{e})\boldsymbol{s}_\mathrm{e}$, beträgt die Hyperfeinaufspaltung:

$$\begin{aligned} \Delta E_\mathrm{ss}(J=1) - \Delta E_\mathrm{ss}(J=0) &= \frac{2 \cdot 2.793\mu_0}{3} \frac{e^2(\hbar c)^2}{m_\mathrm{p}c^2 m_\mathrm{e}c^2} \frac{1}{\pi a_0^3} \\ &= \frac{8\pi \cdot 2.793\alpha^2(\hbar c)^3}{m_\mathrm{p}c^2 \cdot m_\mathrm{e}c^2} \frac{1}{\pi a_0^3} \\ &= 6 \cdot 10^{-6}\,\mathrm{eV}\,. \end{aligned} \tag{4.37}$$

Diese Energie entspricht der bekannten 21 cm-Strahlung, die vom interstellaren Wasserstoff emittiert wird und auf der Erde mit Antennen

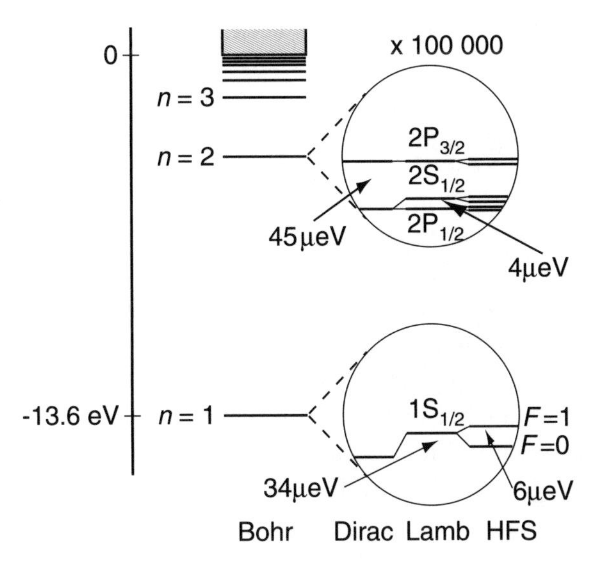

Abb. 4.3. Vollständiges Termschema des H-Atoms inklusive der Hyperfeinstrukturaufspaltung

leicht zu beobachten ist. Die Lebensdauer dieses Hyperfeinübergangs ist viele Größenordnungen zu lang ($\approx 10^7$ Jahre), um ihn im Labor beobachten zu können. Anders ist es im Falle des interstellaren Wasserstoffs: Die Wahrscheinlichkeit für atomare Stöße ist dort ausreichend klein, um den elektromagnetischen Übergang zu ermöglichen. In Abb. 4.3 wird das vollständige Termschema des H-Atoms inklusive der Hyperfeinstrukturaufspaltung gezeigt.

4.4 Wasserstoffähnliche Atome

Negativ geladene Teilchen, μ^-, π^-, K^-, $\bar{p}$, Σ^-, Ξ^- sind erfolgreich in das Coulomb-Feld der Atomkerne eingebaut worden. Da die 1s-Radien $r \propto 1/(mZ)$ sind, bewegt sich das schwere Teilchen weit innerhalb der Elektronenhülle und kann sehr gut als wasserstoffähnliches Atom, jedoch nicht nur mit einem Proton, sondern auch mit schwereren Atomkernen im Zentrum, betrachtet werden. Die Atome mit stark wechselwirkenden Teilchen, gebunden im Coulomb-Feld des Kerns, eignen sich gut zur Untersuchung der Teilchen-Kern-Wechselwirkung bei kleinsten Energien. Da die Masse des Myons ≈ 200 mal kleiner ist als die des Elektrons, bewegen sich die Myonen, wenn im Atom eingefangen, nur schwach abgeschirmt von den Elektronen in Kernnähe. Deswegen eignen sich die myonischen Atome zur Messung der elektromagnetischen Eigenschaften der Kerne, was wir kurz schildern wollen.

4.4.1 Myonische Atome

Die Bindungsenergien in myonischen Atomen kann man für die meisten Zustände ausrechnen, wenn man die Formeln für das Wasserstoffatom nimmt, wobei die Elektronmasse durch die myonische und die Ladung des Protons durch die des betreffenden Kerns ersetzt. Einen wesentlichen Unterschied zur Abschätzung durch die Wasserstoffformel zeigen die $\ell = 0$-Zustände, insbesondere der $1s_{1/2}$-Grundzustand. Dies wollen wir am Beispiel des myonischen Bleiatoms demonstrieren.

In einem myonischen Atom mit einem Kern einer Punktladung des Bleis ($Z = 82$) wäre der wahrscheinlichste Radius des Myons im $1s_{1/2}$-Zustand

$$a_\mu = \frac{a_0}{Zm_\mu/m_e} = \frac{a_0}{1696} \approx 31\,\text{fm}\,, \tag{4.38}$$

und die Bindungsenergie wäre dann

$$E_1 = -Z^2 \frac{m_\mu}{m_e} \mathrm{Ry} \approx -18.92\,\mathrm{MeV}\,. \tag{4.39}$$

Experimentell beträgt die Bindungsenergie des $1s_{1/2}$-Zustandes im myonischen Blei nur $E_{1s} = -9.744\,\mathrm{MeV}$.

Das Myon, das sich so nahe am Kern bewegt, spürt ein stark modifiziertes Coulomb-Potential, da der Bleikern einen Radius von etwa 7.11 fm hat, vergleichbar mit der Ausdehnung der myonischen Wellenfunktion. Das effektive Coulomb-Potential eines Bleikerns ist in Abb. 4.4 skizziert. Wir haben angenommen, dass der Kern eine homogen geladene Kugel mit dem Radius R ist. Innerhalb des Kerns wächst das Potential proportional zu r^2/R^3 und hat die Form eines harmonischen Oszillators, außerhalb des Kerns gilt die einfache $1/r$-Abhängigkeit. Am Kernrand R müssen die beiden Funktionen den gleichen Wert und die gleiche Ableitung haben. Das erreicht man mit folgendem Ansatz:

$$V(r) = -Z\alpha\hbar c \begin{cases} \dfrac{1}{R}\left(\dfrac{3}{2} - \dfrac{1}{2}\dfrac{r^2}{R^2}\right) & r \le R \\[2ex] \dfrac{1}{r} & r \ge R\,. \end{cases} \tag{4.40}$$

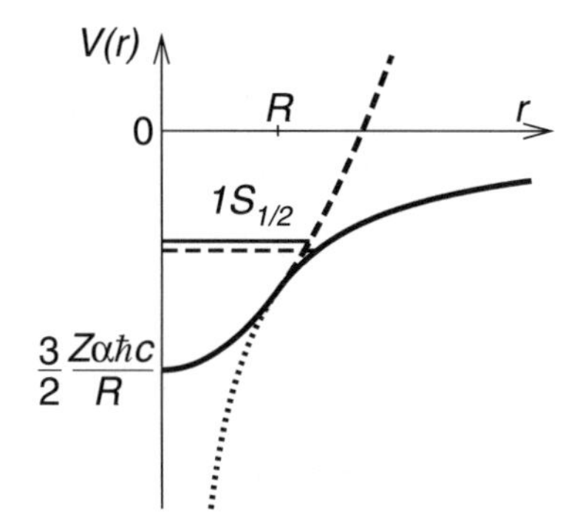

Abb. 4.4. Das effektive Coulomb-Potential eines Bleikerns. Am Rande des Kerns $r = R$ ist die Funktion r^2/R^3, die das Potential im Inneren des Kerns beschreibt, an die Hyperbel angepasst. Der mit dem Oszillatorpotential berechnete Grundzustand (*durchgezogene Linie*) liegt etwa 1.5 MeV höher als der experimentell bestimmte (*gestrichelte Linie*)

Das $1s_{1/2}$-Myon bewegt sich vorwiegend innerhalb des Kerns, und wir versuchen die Bindungsenergie mit der Annahme auszurechnen, dass die Form des Potentials die eines harmonischen Oszillators sei.

Die Hamilton-Funktion des harmonischen Oszillators ist

$$H = \frac{p^2}{2m} + \frac{m\omega^2 r^2}{2} , \tag{4.41}$$

wobei – wenn wir die Form des Potentials (4.40) berücksichtigen – gilt:

$$\omega^2 = \frac{Z\alpha\hbar c}{mR^3} . \tag{4.42}$$

Der Grundzustand des dreidimensionalen harmonischen Oszillators liegt bei $3/(2\hbar\omega)$, so beträgt die Bindungsenergie in dieser Näherung

$$\begin{aligned} E_{1s} &= -\frac{3}{2}\frac{Z\alpha\hbar c}{R} + \sqrt{\frac{Z\alpha\hbar c}{mR^3}} \\ &= -\frac{3}{2}\frac{Z\alpha\hbar c}{R}\left(1 - \sqrt{\frac{Z\alpha\hbar c}{mR}}\right) = -8.36\,\text{MeV} . \end{aligned} \tag{4.43}$$

Dies ist keine schlechte Abschätzung. Der experimentelle Wert liegt etwa tiefer, da sich das Myon nicht vollständig im Kern aufhält.

Weiterführende Literatur

W. Demtröder: *Experimentalphysik 3* (Springer, Berlin Heidelberg 2000)

H. Haken, H. C. Wolf: *Atom- und Quantenphysik* (Springer, Berlin Heidelberg 2000)

R. P. Feynman: *Quantum Electrodynamics* (Benjamin, New York 1962)

V. F. Weisskopf: *Search for Simplicity: Quantum mechanics of the hydrogen atom*, Am. J. Phys. **53** (1985) 206

KAPITEL 5

Atome mit mehreren Elektronen

Necessaria est methodus ad veritatem investigandam.
René Descartes

Die wichtigsten Größen eines Atoms sind dessen Radius und seine typische Anregungsenergie. Diese charakterisieren das Atom als Baustein der Moleküle und der kondensierten Materie.

5.1 Bindungsenergien

Ähnlich wie im Wasserstoffatom werden wir auch in komplexen Atomen die Bindungsenergien in semiklassischer Näherung bestimmen.

5.1.1 Heliumatom

Betrachten wir zwei Elektronen im Grundzustand, die um den Heliumkern kreisen. Wenn wir die Abstoßung zwischen den beiden Elektronen nicht berücksichtigen, sind die mittlere potentielle Energie

$$\bar{V} = -\frac{Z^2 \alpha\hbar c}{\bar{r}} = -4\frac{\alpha\hbar c}{\bar{r}} \tag{5.1}$$

und die mittlere kinetische Energie

$$\bar{K} = 2\frac{(\hbar c)^2}{2mc^2\bar{r}^2} . \tag{5.2}$$

Daraus berechnet sich die Gesamtenergie zu

$$E = -4\frac{\alpha\hbar c}{\bar{r}} + 2\frac{(\hbar c)^2}{2mc^2\bar{r}^2} . \tag{5.3}$$

Ähnlich wie im Fall des Wasserstoffatoms können wir die Bindungsenergie und den Radius bestimmen:

$$E = \frac{4^2}{2}E_1 = -8\,\mathrm{Ry}\,; \quad \bar{r} = \frac{2}{4}a_0 . \tag{5.4}$$

Die experimentell bestimmte Bindungsenergie ist jedoch $E = -5.8\,\mathrm{Ry}$. Die Differenz entsteht offensichtlich durch die Elektron-Elektron-Abstoßung.

Diese kann man gut abschätzen, wenn man annimmt, dass der mittlere Abstand der beiden Elektronen $\bar{r}_{\mathrm{eff}} = \bar{r}/0.6$ beträgt. Diese *post hoc*-Annahme ist berechtigt, da sie gute Resultate liefert, man kann sie aber auch durch eine etwas aufwändigere Rechnungen bekommen. Für uns ist es aber wichtig, dass wir die langreichweitigen Korrelationen zwischen Elektronen in komplexen Atomen, die durch die Abstoßung zustande kommen, mit einem einzelnen Parameter durch das ganze Periodensystem der Elemente veranschaulichen. Das repulsive Potential zwischen den Elektronen ist dann

$$\frac{\alpha\hbar c}{\bar{r}_{\mathrm{eff}}} = +0.6\frac{\alpha\hbar c}{\bar{r}} , \tag{5.5}$$

und der vollständige Ausdruck für die Gesamtenergie

$$E = (-4 + 0.6)\frac{\alpha\hbar c}{\bar{r}} + 2\frac{(\hbar c)^2}{2mc^2\bar{r}^2} . \tag{5.6}$$

Das Energieminimum

$$E = \frac{(3.4)^2}{2}E_1 = -5.8\,\mathrm{Ry} \tag{5.7}$$

stimmt mit der Messung überein. Der wahrscheinlichste Radius $\bar{r}$ beträgt $0.6a_0$.

5.1.2 Korrelationen

Der wahrscheinlichste Elektron-Elektron-Abstand im Heliumatom ist $r_{\mathrm{eff}} = \bar{r}/0.6$. Bedeutet diese Zahl eine starke oder schwache Korrelation zwischen den beiden Elektronen? Wenn man den Erwartungswert $\langle 1/r \rangle$ mit nicht-korrelierten Wellenfunktionen für das Helium ausrechnet, bekommt man als den effektiven Elektron-Elektron-Abstand $r_{\mathrm{eff}} = \bar{r}/0.625$ (leicht nachzuprüfen!). Das bedeutet, dass die Abstoßung der beiden Elektronen kaum ihre Bewegung beeinflusst – eine schwache Korrelation.

5.1.3 Die 2s,2p-Schale

Um die Bindungsenergien und die Radien von Atomen mit $2 < Z \leq 10$ abzuschätzen, werden wir nur die äußerste Elektronenschale betrachten. Den Kern und die inneren Schalen werden wir nur mit einer effektiven Ladung Z_{eff} berücksichtigen. Die Zahl der Elektronen in der letzten Schale ist dementsprechend Z_{eff}. Die Hauptquantenzahl dieser Elektronen ist $n = 2$. Die potentielle Energie der Z_{eff} Elektronen im Coulomb-Feld der Ladung Z_{eff} ist

$$V = -Z_{\text{eff}}^2 \frac{\alpha \hbar c}{\bar{r}} . \tag{5.8}$$

Um die Abstoßung zwischen den Elektronen zu berechnen, müssen wir die Zahl der Elektronenpaare durch ihre Abstoßungsenergie bestimmen. Für den mittleren Abstand zwischen den Elektronen werden wir wieder $\bar{r}_{\text{eff}} = \bar{r}/0.6$ annehmen. Die Zahl der Paare ist

$$\frac{Z_{\text{eff}}(Z_{\text{eff}} - 1)}{2} , \tag{5.9}$$

und die potentielle Energie in der Schale ist dann

$$V = \left[-Z_{\text{eff}}^2 + 0.6 \, \frac{Z_{\text{eff}}(Z_{\text{eff}} - 1)}{2} \right] \frac{\alpha \hbar c}{\bar{r}} . \tag{5.10}$$

In der Berechnung der kinetischen Energie müssen wir berücksichtigen, dass für $n > 1$ die Drehimpulsquantelung (semiklassische Kreisbahnen) $\bar{r}\bar{p} = n\hbar$ heißt

$$E_{\text{kin}} = Z_{\text{eff}} n^2 \frac{(\hbar c)^2}{2mc^2 \bar{r}^2} . \tag{5.11}$$

Ähnlich wie im Fall des Wasserstoffatoms, sucht man das Minimum der Gesamtenergie. Die Bindungsenergie einer abgeschlossenen Schale mit Z_{eff} Elektronen und deren Radius sind durch folgende Ausdrücke gegeben:

$$\begin{aligned} E &= \frac{Z_{\text{eff}} \left[Z_{\text{eff}} - 0.3(Z_{\text{eff}} - 1) \right]^2}{n^2} \text{Ry} , \\ \bar{r} &= \frac{n^2}{Z_{\text{eff}} - 0.3(Z_{\text{eff}} - 1)} a_0 . \end{aligned} \tag{5.12}$$

Unter Verwendung dieser Formel erhält man ganz gute Abschätzungen der Energien und der mittleren Radien, wie sich aus Tabelle 5.1 entnehmen lässt.

Tabelle 5.1. Der wahrscheinlichste Radius $\bar{r}$ und die Bindungsenergie der Elektronen in der äußeren Schale

Element	Z	Z_{eff}	n	$\bar{r}[a_0]$ calc.	E[Ry] calc.	$\bar{r}[a_0]$ exp.	E[Ry] exp.
H	1	1	1	1.0	1.0	1.0	1.0
He	2	2	1	0.6	5.8	0.6	5.8
Li	3	1	2	4.0	0.25	2.8	0.4
Be	4	2	2	2.4	1.4	2.2	2.0
B	5	3	2	1.7	4.3	1.6	5.2
C	6	4	2	1.3	9.6	1.2	10.9
N	7	5	2	1.1	18.0	1.0	19.3
O	8	6	2	0.9	30.5	0.8	31.8
F	9	7	2	0.8	42.0	0.7	48.5
Ne	10	8	2	0.7	69.0	0.6	70.0

5.2 Atomradien

Die wahrscheinlichsten Radien sind keine geeignete physikalische Messgröße. Der physikalisch am sinnvollsten definierte Radius ist durch $\sqrt{\langle r^2 \rangle}$ gegeben. Um diesen anzugeben, müssen wir die funktionale Elektronendichteverteilung kennen.

5.2.1 Wasserstoff und Helium

Die Radialwellenfunktion des Elektrons im Grundzustand des Wasserstoffatoms, wie in jedem Lehrbuch nachzuschlagen ist, ist

$$R(r) = \frac{2}{\sqrt{a_0^3}} \, \mathrm{e}^{-r/a_0} \, . \tag{5.13}$$

Der Bohrsche Radius a_0 gibt den wahrscheinlichsten Abstand des Elektrons vom Kern an, was leicht nachprüfbar ist, wenn man das Maximum der Elektrondichte mit

$$r^2 R^2(r) = r^2 \frac{4}{a_0^3} \mathrm{e}^{-2r/a_0} \tag{5.14}$$

berechnet. Weiterhin können wir mit (5.13) den Erwartungswert $\langle 1/r \rangle$ ausrechnen. In der Tat ist $\bar{r} = \langle 1/r \rangle^{-1} = a_0$, was erklärt, warum unsere Abschätzungen mit $\bar{r}$ so gut funktioniert hat.

In Streuversuchen mit Röntgenstrahlen lässt sich die Ladungsverteilung des Atoms messen, woraus man den Erwartungswert von $\langle r_{\mathrm{H}}^2 \rangle$ berechnen kann, im Fall des Wasserstoffs ist das

$$\langle r_{\mathrm{H}}^2 \rangle = \frac{4}{a_0^3} \int \mathrm{e}^{-2r/a_0} r^4 \mathrm{d}r = 3a_0^2 \,. \tag{5.15}$$

Der so definierte Radius des Wasserstoffatoms ist $\sqrt{\langle r_{\mathrm{H}}^2 \rangle} \approx 0.1$ nm und ist ein besseres Maß für die Atomgröße als der Bohr-Radius. Da die Wellenfunktion des Heliumatoms der des Wasserstoffatoms ähnlich ist, können wir die Größe des Heliumatoms angeben, $\sqrt{\langle r_{\mathrm{He}}^2 \rangle} \approx 0.06$ nm. Damit hat das Heliumatom einen kleineren Atomradius als Wasserstoff und damit auch den kleinsten Radius aller Atome.

Die Radien anderer Edelgase aus $\bar{r}$ in (5.12) auszurechnen, ist nicht möglich, ohne die tatsächliche Ladungsverteilung zu kennen. Die Radien nehmen mit der Ladungszahl leicht zu und liegen zwischen 0.12 nm und 0.16 nm. Die Tatsache, dass die Atomradien sehr schwach von der Elektronenzahl abhängen, demonstrieren wir mit dem Thomas-Fermi-Modell.

5.2.2 Thomas-Fermi-Modell

Ein schweres Atom kann man, cum grano salis, als ein entartetes Fermionensystem betrachten. Die Elektronen bewegen sich in einem Potential, $V(r)$, das vom Kern und den Elektronen erzeugt wird. Wenn sich das Potential nur langsam ändert, bedeutet dies, dass sich auch die de-Broglie-Wellenlänge der Elektronen mit dem Radius nur schwach ändert; dann kann man für jedes r einen Bereich $\Delta r \geq \lambda\!\!\!^{-}$ definieren, in dem man die Elektronen mit dem Fermi-Gas-Modell behandelt (Abb. 5.1).

Die Zahl der Elektronen, die in ein Intervall Δr passen, ist die mit 2 multiplizierte Zahl der zur Verfügung stehenden Phasenraumzellen:

$$n = 2 \frac{\int_0^{p_{\mathrm{F}}} 4\pi \, p^2 \mathrm{d}p \cdot 4\pi \, r^2 \Delta r}{(2\pi\hbar)^3} \,. \tag{5.16}$$

Aus (5.16) können wir leicht die örtliche Elektronendichte ausrechnen:

$$\varrho(r) = \frac{n}{4\pi r^2 \Delta r} = \frac{(p_{\mathrm{F}})^3}{3\pi^2 \hbar^3} \,. \tag{5.17}$$

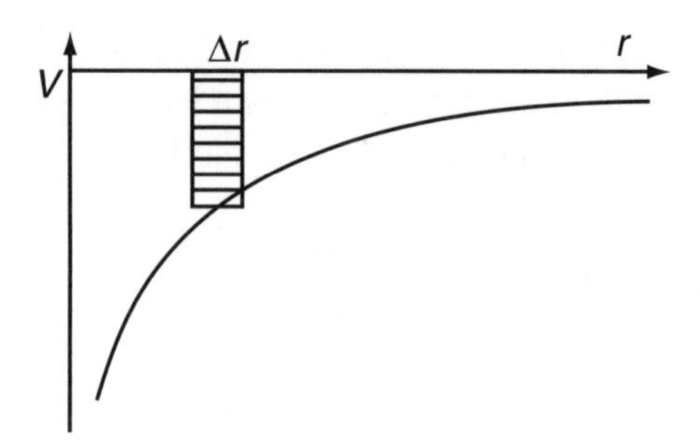

Abb. 5.1. Die Elektronen in jeder Schale der Dicke Δr werden als unabhängiges entartetes Fermi-Gas betrachtet

In diesem Modell nimmt man an, dass der Fermi-Impuls p_F dem größtmöglichen Impuls eines gebundenen Elektrons entspricht. Das gilt, wenn das Elektron die totale Energie Null hat und damit die kinetische Energie gleich der potentiellen ist:

$$\frac{p_\mathrm{F}^2}{2m_\mathrm{e}} = eU(r) \; . \tag{5.18}$$

Jetzt müssen wir verlangen, dass unser Ansatz selbstkonsistent ist: Das Potential $U(r)$ wird aus der Ladungsdichte $-e\varrho(r)$ mit Hilfe der Poisson-Gleichung bestimmt:

$$\nabla^2 U(r) = -\frac{-e\varrho(r)}{\varepsilon_0} \; , \tag{5.19}$$

und die Elektronendichte ist

$$\varrho(r) = \frac{[2m_\mathrm{e} eU(r)]^{3/2}}{3\pi^2\hbar^3} \; . \tag{5.20}$$

Um die Skalierungseigenschaften zu demonstrieren, ist es günstig, (5.20) mit dimensionslosen Variablen umzuschreiben. Das Potential am Ort r ist durch die effektive Ladung $Z_\mathrm{eff}(r)$ bestimmt:

$$U(r) = \frac{Z_\mathrm{eff}(r)e}{4\pi\varepsilon_0 r} \; . \tag{5.21}$$

Führen wir jetzt die Variablen

$$\Phi(r) = \frac{Z_\mathrm{eff}(r)}{Z} \quad \text{und} \quad x = \frac{1}{(9\pi^2/2Z)^{1/3}} \frac{4r}{a_0} \approx \frac{Z^{1/3} r}{0.8853 a_0} \tag{5.22}$$

ein, so kann man (5.19) und (5.20) in der Form

$$\frac{\mathrm{d}^2\Phi}{\mathrm{d}x^2} = \Phi^{3/2}x^{-1/2} \tag{5.23}$$

mit der Randbedingung $\Phi(x \to \infty) \to 0$ schreiben. Dies ist die Standardform der Thomas-Fermi-Gleichung. Sie kann nicht analytisch gelöst werden, numerisch ist sie im Buch von Slater angegeben und grafisch in Abb. 5.2 dargestellt. Diese einfache Funktion gibt in sehr guter Näherung die Atomdichten wieder, wie man sie mit der Methode der Selbstkonsistenz erhält. Wichtig ist, dass $\Phi(x)$ eine universelle Funktion ist, die für alle Atome ($Z \geq 10$) gilt, wenn man sie als Funktion von x in Einheiten von $0.8853a_0/Z^{1/3}$ aufträgt. Ebenso wie Φ sind auch die Elektronendichten und $\sqrt{\langle r^2 \rangle}$ in Einheiten von $0.8853a_0/Z^{1/3}$ für schwere Atome gleich. Daraus folgt eine einfache Skalierung der Erwartungswerte. Für den Radius ergibt sie $\sqrt{\langle r^2 \rangle} \propto Z^{-1/3}$. Diese Betrachtung gilt selbstverständlich nur, wenn wir einen über eine Schale gemittelten Radius betrachten. Der Unterschied zwischen dem Radius eines Edelgasatoms und dem des nachfolgenden Alkaliatoms ist nämlich größer als z. B. der Unterschied zwischen den Radien des Neon-

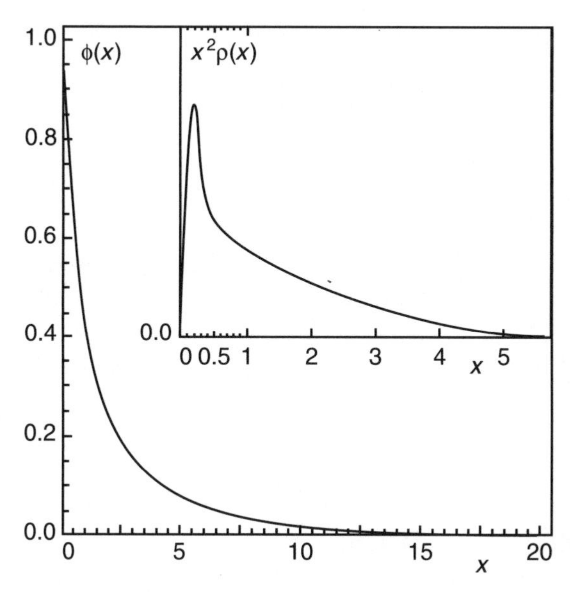

Abb. 5.2. Grafisch dargestellte Lösung $\Phi(x)$ der Thomas-Fermi-Gleichung in Abhängigkeit vom Parameter $x = (Z^{1/3}r)/(0.8853 \cdot a_0)$. *Rechts oben* die daraus resultierende Elektronendichte als Funktion von x

und des Xenon-Atoms, siehe Tabelle 5.1. Es mag überraschen, dass $\sqrt{\langle r^2 \rangle}$ mit Z abnimmt; man kann dies aber leicht verstehen, indem man sich klar macht, dass die Atomkerne zwar ungefähr gleich groß sind, aber die inneren Elektronen mit zunehmendem Z immer näher am Kern liegen, während die Verteilung der äußeren Elektronen nur leicht zunimmt. Deswegen ist es nicht überraschend, dass die Chemiker, die sich vorwiegend um die Außenelektronen interessieren, eigene Definitionen von Atomgrößen benutzen. In Abb. 5.3 ist der Vergleich zwischen dem Thomas-Fermi-Modell und der Hartree-Rechnung gezeigt. Die Thomas-Fermi-Verteilung kann für $x \geq 0.5$ bzw. $r \geq 0.4 \cdot a_0/Z^{1/3}$ näherungsweise auch mit einer Exponentialfunktion dargestellt werden.

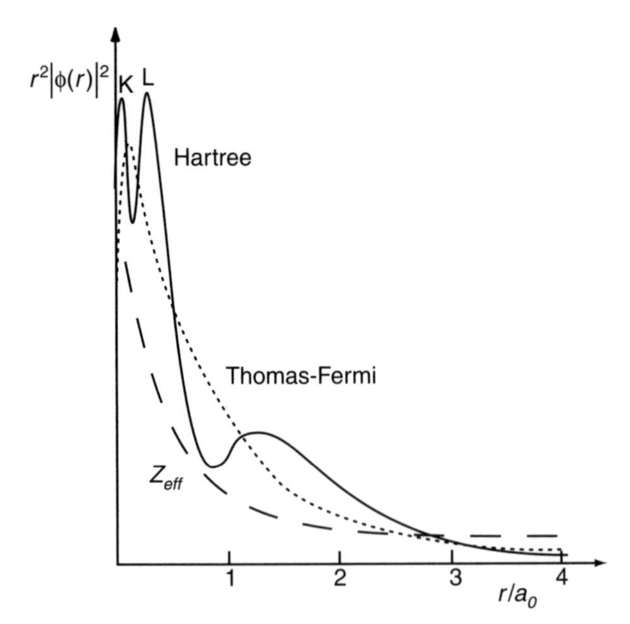

Abb. 5.3. Vergleich von Thomas-Fermi-Modell mit Hartree-Rechnung für $Z = 80$

5.2.3 Alternative Definitionen

In der Chemie benutzt man andere Definitionen der Atomgröße, die für die chemische Bindung relevant sind.

1. Der Radius wird so definiert, dass die Wahrscheinlichkeit, das letzte Elektron außerhalb dieses Radius zu finden, 50% beträgt. Diese Definition gibt die Abstände der Atome in kovalenten Bindungen gut wieder.

2. Der Radius wird so gewählt, dass in dieser Entfernung vom Kern die Pauli-Abstoßung das Fremdatom nicht näher heranlässt. Diese Definition wird für Abstände zwischen Atomen in ionischen Bindungen benutzt.

Die verschiedenen Definitionen führen zu systematisch abweichenden Werten, geben aber das allgemeine Verhalten der Atomgrößen in Abhängigkeit von Z gut wieder.

5.3 Paramagnetische Atome

Im Wasserstoffatom sind die Niveaus mit der gleichen Hauptquantenzahl n, aber verschiedenen Drehimpulsen ℓ entartet. Sie haben alle dieselbe kinetische und potentielle Energie. Das bedeutet, dass sie auch dasselbe $\langle 1/r \rangle$ haben, und daher auch ihre $\langle r \rangle$ nicht sehr verschieden sind. Das heißt aber nicht, dass sie sich alle gleich weit ausdehnen. Man darf nicht vergessen, dass zum Beispiel der 3s-Zustand zwei, der 3p-Zustand einen und der 3d-Zustand keinen radialen Knoten besitzt. Deshalb versteckt sich das einzige 3d-Maximum in den äußeren Maxima der 3s- und 3p-Zustände (Abb. 5.4). Dieser Effekt ist bei schwe-

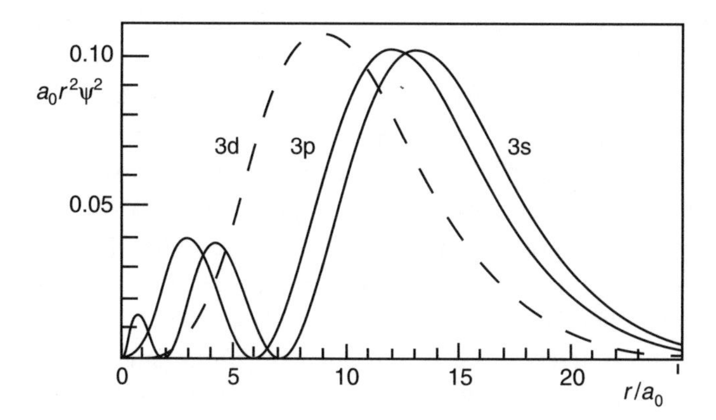

Abb. 5.4. Elektronendichten in der n=3-Schale mit unausgefüllten 3d-Niveaus

reren Atomen noch ausgeprägter. Als erstes Beispiel betrachten wir die Atome mit unvollständig besetzten d-Niveaus, deren typische Vertreter Eisen, Kobalt und Nickel sind. In diesen Elementen wirkt auf die Elektronen in den inneren Maxima der s- und p-Zustände das fast unabgeschirmte Coulomb-Potential des Kerns, während das einzige Maximum des 3d-Zustandes in der Mitte der Elektronenschalen sitzt und schon ein stark abgeschirmtes Potential sieht. Deshalb hat der 3d-Zustand eine höhere Energie als die 3s- und 3p-Zustände und wird eher mit den 4s- und 4p-Zuständen verglichen. Das periodische System der Elemente macht dies deutlich, wo die Elektronen die Niveaus der folgenden Reihe nach ausfüllen: 1s; 2s, 2p; 3s, 3p; 4s, (3d,4p); . . . .

Die s- und p-Elektronen in einem Atom mit nicht vollbesetzter äußerer Schale sind „chemisch sehr aktiv". So kombinieren die Zustände benachbarter Atome in kovalenten oder ionischen Bindungen derart, dass die äußeren Schalen effektiv ausgefüllt werden. Daraus folgt, dass die s- und p-Elektronen in den meisten stabilen Molekülen paarweise mit entgegengesetzten Drehimpulsen auftreten. Dann ist auch die Summe ihrer magnetischen Momente gleich Null, und die Substanz wird diamagnetisch, enthält also nur ein induziertes magnetisches Moment.

Das ist ganz anders bei einem unaufgefüllten d-Niveau. Die Elektronen können sich parallel orientieren, und ihre magnetischen Momente addieren sich. Deshalb sind solche Atome paramagnetisch, und Systeme von solchen Atomen (Kristalle) können sogar ferromagnetisch sein.

Für Paramagnetismus ist also wesentlich, dass die d-Zustände, die zwar eine höhere Energie als die entsprechenden s- und p-Zustände besitzen und erst später aufgefüllt werden, im Inneren des Atoms geometrisch tiefer liegen als die s- und p-Elektronen und dadurch vor den chemischen Einflüssen geschützt sind. So können sie es sich leisten, ungepaart zu bleiben. Auch bei mehreren Elektronen in der d-Schale ist es günstiger, wenn sich die Elektronen parallel orientieren. Bei einer symmetrischen Spinfunktion ist die räumliche Wellenfunktion antisymmetrisch, und dadurch wird die Coulomb-Abstoßung minimalisiert. Dies ist kein magnetischer, sondern ein elektrostatischer Effekt.

Ähnliche Betrachtungen gelten auch für die Atome der Seltenen Erden mit ungepaarten Elektronen im f-Niveau. Diese liegen energetisch noch höher als die entsprechenden Elektronen der d-Niveaus und sind geometrisch noch stärker abgeschirmt von den äußeren s-, p- und d-Elektronen. Deshalb sind die Seltenen Erden (z. B. Samarium, Europium) mit teilweise aufgefülltem f-Niveau noch bessere (allerdings auch teurere) Ferromagnete als Eisen.

5.4 Ferro- und Antiferromagnetismus

Der Ferromagnetismus ist das Paradebeispiel eines Phasenübergangs und wird als Modell in anderen Gebieten der Physik oft benutzt. Deswegen wollen wir diesen Übergang kurz skizzieren. Das Phänomen des Ferromagnetismus ist eine Folge der Gitterstruktur. Die s- und p-Elektronen im Falle des Eisens und die s-, p- und d-Elektronen im Falle der Seltenen Erden beteiligen sich an der Bindung im Kristallgitter. Die d- bzw. f-Elektronen sind abgeschirmt und überlappen nur geringfügig mit benachbarten Atomen; jedoch ausreichend, so dass die Gesamtwellenfunktion der d- bzw. f-Elektronen antisymmetrisch sein muß. Bei Ferromagneten ist es energetisch günstiger, dass sich die Drehimpulse der d-Elektronen parallel orientieren, und darum ist die räumliche Wellenfunktion antisymmetrisch. Das ist günstig für die coulombsche Abstoßungsenergie der Elektronen: eine antisymmetrische Wellenfunktion hat einen Knoten, wo sich zwei Elektronen überlappen, und deshalb ist die Coulomb-Energie minimalisiert.

Bei den antiferromagnetischen Substanzen ist die Situation umgekehrt. Eine antisymmetrische Spinwellenfunktion und eine symmetrische räumliche Wellenfunktion vergrößern die coulombsche Anziehung der benachbarten Ionen, die größer ist als die Abstoßung der Elektronen.

Schätzen wir die Bindungsenergie der d-Elektronen ab, die für den Phasenübergang zwischen paramagnetischem und ferromagnetischem Zustand verantwortlich ist. Der Curie-Punkt des Eisens liegt bei $T_C \approx 1000\,\mathrm{K}$, was einer Bindungsenergie von etwa 0.1 eV entspricht. Die Magnetisierung ist der beste Indikator der Orientierung der magnetischen Momente der Elektronen und ist im paramagnetischen Zustand gut durch das Curie-Gesetz

$$\chi_P = \frac{C}{T} \tag{5.24}$$

beschrieben. Hier ist χ_P die paramagnetische Suszeptibilität und C eine Materialkonstante. Die Magnetisierung $\mu_0 M$ ist die Folge eines äußeren magnetischen Feldes B_a und der elektrostatischen Wechselwirkung der Elektronen im Gitter, die man formal als ein effektives Feld $B_\mathrm{e} = \lambda M$ parametrisieren kann:

$$\mu_0 M = \chi_\mathrm{P}(B_\mathrm{a} + B_\mathrm{e}) = \chi_\mathrm{P}(B_\mathrm{a} + \lambda M) \ . \tag{5.25}$$

Hier ist λ eine phänomenologische Konstante. Der Ansatz (5.25) ist typisch für die Formulierung eines Phasenübergangs, in dem die kritische Temperatur des Phasenübergangs durch die Wechselwirkung zwischen den Konstituenten des Systems gegeben ist. Wir werden ähnliche Ansätze auch in anderen Fällen machen. Der Ansatz (5.25) enthält eine positive Rückkopplung für die Magnetisierung. Die Größe, die den Grad der Ordnung misst, hier die Magnetisierung, nennt man den Ordnungsparameter.

Wenn man die Magnetisierung zusammenfasst, auf die linke Seite nimmt und das Curie-Gesetz (5.24) berücksichtigt, so bekommt man

$$\mu_0 M = \frac{C}{T - T_\mathrm{C}} B_\mathrm{a}, \qquad T > T_\mathrm{C} \ . \tag{5.26}$$

Der Pol bei der Temperatur $T_\mathrm{C} = C\lambda/\mu_0$ signalisiert den Phasenübergang. Natürlich kann die Magnetisierung den Sättigungswert nicht überschreiten. In der Nähe und unterhalb von T_C muß man das verbesserte Curie-Gesetz anwenden, das die Sättigung in Betracht zieht. Dann wird (5.25) nicht mehr linear sein und wird bei $T > T_\mathrm{C}$ schon für $B_\mathrm{a} = 0$ erfüllt.

Weiterführende Literatur

W. Demtröder: *Experimentalphysik 3* (Springer, Berlin Heidelberg 2000)

H. Haken, H. C. Wolf: *Atom- und Quantenphysik* (Springer, Berlin Heidelberg 2000)

J. C. Slater: *Quantum Theory of Atomic Structure* (McGraw-Hill, New York Toronto London 1960)

V. F. Weisskopf: *Search for Simplicity: Atoms with several electrons*, Am. J. Phys. **53** (1985) 304

Ch. Kittel: *Einführung in die Festkörperphysik* (Oldenbourg, München Wien 1980)

KAPITEL 6

Hadronen

Getretner Quark wird breit, nicht stark.
Goethe

Hadronen sind elementare Systeme der starken Wechselwirkung, bildlich gesprochen die Atome der starken Wechselwirkung. Unser Hauptinteresse gilt der Struktur der Nukleonen, der Bausteine der Kerne. Die spektroskopischen Eigenschaften der Nukleonen werden als Folge ihres Aufbaus aus Konstituentenquarks interpretiert.

Die Verbindung zwischen dem Konstituentenquark und dem nackten Quark aus der quasielastischen (tiefinelastischen) Streuung versuchen wir in einem möglichst einfachen Modell der spontanen Symmetriebrechung der Chiralität (Nambu-Jona-Lasinio-Modell) plausibel zu machen. Wir verwenden hierfür etwas mehr Platz, da es die wesentlichen Eigenschaften der spontanen Symmetriebrechung in der Teilchenphysik, z.B. das Higgs-Modell, beinhaltet.

6.1 Quarkonia

Die effektiven Kräfte zwischen nicht-relativistischen Konstituentenquarks kann man der Spektroskopie der Quarkonia entnehmen. Während mit einem vorgegebenen Potential die Schrödinger-Gleichung das Energiespektrum eindeutig vorhersagt, ist die Lösung des inversen Problems nicht eindeutig. Man findet jedoch einfache effektive Potentiale, die die Energien der meisten Niveaus ziemlich gut wiedergeben. In Abb. 6.1 vergleichen wir die Anregungen in Positronium und Charmonium. Dieser Vergleich ist sinnvoll, da beide Systeme aus einem Teilchen und seinem Antiteilchen aufgebaut sind und beide Systeme in einer guten Näherung nicht-relativistisch beschrieben werden können. Elektronen sind leicht, aber die Bindung im Positronium ist schwach, daher kleine Relativgeschwindigkeiten. Die schweren Quarks haben eine ausreichend große Masse, so dass sie sich trotz der starken Wechselwirkung langsam bewegen. Da die Wechselwirkung zwischen Quarks durch Gluonen vermittelt wird, die wie Photonen masselose Vektorbosonen sind, erwarten wir, dass sich das Potential zwischen Quarks – zumindest in dem Bereich, wo ein Eingluonaustausch dominiert – mit $1/r$ verhält.

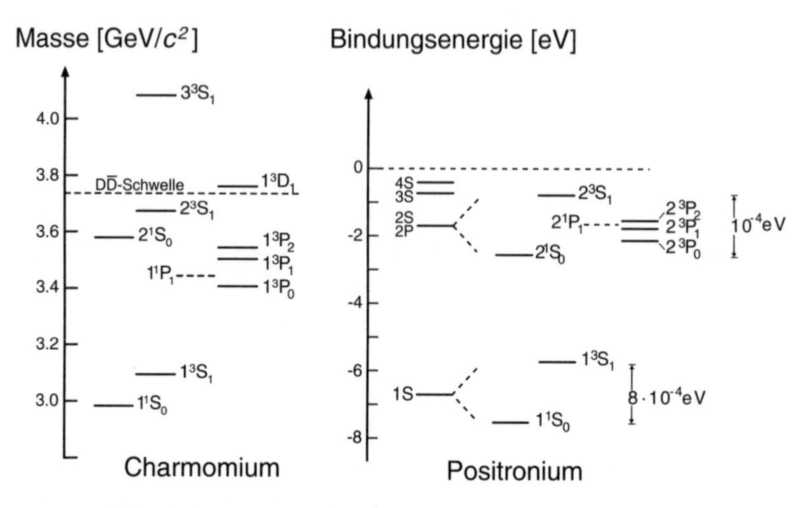

Abb. 6.1. Zustände des Charmoniums und Positroniums

Die erste Beobachtung ist, dass sich die höher angeregten Zustände der Quarkonia rücken nicht zusammen, wie man es für ein reines Coulomb-artiges Potential erwartet. Die Schlussfolgerung ist, dass wir für die Beschreibung von Quarkonia neben dem „starken Coulomb-artiges Potential" noch ein zusätzliches brauchen – das Confinementpotential (siehe Kap. 3.3).

Die zweite Beobachtung, dass die Anregungsenergien in Charmonium und Bottomium fast gleich sind, zeigen wir nicht explizit. Das Potential zwischen Quark und Antiquark ist also so beschaffen, dass die Anregungsenergien fast nicht oder sehr wenig von der Quarkmasse abhängig sind. Die Masse des Quarks tritt in Quarkonia nur bei Spin-Spin-Aufspaltung in Erscheinung.

Diese beiden Eigenschaften lassen sich gut mit einer Kombination des starken Coulomb-artigen Potentials und des linearen Confinementpotentials beschreiben:

$$E = \frac{\hat{p}^2}{2(m_q/2)} - \frac{4}{3}\frac{\alpha_s \hbar c}{r} + kr \ . \tag{6.1}$$

In (6.1) haben wir für die reduzierte Quarkmasse $m_q/2$ eingesetzt. Für das lineare Potential allein kann man die Eigenenergien und Eigenfunktionen analytisch bestimmen (Airy-Funktionen), für das kombinierte Potential jedoch nur numerisch. Wir wollen aber zeigen, dass man grafisch – *on the back of an envelope* – die experimentellen Resultate durch eine Interpolation zwischen den Niveaus des Coulomb- und des Oszillatorpotentials ($V = kr^2/2$) erhält. Das Oszillatorpotential haben wir nur gewählt, weil in diesem Potential die Niveaus äquidistant liegen und wir nicht viel zu rechnen brauchen. Als Einheit einer dimensionslosen Energieskala dient der Unterschied zwischen den 2S- und 1S-Zuständen, und als Nullpunkt wird die Grundzustandsenergie (1S) gewählt. Die Resultate der grafischen Lösung sind in Abb. 6.2 wiedergegeben. Mit „exact" bezeichnete Kreise sind die Resultate zur Schrödinger-Gleichung für das coulombsche, lineare und quadratische Potential. Man sieht, dass die Niveaus des linearen Potentials ganz gut auf den linearen Interpolationslinien zwischen dem Coulomb- und dem Oszillatorpotential liegen. Die Niveaus des Charmoniums und des Bottomiums liegen schön zwischen dem Coulomb- und dem linearen Potential, was mit einem „Potential-Cocktail" wie in (6.1) verträglich ist.

Einen guten Fit der Charmonium- und Bottomiumniveaus bekommt man mit den Parametern $m_c = 1.37\,\text{GeV}/c^2$, $m_b = 4.79\,\text{GeV}/c^2$, $\alpha_s = 0.38$, $k = 0.860\,\text{GeV/fm}$.

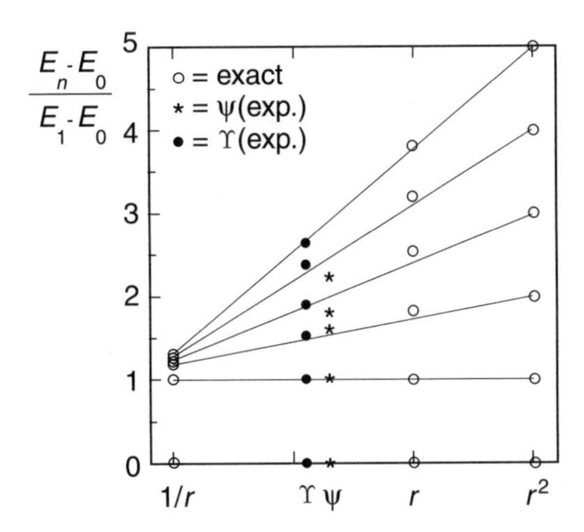

Abb. 6.2. Die angeregten Zustände von Charmonium und Bottomium, verglichen mit Niveauschemata, ausgerechnet (*offene Kreise*) für verschiedene Potentiale, $V \propto 1/r, r, r^2$

Die starke Kopplungskonstante $\alpha_s = 0.38$ ist deutlich zu groß. Die QCD ließe gemäß (3.17 in diesem Energiebereich höchstens 0.2 erwarten. Das bedeutet, dass die angepasste Kopplungskonstante „α_s" nur eine effektive Quark-Quark-Wechselwirkung darstellt, die nicht nur den Eingluonaustausch, sondern auch andere Gluonfeldkorrekturen enthält. Die angepasste Stringkonstante $k = 0.860\,\mathrm{GeV/fm}$ ist dagegen zu klein im Vergleich mit dem Wert (1.0 – 1.2) GeV/fm, den man aus der Gitter-QCD oder verschiedenen phänomenologischen Betrachtungen erwartet. Die beiden Konstanten sollen als „effektiv" verstanden werden.

6.2 Hadronen aus leichten Quarks

Die spektroskopischen Eigenschaften der Baryonen und Mesonen werden sehr gut in einem Modell beschrieben, das annimmt, dass die u- und d-Quarks eine Masse von etwa $0.3\,\mathrm{GeV}/c^2$ haben, bei den s-Quarks beträgt dieser Wert etwa $0.5\,\mathrm{GeV}/c^2$.

6.2.1 Nicht-relativistisches Quarkmodell

Die Massen der leichten Mesonen bilden sich einfach aus der Summe der Quarkmassen und der Spin-Spin-Aufspaltung

$$M_{q\bar{q}} = m_i + m_{\bar{j}} + \Delta M_\sigma \,, \tag{6.2}$$

mit

$$\Delta M_\sigma = \frac{8\pi\alpha_s\hbar^3}{9cm_i m_{\bar{j}}} \, |\psi(0)|^2 \, \langle \boldsymbol{\sigma}_i \cdot \boldsymbol{\sigma}_{\bar{j}} \rangle \,. \tag{6.3}$$

Eine gute Übereinstimmung mit den gemessenen Mesonenmassen bekommt man für $m_{u,d} \approx 310\,\mathrm{MeV}/c^2$ und für $m_s \approx 483\,\mathrm{MeV}/c^2$.

Für die Baryonenmassen gilt eine ähnliche Beziehung

$$M_B = \sum_i m_i + \Delta M_\sigma \,, \tag{6.4}$$

wobei die Spinaufspaltung von der relativen Orientierung der drei Quarks abhängig ist:

$$\Delta M_\sigma = \sum_{i<j} \frac{4\pi\alpha_s\hbar^3}{9c\, m_i m_j} |\psi(0)|^2 \, \langle \boldsymbol{\sigma}_i \cdot \boldsymbol{\sigma}_j \rangle \,. \tag{6.5}$$

Die effektieven Quarkmassen bekommt mann, wenn man die berechneten Energiedifferenzen anhand eines Dublets mit unterschiedlichen Spins an die gemessenen Baryonenzustände anpasst. Die beste Übereinstimmung erhält man mit den Quarkmassen $m_{\mathrm{u,d}} \approx 363$ MeV/c^2 und $m_{\mathrm{s}} \approx 538$ MeV/c^2. Diese Massen unterscheiden sich etwas von denen, die man aus Mesonen bekommt. Das ist nicht überraschend, da sich die Quarks in Mesonen und Baryonen in verschiedenen Umgebungen befinden. Im Meson koppelt das Quark an ein Antiquark, im Baryon an zwei Quarks, die zur entsprechenden Antifarbe gekoppelt werden. Der wesentliche Unterschied in der effektiven Wechselwirkung ist der Faktor 2 (4/9 für Baryonen, siehe (6.5); 8/9 für Mesonen, siehe (6.3)), der durch die Farbkopplung zustande kommt. Alle anderen Differenzen werden durch die verschiedenen Quarkmassen berücksichtigt.

Um die Dynamik aus dem Modell auszuschließen, haben wir angenommen, dass sich die potentielle und die kinetische Energie ideal aufheben. Das ist in einem System möglich, in dem die Wechselwirkung zwischen Quarks mit der Summe eines Coulomb- und eines linearen Potentials beschrieben werden kann. Während im Coulomb-Potential $\langle E_{\mathrm{pot}}\rangle = -2\langle E_{\mathrm{kin}}\rangle$ gilt, ist im linearen Potential $\langle E_{\mathrm{pot}}\rangle = 2\langle E_{\mathrm{kin}}\rangle$. Wenn die Aufenthaltswahrscheinlichkeit der Quarks in beiden Potentialen etwa gleich ist, $\langle E_{\mathrm{pot}}\rangle \approx -\langle E_{\mathrm{kin}}\rangle$, heben sich die Energieterme in der Massenformel auf. Die hadronischen Massen sind in guter Näherung durch die Summe der Quarkmassen und der Spin-Spin-Wechselwirkung – (6.2) und (6.4) – wiedergegeben.

Die Konstituentenquarkmassen sind sicher mehr als ein Zahlenspiel des Modells. Davon kann man sich überzeugen, indem man die Voraussagen des Modells für die magnetischen Momente der Baryonen mit der Messung vergleicht. Die Übereinstimmung ist sehr gut, wenn man annimmt, dass die Konstituentenquarks das magnetische Moment eines Dirac-Teilchens haben:

$$\mu_{\mathrm{q}} = \frac{z_{\mathrm{q}} e\hbar}{2m_{\mathrm{q}}} . \tag{6.6}$$

Der Vergleich zwischen den experimentellen Werten und den Voraussagen durch das Modell sind recht gut (siehe Tabelle 6.1) Das nichtrelativistische Quarkmodell gibt auch die richtige Größenordnung der Anregungen wieder. Der erste angeregte Zustand mit $\ell = 1$ liegt bei ≈ 0.6 GeV.

Tabelle 6.1. Gemessene und berechnete magnetische Momente von Baryonen in Einheiten des magnetischen Moments des Nukleons μ_N. Die experimentell bestimmten magnetischen Momente von p, n und Λ^0 werden zur Berechnung der magnetischen Momente der übrigen Baryonen verwendet. Das Σ^0-Hyperon ist sehr kurzlebig ($7.4 \cdot 10^{-20}$ s) und zerfällt durch die elektromagnetische Wechselwirkung gemäß $\Sigma^0 \to \Lambda^0 + \gamma$. Für dieses Teilchen ist anstelle des Erwartungswerts von μ das Übergangsmatrixelement $\langle\Lambda^0|\mu|\Sigma^0\rangle$ angegeben

Baryon	μ/μ_N (Experiment)		Quarkmodell	μ/μ_N
p	$+2.792\,847\,386$	$\pm 0.63 \cdot 10^{-7}$	$(4\mu_u - \mu_d)/3$	—
n	$-1.913\,042\,75$	$\pm 0.45 \cdot 10^{-6}$	$(4\mu_d - \mu_u)/3$	—
Λ^0	-0.613	± 0.004	μ_s	—
Σ^+	$+2.458$	± 0.010	$(4\mu_u - \mu_s)/3$	$+2.67$
Σ^0			$(2\mu_u + 2\mu_d - \mu_s)/3$	$+0.79$
$\Sigma^0 \to \Lambda^0$	-1.61	± 0.08	$(\mu_d - \mu_u)/\sqrt{3}$	-1.63
Σ^-	-1.160	± 0.025	$(4\mu_d - \mu_s)/3$	-1.09
Ξ^0	-1.250	± 0.014	$(4\mu_s - \mu_u)/3$	-1.43
Ξ^-	$-0.650\,7$	$\pm 0.002\,5$	$(4\mu_s - \mu_d)/3$	-0.49
Ω^-	-2.02	± 0.05	$3\mu_s$	-1.84

6.3 Chirale Symmetriebrechung

In der quasielastischen Streuung – im Hochenergie-Jargon tiefinelastische Streuung genannt – werden Quarks zu $m_q < 10$ MeV abgeschätzt, was dem nicht-relativistischen Quarkmodell mit viel größeren Quarkmassen zu widersprechen scheint. Der direkte Vergleich ist aber nicht zulässig. In der quasielastischen Streuung nehmen wir an, dass wir die elementaren, nackten Quarks sehen. Bei niederenergetischen Experimenten mit schlechter Auflösung sehen wir jedoch Quarks, die von einer Wolke von Gluonen und Quark-Antiquark-Paaren umgeben sind. Das intuitive Bild ist wie folgt: Bei einer schwachen Wechselwirkung lässt das Teilchen seine Dirac-See ungestört, und die Masse des Teilchens bleibt unverändert. Wenn die Stärke der Wechselwirkung einen kritischen Wert übersteigt, wird die Dirac-See sehr stark gestört, und das Teilchen „bekleidet“ sich mit vielen Teilchen-Antiteilchen-Paaren. Ein so „bekleidetes“ Teilchen nennen wir Quasiteilchen, im Falle der starken Wechselwirkung Konstituentenquark.

Die Verbindung zwischen dem Elementar- und dem Konstituentenquark versucht man im Modell der spontanen chiralen Symmetriebrechung zu beschreiben. Diese Symmetriebrechung stellt gleichzeitig in heutigen kosmologischen Szenarien auch ein Glied in der Kette der Phasenübergänge während der Abkühlung des Universums dar. Es gibt weder eine Abhandlung dieses Themas auf einem elementaren Niveau noch ist es Bestandteil der Lehrbücher. Deswegen werden wir für dieses Thema, das uns konzeptionell sehr wichtig erscheint, ausreichend Raum widmen und versuchen, dieses etwas komplexere Phänomen möglichst elementar darzustellen. Eine ausführliche Abhandlung ist im Übersichtsartikel von Klevansky zu finden.

Wenn wir die Nukleonen auf ausreichend hohe Temperaturen brächten, würden sich die Konstituentenquarks in ihre Bestandteile, nackte Quarks, auflösen. Das erinnert uns an einen Phasenübergang. Bei Phasenübergängen handelt es sich immer um eine spontane Symmetriebrechung beim Übergang zu niedrigeren Temperaturen. Im Falle der Quarks wird die so genannte chirale Symmetrie gebrochen.

Es ist kein glücklicher Umstand, dass der oben beschriebene physikalisch so anschauliche Vorgang, wenn formalisiert, mit einer abstrakten Symmetrie in Verbindung gebracht werden muss. Der Begriff der Chiralität oder Händigkeit ist besonders aus der Optik bekannt. Damit bezeichnet man die Eigenschaften der Moleküle, die die Polarisation des Lichtes entweder links oder rechts drehen. In der Teilchenphysik bezeichnet man mit Chiralität eine Symmetrie der Dirac-Gleichung, die wir hier kurz erläutern wollen. Der Leser kann aber ohne großen Verlust an Verständnis von hier direkt zu den Konstituentenquarks (Abschn. 6.3.1) springen.

Zunächst wollen wir den Unterschied zwischen Chiralität und Helizität erklären. Die Helizität ist durch den Operator $h = \boldsymbol{\sigma} \cdot \boldsymbol{p}/|\boldsymbol{p}|$ gegeben, die Chiralität dagegen durch den Operator γ_5 (Dirac-Matrix). Da in der relativistischen Quantenmechanik die Fermionen mit vierkomponentigen Dirac-Spinoren beschrieben werden, brauchen wir beide Quantenzahlen, um die internen Freiheitsgrade zu charakterisieren.

Die Chiralität ist sehr anschaulich bei masselosen Fermionen, wo sie, zusätzlich zur Helizität, als eine gute Quantenzahl auftritt. Der

Hamilton-Operator für ein freies Fermion

$$H = \gamma_0 \boldsymbol{\gamma} \cdot \boldsymbol{p} c \equiv \gamma_5 h \, |\boldsymbol{p}| c \tag{6.7}$$

kommutiert mit dem Chiralitätsoperator γ_5 und mit dem Helizitätsoperator h .

Da sowohl elektromagnetische als auch schwache und starke Wechselwirkung mit γ_5 kommutiert, bleibt die Chiralität in allen Prozessen erhalten. Bei hohen Energien zum Beispiel, wo man die Masse vernachlässigen darf, erscheint beim β-Zerfall ein linkshändiges Fermion und ein rechtshändiges Antifermion ($\mathrm{e}_\mathrm{R}^+ + \nu_\mathrm{L}$ oder $\mathrm{e}_\mathrm{L}^- + \bar{\nu}_\mathrm{R}$). Die Summe der beiden Chiralitäten vor und nach dem Zerfall ist gleich Null.

Wenn aber ein Fermion eine endliche Masse hat, kommutiert der Massenoperator $\gamma_0 \, mc^2$ nicht mit γ_5, und dann ist die Chiralität keine gute Quantenzahl mehr. Man sagt, dass die Masse die chirale Symmetrie bricht. Diese Eigenschaft der Chiralität benutzt man als Kriterium bei der Entscheidung, ob man es mit einem masselosen oder massebehafteten Teilchen zu tun hat.

Die Wellenfunktionen der masselosen Fermionen eignen sich jedoch als Basis zur Beschreibung massiver Teilchen: man kann die Wellenfunktion eines massiven Teilchen in zwei Komponenten zerlegen, in die rechtshändige und die linkshändige Komponente, die einem rechtsdrehenden und einem linksdrehenden masselosen Fermion entsprechen. Die rechtsdrehenden Fermionen und Antifermionen sind mit der Wahrscheinlichkeit $(1+v/c)/2$ rechtshändig und mit der Wahrscheinlichkeit $(1-v/c)/2$ linkshändig und umgekehrt.

Im Folgenden wollen wir zeigen, was mit einem masselosen Quark passiert, dessen Kopplung an die virtuellen Quark-Antiquark-Paare (das physikalische Vakuum) zwar die Chiralität erhält, aber mit zunehmender Kopplungsstärke die eigene Symmetrie bricht.

6.3.1 Konstituentenquark

Den Phasenübergang, bei dem die masselosen Quarks durch eine spontane Symmetriebrechung massiv werden, wollen wir in einem schematischen Modell simulieren. Dazu eignet sich das Nambu-Jona-Lasinio-Modell (NJL-Modell), das die für niedrige Energien wesentliche Eigenschaft der QCD, die chirale Symmetrie, enthält.

In diesem Modell sind die Gluonen durch eine Kontaktwechselwirkung ersetzt (Abb. 6.3), eine Näherung, die für die niederenergetische

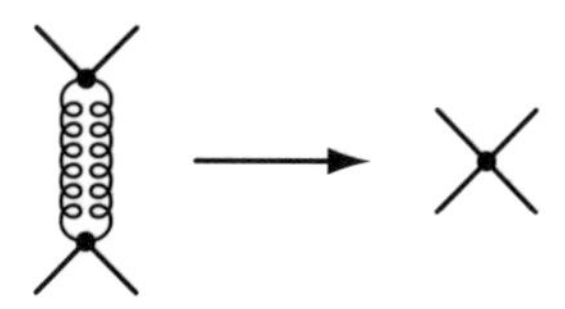

Abb. 6.3. Multigluonaustausch, ersetzt durch die Kontaktwechselwirkung

Hadronenphysik ausreichend gut ist. Hierbei treten die Gluonen nie explizit in Erscheinung. In unserer vereinfachten Version des NJL-Modells, die wir so weit abgespeckt haben, dass sie *on the back of an envelope* passen sollte, betrachten wir die starke Wechselwirkung mit nur einem Quarkflavour. Eine Erweiterung des Modells auf die üblichen zwei Quarkflavours, up (u) und down (d), werden wir nur qualitativ betrachten.

Der Hamilton-Operator im vereinfachten NJL-Modell ist gegeben durch

$$\begin{aligned} H &= \int \mathrm{d}^3 r \left(-\bar{\psi} \mathrm{i}\hbar c \boldsymbol{\gamma} \cdot \nabla \psi + m_0 c^2 \bar{\psi} \psi \right) \\ &\quad - G \int \mathrm{d}^3 r \left[(\bar{\psi}\psi)^2 + (\bar{\psi} \mathrm{i} \gamma_5 \psi)^2 \right] . \end{aligned} \tag{6.8}$$

Das erste Glied ist der Hamilton-Operator für ein freies Quark. Der Feldoperator ψ enthält sowohl die Farbe ($N_\mathrm{c} = 3$) als auch den Spin ($N_\mathrm{s} = 2$) und hat vier Dirac-Komponenten. Das zweite Glied simuliert die chiralitäterhaltende QCD-Wechselwirkung. Der Ausdruck $(\bar{\psi}\mathrm{i}\gamma_5\psi)^2$ ergänzt die Kontaktwechselwirkung $(\bar{\psi}\psi)^2$ zu einem chiralen Skalar.

Das Problem besteht nun darin, die Hartree-Lösung eines Quarks zu finden, das an die Vakuumfluktuationen koppelt. Die allgemeinste Lösung, die wir erwarten, ist eine ebene Welle mit der Beziehung $E = \sqrt{\boldsymbol{p}^2 c^2 + M^2 c^4}$. Die Lösung bekommen wir durch folgenden Trick: Den effektiven Propagator des Quarks können wir in einer geometrischen Reihe der Grafen darstellen, wie es in Abb. 6.4 symbolisch gezeigt ist.

Der Trick zur Lösung besteht darin, dass wir den bekleideten Propagator in eine Reihe der nackten Propagatoren entwickelt haben, wobei wir aber für die Schleifen schon den bekleideten Propagator

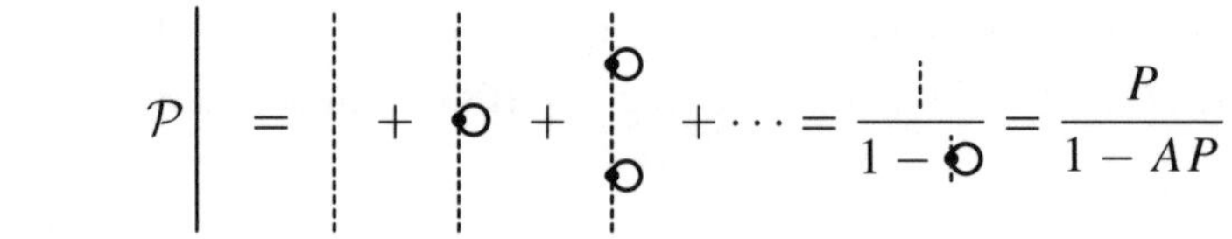

Abb. 6.4. Konstituentenquark-Propagator in der Hartree-Fock-Näherung. Die *durchgezogenen* Linien stellen den bekleideten, die *gestrichelten* den nackten Operator dar. Der nackte Propagator ist P, der bekleidete $\mathcal{P}$ und A ist das Integral über die Schleife

angenommen haben. Wir suchen eine selbstkonsistente Lösung der Gleichung

$$\mathcal{P}^{-1} = P^{-1} - A \,, \tag{6.9}$$

symbolisch dargestellt in Abb. 6.4. Wenn wir für den nackten Propagator

$$P = (\gamma^{\mu} p_{\mu} c + \mathrm{i}\delta)^{-1} \tag{6.10}$$

und für den bekleideten

$$\mathcal{P} = (\gamma^{\mu} p_{\mu} c - Mc^2 + \mathrm{i}\delta)^{-1} \tag{6.11}$$

einsetzen, bekommen wir

$$Mc^2 = A \,. \tag{6.12}$$

In dieser Herleitung haben wir die nackte Masse des Quarks m_0 vernachlässigt. Der Wert der Schleife A in Abb. 6.4 ist die Selbstenergie des Quarks! Um zu betonen, dass das nackte Quark eine Masse bekommen hat, bezeichnen wir im Zusammenhang mit der chiralen Symmetriebrechung die Konstituentenmasse als $m_{\mathrm{q}} = M$. Die Selbstenergie ist durch die Summation über die inneren Freiheitsgrade in der Schleife und der Integration über die Impulse p gegeben,

$$A = 2G \int_p \mathrm{Tr}\mathcal{P} = 2G \int_p \mathrm{tr_C}\,\mathrm{tr_{Dirac}} \frac{1}{\gamma^{\mu} p_{\mu} c - Mc^2 + \mathrm{i}\delta} \,. \tag{6.13}$$

Hier ist $2G$ der Wert des Vertex entsprechend dem Hamilton-Operator (6.8). Durch „Rationalisierung“ des Bruches kommen die γ-Matrizen in den Zähler, und der Nenner enthält quadratische Terme des Impulses p_{μ}. Die Summation ($\mathrm{Tr} \equiv \mathrm{tr_C}\,\mathrm{tr_{Dirac}}$) über die inneren Freiheitsgrade (Farbe und Spin) in der Schleife ergibt einen konstanten Faktor N

($N = N_C \times N_s = 6$), so dass wir nur noch explizit die Integration über die Viererimpulse $c\mathrm{d}^4 p$ durchführen müssen.

Die Integration über p_0 kann man elegant mit dem Cauchy-Theorem ausführen. Man integriert zum Beispiel über eine Kontur, die den unteren Pol in der komplexen Ebene ($p_0 = \sqrt{\boldsymbol{p}^2 + M^2c^2} - \mathrm{i}\delta$) umkreist und nimmt das Residuum

$$\int_{-\infty}^{+\infty} \frac{-\mathrm{d}p_0}{2\pi \mathrm{i}} \frac{2NMc^2}{(p_0 - \sqrt{\boldsymbol{p}^2 + M^2c^2} + \mathrm{i}\delta)(p_0 + \sqrt{\boldsymbol{p}^2 + M^2c^2} - \mathrm{i}\delta)} = -\frac{2NMc^2}{2\sqrt{\boldsymbol{p}^2 + M^2c^2}} \,. \qquad (6.14)$$

Es bleibt noch die Dreierimpulsintegration, die man analytisch durchführen kann, aber wir geben lieber eine anschauliche Abschätzung. Da wir nur die niederenergetischen Anregungen der Hadronen beschreiben wollen, dürfen wir bei einem „Cut-off" mit einem Wert, $\Lambda \approx 1\,\mathrm{GeV}$, die Integration abbrechen:

$$A = 2GN \int_0^{\Lambda} \frac{4\pi p^2 \mathrm{d}p}{(2\pi\hbar)^3} \frac{Mc}{\sqrt{p^2 + M^2c^2}} \approx 2GN' \frac{Mc}{\sqrt{\bar{p}^2 + M^2c^2}} \,. \qquad (6.15)$$

Hier ist $N' = N \int_0^{\Lambda} 4\pi p^2 \mathrm{d}p/(2\pi\hbar)^3 = N\Lambda^3/6\pi^2\hbar^3$ die mit N multiplizierte Raumdichte der Impulszustände, und $\bar{p}$ ist ein geeigneter Mittelwert, etwa zwei Drittel vom Cut-off Λ.

Die Gleichung für die Konstituentenmasse („*gap equation*") heißt dann

$$M = A/c^2 = 2G\,N' \frac{M}{c\sqrt{\bar{p}^2 + M^2c^2}} \,. \qquad (6.16)$$

Die Lösung $M = 0$ existiert immer. Wenn aber $(2GN')^2 > \bar{p}^2/c^2$ ist, so existiert noch eine weitere Lösung

$$(Mc^2)^2 = (2GN')^2 - (\bar{p}c)^2 \,. \qquad (6.17)$$

In der Tat minimiert die zweite Lösung mit einer endlichen Masse die Energie des Systems. Hier sieht man klar den Phasenübergang als Funktion der Kopplungsstärke G. Unter einem kritischen Wert von G bekommt man nur die triviale Lösung $M = 0$, oberhalb $M > 0$ (Abb. 6.5).

Erinnern wir uns hier an (5.25), die den Phasenübergang zum Ferromagnetismus beschreibt, und vergleichen sie mit (6.16) für den chiralen

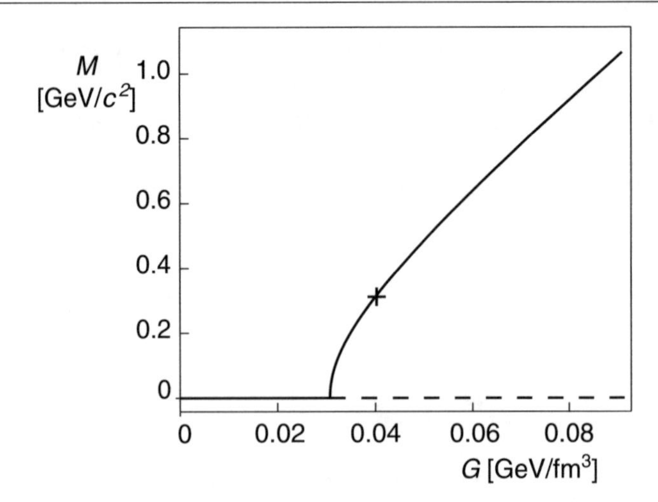

Abb. 6.5. Die Abhängigkeit der Konstituentenmasse von der Kopplungsstärke. Das Kreuz entspricht den realistischen Werten $G = 0.040\,\mathrm{GeV\,fm}^3$, $\Lambda = 0.631\,\mathrm{GeV}/c$, $M = 0.335\,\mathrm{GeV}/c^2$

Phasenübergang. In beiden Gleichungen sind die Ordnungsparameter „M"s (Magnetisierung bzw. Konstituentenmasse) mit einer positiven Rückkopplung verbunden.

Das nicht-relativistische Quarkmodell beschreibt die Grundzustände und die niederenergetischen Anregungen der Hadronen recht gut. Die Massen der Baryonen $M_{\mathrm{B}} \approx 3m_{\mathrm{q}}$ und die der Mesonen $M_{\mathrm{q\bar{q}}} \approx 2m_{\mathrm{q}}$ sind durch (6.4) und (6.2) gut wiedergegeben. Die Ausnahme ist die Masse des Pions. Sie ist um einen Faktor 5 kleiner als die doppelte Quarkmasse. Im Konstituentenquark-Modell wird die starke Spin-Spin-Wechselwirkung für diese Massenreduktion verantwortlich gemacht. Das ist qualitativ auch richtig. Einen so großen Massendefekt jedoch nicht-relativistisch zu berechnen, ist Unfug. Wir wollen im Rahmen des NJL-Modells zeigen, dass die kleine Pionmasse die Konsequenz der chiralen Symmetriebrechung ist.

6.3.2 Pion

Die Pionmasse bestimmen wir in unserem vereinfachten Modell ähnlich wie die Masse des Konstituentenquarks. Das Pion mit $J^\pi = 0^-$ koppelt an die Quark-Antiquark-Paare mit einer pseudoskalaren Wechselwirkung. In Abb. 6.6 vergleichen wir den Pionpropagator mit seiner Entwicklung nach den Quark-Antiquark-Fluktuationen. Die linke Sei-

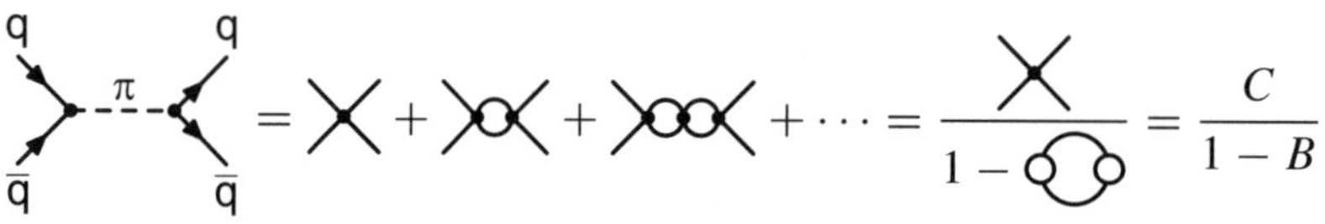

Abb. 6.6. Die linke Seite der Gleichung beschreibt die resonante Quark-Quark-Streuung durch das Pion, die rechte das entsprechende mikroskopische Bild der Streuung durch die Quark-Antiquark-Paare, gekoppelt mit den Quantenzahlen des Pions. Die Punkte (*volle Kreise*) entsprechen dem Vertex $2G$; der leere Kreis entspricht jedoch keinem zusätzlichen Faktor, weil dieser Vertex in der geometrischen Reihe schon der Nachbarschleife zugeschrieben wird

te der Abb. 6.6 beschreibt die resonante Quark-Quark-Streuung durch das Pion,

$$(\mathrm{q}\bar{\mathrm{q}} \to \pi \to \mathrm{q}\bar{\mathrm{q}}) = -\mathrm{i}(\hbar c)^3 \frac{(\mathrm{i}\gamma_5 g_{\pi qq})(g_{\pi qq}\mathrm{i}\gamma_5)}{E^2 - m_\pi^2 c^4} , \tag{6.18}$$

die rechte Seite stellt die mikroskopische Beschreibung des Pions dar. Der pseudoskalare Anteil der Kontaktwechselwirkung hat den Wert

$$C = \times = -\mathrm{i} \ \cdot \mathrm{i}\gamma_5(-2G)\mathrm{i}\gamma_5 . \tag{6.19}$$

Der Vergleich von linker und rechter Seite ergibt die Pionmasse und die effektive Kopplungskonstante $g_{\pi\mathrm{qq}}$,

$$(\hbar c)^3 \frac{g_{\pi\mathrm{qq}}^2}{E^2 - m_\pi^2} = \frac{-2G}{1-B} . \tag{6.20}$$

Aus der Lage des Pols erkennt man die Pionmasse ($B(E \to m_\pi) = 1$) und aus dem Zähler die Kopplungskonstante. Die Herleitung von B ist analog zu der des Integrals A. Für das Verständnis des Resultats ist nur zu berücksichtigen, dass in der Schleife B zwei Propagatoren für ein bekleidetes Quark stehen, in A nur einer. Nachdem man die Spur über die γ-Matrizen nimmt, zeigt es sich, dass sich die beiden Integrale für $E = 0$ nur um einen Faktor Mc^2 unterscheiden:

$$B(E^2 = 0) = 2G\,\mathrm{i} \int \frac{\mathrm{d}^4 p}{(2\pi)^4 \hbar^3 c} \mathrm{Tr} \frac{1}{p^\mu p_\mu - M^2c^2 + \mathrm{i}\delta} = \frac{A}{Mc^2} = 1 , \tag{6.21}$$

was genau dem Ausdruck in (6.15) entspricht, nur ohne den Faktor Mc^2. Mit der perfekten chiralen Symmetrie (Quarkmasse $m_0 = 0$) bekommt man tatsächlich den Pol $[1 - B(E^2 = 0)]^{-1} = \infty$ bei einer Energie gleich Null, was einem masselosen Pion entspricht.

6.3.3 Verallgemeinerung auf $m_0 \geq 0$ und zwei Quarkflavours

Die up- und down-Quarks haben allerdings eine kleine Masse, etwa 2 % der Konstituentenmasse, und daher ist die chirale Symmetrie schon von vornherein leicht gebrochen. Deswegen unterscheiden sich auch die Konstituentenmassen der up- und down-Quarks. Der Unterschied ist jedoch winzig, er ist vergleichbar mit dem der nackten Quarks.

Bei der chiralen Symmetriebrechung muss man zwei Effekte berücksichtigen: die explizite Symmetriebrechung wegen des Massenterms $m_0 \neq 0$ im Hamilton-Operator (6.8) und – wegen der spezifischen Wechselwirkung – die spontane Symmetriebrechung. Letztere ergibt einen viel größeren Beitrag (A) zur Konstituentenmasse $(Mc^2 = m_0c^2 + A)$ als die explizite (m_0c^2).

Die explizite chirale Symmetriebrechung ist für die Bestimmung der Pionmasse viel wichtiger als bei den Quarkmassen. Gäbe es nur die spontane Symmetriebrechung, dann wäre das Pion ein exaktes Goldstone-Boson mit der Masse gleich Null. Wegen der expliziten Symmetriebrechung als Folge der endlichen Masse des nackten Quarks $(m_0 \neq 0)$ bleibt die Pionmasse zwar klein, ist aber nicht Null.

Da die Pionen aus Quarks mit zwei Flavours aufgebaut sind, bekommen wir drei und nicht nur ein Pion.

6.3.4 Das Pion als kollektiver Zustand

Man bekommt eine tiefere Einsicht in den besonderen Charakter des Pions, und dadurch auch in den Mechanismus, der zum Goldstone-Boson führt, wenn man es als einen kollektiven Vibrationszustand der Teilchen-Loch-Zustände (Quark-Antiquark-Paare) betrachtet. Das Modell, dass wir hier beschreiben, ist sehr ähnlich dem Modell der Riesenresonanzen in der Kernphysik (Kap. 14) und dem Modell der lokalisierten Schwingungsmoden in Kristallen (Kap. 9). Während man im Schalenmodell der Kernphysik ein Nukleon aus der gefüllten in die Valenzschale anregt, kann man in der Hadronenphysik ein Quark aus der Dirac-See in die Fermi-See befördern (Abb. 6.7). Wohl bemerkt: unsere Teilchen sind Konstituentenquarks, die Antiteilchen sind die Löcher im Dirac-See der Konstituentenquarks. Der kollektive Zustand besteht dann aus einer Superposition von vielen Teilchen-Loch-Quark-

Antiquark-Konfigurationen ϕ_i,

$$|\Phi\rangle = \sum_{i=1}^{N'} c_i |\phi_i\rangle \ . \tag{6.22}$$

Hier bezeichnet der Index $i \equiv (p, c, f, s)$ Impuls, die Farbe, Flavour und die Spinkomponente des Quarks und die entgegengesetzten Werte für das Antiquark, sodass das Pion zu Impuls, Farbe und Spin gleich Null gekoppelt wird. N' ist wie in (6.15) und (6.17) die Anzahl der Quantenzustände pro Volumeneinheit.

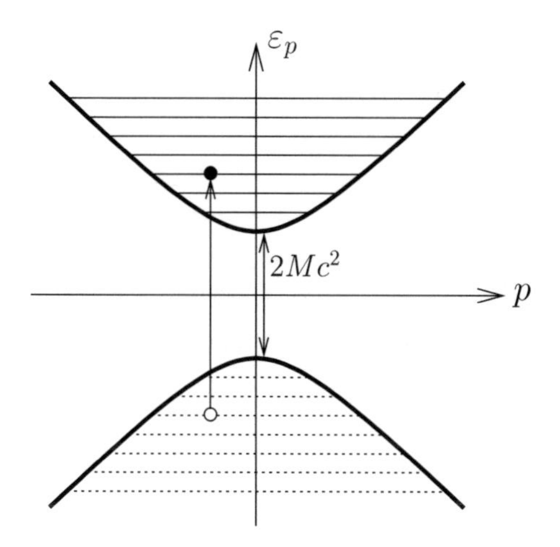

Abb. 6.7. Quarkanregung aus der Dirac-See in die Fermi-See

Mit diesem Ansatz lösen wir die Schrödingergleichung $H|\Phi\rangle = E|\Phi\rangle$. Die Koeffizienten c_i genügen der Säkulargleichung

$$\begin{pmatrix} E_1 - 2G & -2G & -2G & \cdots \\ -2G & E_2 - 2G & -2G & \cdots \\ -2G & -2G & E_3 - 2G & \cdots \\ \vdots & \vdots & \vdots & \ddots \end{pmatrix} \cdot \begin{pmatrix} c_1 \\ c_2 \\ c_3 \\ \vdots \end{pmatrix} = E \cdot \begin{pmatrix} c_1 \\ c_2 \\ c_3 \\ \vdots \end{pmatrix} . \tag{6.23}$$

Die Diagonalelemente enthalten die ungestörte Energie des Quark-Antiquark-Paares, $E_i = 2\sqrt{(Mc^2)^2 + (p_i c)^2}$, und die Wechselwirkung ist laut (6.19) in allen diagonalen und nichtdiagonalen Elementen gleich $-2G$.

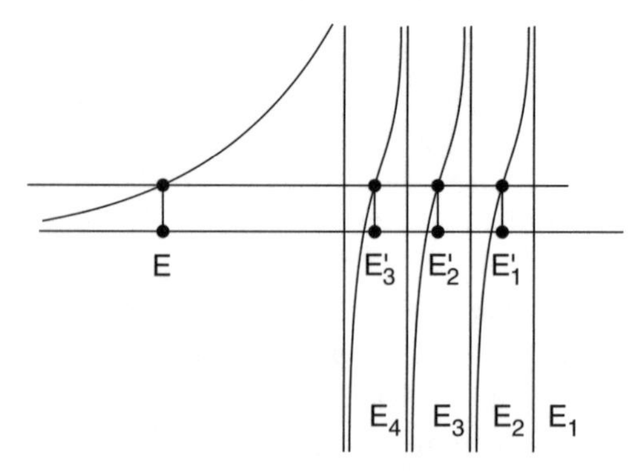

Abb. 6.8. Grafische Darstellung der Lösung der Säkulargleichung für das Pion. E_i sind ungestörte Energien, E_i' diagonalisierte Energien, E_π die Energie des kollektiven Zustandes (Grundzustand des Pions, $E_\pi = m_\pi c^2$)

Um die Analogien in verschiedenen Gebieten der Physik zu betonen, werden wir für die Beschreibung der kollektiven Zustände sowohl in diesem Kapitel als auch in Kap. 9 (Lokalisierte Schwingungsmoden) und Kap. 14 (Riesenresonanzen in Kernen) denselben schematischen Formalismus anwenden. Für die Lösung der Säkulargleichung drücken wir die Koeffizienten c_i bei diagonalen Elementen als Summe aller anderen Koeffizienten aus,

$$c_i = \frac{-2G}{E - E_i} \sum_{j=1}^{N'} c_j, \tag{6.24}$$

wobei $\sum_j c_j$ eine Konstante ist. Summieren wir beide Seiten über alle N' Quark-Antiquark-Zustände und berücksichtigen, dass $\sum_i c_i = \sum_j c_j$, so ergibt sich als Lösung der Säkulargleichung die Beziehung

$$1 = \sum_{i=1}^{N'} \frac{-2G}{E - E_i}. \tag{6.25}$$

Die Lösungen dieser Gleichung lassen sich am besten grafisch darstellen (Abb. 6.8). Die rechte Seite von (6.25) hat Pole an den Stellen $E = E_i$. Die Lösungen E_i' ergeben sich dort, wo die rechte Seite Eins ist. Diese sind auf der Abszisse gekennzeichnet. Die $(N' - 1)$ Eigenwerte sind zwischen den ungestörten Energien E_i „eingesperrt“. Der Ausreißer, mit E_π bezeichnet, ist der kollektive Zustand (Grundzustand des Pions). Für die anziehende Wechselwirkung liegt der kollektive Zustand unterhalb der Quark-Antiquark-Zustände.

Um eine quantitative Abschätzung der Energieverschiebung zu bekommen, nehmen wir, dass alle Zustände entartet sind, d. h. die Energien $\bar{E}_i$ sind für alle i gleich und einen durchschnittlichen Impuls $\bar{p}$ an. Dann erhalten wir laut (6.17)

$$\bar{E}_i = 2\sqrt{(Mc^2)^2 + (\bar{p}c)^2} = 4GN' \tag{6.26}$$

und die Energie des kollektiven Zustandes

$$E_\pi = 4GN' - N' \cdot 2G = 2GN'. \tag{6.27}$$

Die Massen der normalen Quarkonia liegen in der Nähe oder oberhalb der zweifachen Konstituentenquarkmasse M. Das Pion ist ein Ausreißer. Wegen des kollektiven Effekts verringert sich seine Ruhemasse, in unserer Näherung von $4GN'$ zu $2GN'$. Hier würden die Pionen eine Masse von ca. 300 MeV haben. Eine etwas realistischere Rechnung mit einer Vergrößerung des Konfigurationsraumes würde tatsächlich die Pionmasse zu Null bringen. Dies sprengt jedoch den Rahmen dieser Betrachtung. Damit haben wir versucht, die Äquivalenz der beiden Betrachtungen, das Pion als kollektiver Zustand und das Pion als Goldstone-Boson, anzudeuten.

Bei der vollkommenen chiraler Symmetrie – im Einklang mit dem Goldstone-Theorem – wird die kontinuierliche globale Symmetrie spontan gebrochen und es existiert eine *soft mode* mit der Eigenfrequenz Null. Wenn aber die nackte Masse $m_0 \neq 0$ ist, wird die chirale Symmetrie explizit gebrochen, und das Pion bekommt eine endliche, jedoch kleine Ruhemasse ($E_\pi = m_\pi c^2 = 140\,\text{MeV}$).

Man kann sich das Pion als eine klassische Schwingung in einem Potential vorstellen, das die Vakuumlösung des NJL-Modells als Funktion des Ordnungsparameters $M\mathrm{e}^{\mathrm{i}\phi}$ beschreibt (Abb. 6.9). Hier ist M die Konstituentenquarkmasse und ϕ eine beliebige Phase. Das Pion (die *soft mode*, $\hbar\omega \to 0$) entspricht der Schwingung entlang des Grabens, des Phasenwinkels ϕ, und das σ-Meson entspricht der Schwingung in der steilen Richtung quer zum Graben ($\hbar\omega \approx 2Mc^2$).

Es bleibt die Frage: warum nur das Pion solch ein Goldstone-Boson ist (und bei drei leichten Flavours in gewissem Maß auch das Kaon). Wegen der chiralen Symmetrie enthält der Hamilton-Operator im NJL-Modell (6.8) zwei Terme. Der erste ist verantwortlich für die

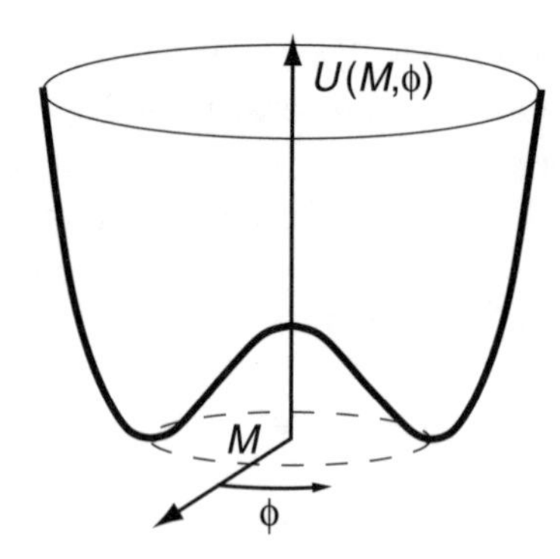

Abb. 6.9. Die Darstellung des Pions und des σ-Mesons als Eigenschwingungen in einem Potential mit spontan gebrochener chiralen Symmetrie. In der amerikanischen Literatur wird das abgebildetes Potential als „Mexican Hut"-Potential bezeichnet. Das Pion (die *soft mode*, $\hbar\omega \to 0$) entspricht der Schwingung entlang des Phasenwinkels ϕ und das σ-Meson der Schwingung in der steilen Richtung quer zum Graben ($\hbar\omega \approx 2Mc^2$)

Konstituentenquark-Masse, generiert aber keinen kollektiven Zustand. Er stellt die Wechselwirkung zwischen Quark-Antiquark-Paaren mit Quantenzahl 0^+ dar. Der Zustand mit der Energie gleich Null stellt keinen neuen, unabhängigen Zustand dar, und ist mit dem Vakuum identisch. Der zweite Term stellt die Wechselwirkung zwischen Quark-Antiquark-Paaren mit Quantenzahl 0^- dar und erzeugt den kollektiven Zustand: das Pion.

Weiterführende Literatur

B. Povh, K. Rith, Ch. Scholz, F. Zetsche: *Teilchen und Kerne* (Springer, Berlin Heidelberg 1999)

S. P. Klevansky: *The Nambu-Jona-Lasino model of quantum chromodynamics* Rev. Mod. Phys. **64** (1992) 649

KAPITEL 7

Kovalente und ionische Bindung

Durch das Einfache geht der Eingang zur Wahrheit.
Lichtenberg

Die Bindungsenergien der Atome wurden durch die Bedingung bestimmt, dass die Gesamtenergie des isolierten Atoms, die Summe aus potentieller und kinetischer Energie der Elektronen, ein Minimum besitzt. In Wechselwirkung mit anderen Atomen bilden sie komplexere Strukturen wie Moleküle, Gläser oder Kristalle. Durch die Ladungsverschiebung der äußeren Elektronen ist die Gesamtenergie im Molekül niedriger als die Summe der Energien isolierter Atome. In diesem Kapitel betrachten wir nur die chemische Bindung, die zu einer kompakten molekularen oder kristallinen Struktur führt. Diese kann man näherungsweise aus zwei idealisierten einfachen Bindungsmodellen zusammensetzen: der kovalenten und der ionischen Bindung. Die metallische Bindung ist eine *delokalisierte* kovalente Bindung. Wir behandeln diese in Kap. 13 als ein Beispiel für ein entartetes fermionisches System.

7.1 Kovalente Bindung

Das ideale Beispiel einer rein kovalenten Bindung ist das Wasserstoffmolekül. Dieses Beispiel ist auch sehr ansprechend, da man es fast *on the back of an envelope* skizzieren kann. In unserer qualitativen Betrachtung benutzen wir Molekülorbitale, um zu verdeutlichen, dass die kovalente Bindung eine rein elektrostatische Angelegenheit ist und kein „Austauschphänomen", wie die alternative Betrachtung mit atomaren Orbitalen nahe legt.

In Lehrbüchern werden üblicherweise Atomorbitale als Basis benutzt. Die zwei getrennten Wasserstoffatome nähern sich einander. Wenn die Elektronen der beiden Atome anfangen sich zu überlappen, muss man die Gesamtwellenfunktion bilden. Um die symmetrische

Ortswellenfunktion zu beschreiben, benutzt man Austauschkoordinaten, die aber keine physikalische Bedeutung haben. Die Elektronen sind „ausgetauscht“ nur in dem Sinne, dass im molekularen Quantenzustand die Zuordnung der Elektronen zu einzelnen Protonen nicht mehr möglich ist.

In unserer Herleitung fangen wir mit dem Heliumatom an, dessen Kern in zwei Deuteronen spaltet, und überlegen, was dabei mit der Elektronenhülle passiert. Wir werden allerdings nicht mit den Deuterium-, sondern mit Protonenmassen rechnen, da die kovalente Bindung sowohl für $^1H_2$, als auch $^2H_2$ sehr ähnlich ist.

7.1.1 Das Wasserstoffmolekül – ein Fall gebrochener Symmetrie

Die beiden Elektronen im Grundzustand des Moleküls sind zum Gesamtspin $S = 0$ gekoppelt, ihre Ortswellenfunktion ist symmetrisch und entspricht vorwiegend einem Molekülorbital mit Bahndrehimpuls $L = 0$. Wir zeigen hier, dass im Falle des Wasserstoffmoleküls die Molekülorbitale auch schnell zum Ziel führen. Die Hauptanziehung ensteht durch die heliumatomähnliche Ladungsverteilung der Elektronen um die beiden Wasserstoffkerne.

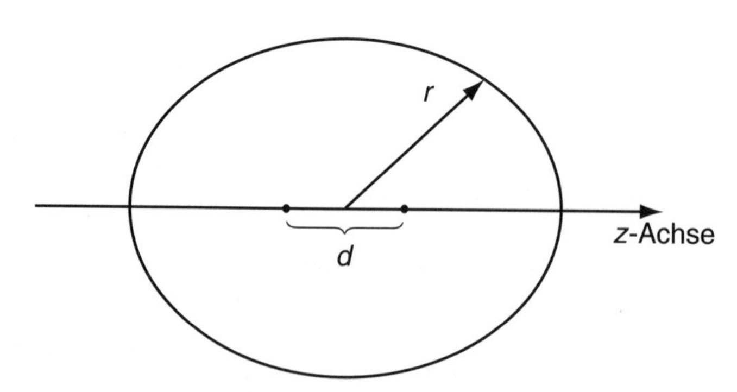

Abb. 7.1. Der Abstand zwischen den beiden Protonen ist d, die Entfernung des Elektrons vom Molekülschwerpunkt r; die Kontur des Wasserstoffmoleküls bei einem Radius $r \approx 2a_0$ hat einen Wert von 0.001 Elektron$/a_0^3$

Der Abstand zwischen den beiden Protonen sei d und die Entfernung des Elektrons vom Molekülschwerpunkt r (Abb. 7.1). Für $d/2 \ll r$ ist die Gesamtenergie der Elektronen gleich der im Heliumatom. Für

$d/2 \gg r$ muss man berücksichtigen, dass die Elektronen meistens jeweils nur ein Proton sehen, und die Gesamtenergie der zweier getrennter Wasserstoffatome entspricht. Die Verbindung zwischen den beiden Bereichen simulieren wir durch folgenden Ansatz für die Gesamtenergie des Wasserstoffmoleküls

$$\begin{aligned} E &= 2\frac{\bar{p}^2}{2m} - 2\frac{\alpha\hbar c}{\bar{r}}\left[1 + \left(1 - \mathrm{e}^{-2\bar{r}^2/d^2}\right)\right] \\ &\quad + 0.6\frac{\alpha\hbar c}{\bar{r}}\left(1 - \mathrm{e}^{-2\bar{r}^2/d^2}\right) + \frac{\alpha\hbar c}{d} \,. \end{aligned} \tag{7.1}$$

Der letzte Term berücksichtigt den Beitrag zur Gesamtenergie, die durch die Abstoßung der Protonen entsteht, die ersten drei Terme stehen für den Beitrag der Elektronen. Für $\bar{r} \gg d/2$ ist dieser Beitrag aus (7.1) gleich dem im Helium (siehe (5.6)), für $\bar{r} \ll d/2$ gleich dem in zwei getrennten Wasserstoffatomen.

Wir werden sehen, dass sich die Elektronen meistens bei $\bar{r} > d/2$ aufhalten und wir – wie im Falle des Heliumatoms – $\bar{r}\,\bar{p} = \hbar$ einsetzen dürfen. Wenn wir für $\bar{r}$ und d die Skala des Bohrschen Radius a_0 einführen, $\xi = \bar{r}/a_0$ und $\eta = d/2a_0$, lautet die Gleichung

$$E = \left\{\frac{2}{\xi^2} - \frac{4}{\xi}\left[1 + 0.7\left(1 - \mathrm{e}^{-\xi^2/2\eta^2}\right)\right] + \frac{1}{\eta}\right\}\mathrm{Ry}\,, \tag{7.2}$$

dabei ist Ry die Rydberg-Konstante (4.4).

In Abb. 7.2 ist die Gesamtenergie, d. h. die Summe aus Elektronenanziehung E' und Protonenabstoßung, aufgetragen. Das Minimum liegt bei $d \approx a_0$ und der wahrscheinlichste Radius im Molekül ist $\bar{r} = 0.9a_0$. Die daraus resultierende Bindungsenergie ist $E_{\text{bind}} = E + 2\,\mathrm{Ry} = -0.47\,\mathrm{Ry}$. Vergleichen Sie diese Werte mit den experimentellen Werten $d = 1.43a_0$ und $E_{\text{bind}} = -0.34\,\mathrm{Ry}$.

Das Resultat zeigt, dass die Annahme $\bar{r} > d/2$ berechtigt ist und die Elektronenverteilung dem Heliumatom ähnlich ist. Es soll hier nochmals betont werden, dass für die Verteilung der Elektronen der effektive Radius $\sqrt{\langle r^2\rangle}$ maßgebend ist, der etwa 1.7 mal größer als der wahrscheinlichste Radius ist.

Die Frage bleibt jedoch, wie gut die Annahme einer kugelsymmetrischen Ladungsverteilung ist. Die zwei Ladungszentren zerstören die Kugelsymmetrie. Das kann man am besten durch die Betrachtung der Rotationszustände des Moleküls testen. Die magnetischen Momente der Rotationszustände setzen sich zusammen aus den magnetischen

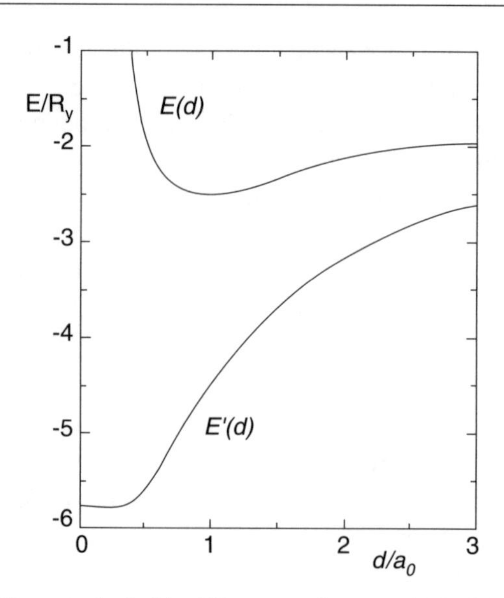

Abb. 7.2. Die Energie der beiden Wasserstoffatome als Funktion des Abstandes d zwischen den Kernen. E' bedeutet die Bindungsenergie der Elektronen an die beiden Wasserstoffatome in Abhängigkeit vom Abstand d. Für $d = 0$ bekommen wir die Bindungsenergie des Heliumatoms, -5.8 Ry; für $d \to \infty$ die Bindungsenergie der beiden Wasserstoffatome, -2 Ry. Die Gesamtenergie E erhält man, indem man zu E' die Abstoßung zwischen den Kernen addiert

Momenten der rotierenden Protonen und – mit entgegengesetztem Vorzeichen – der Elektronen. Das gemessene magnetische Moment des Wasserstoffmolekül im ersten angeregten Zustand ($J = 2$), ist $\mu_{H_2} = (0.88291 \pm 0.0007)\mu_N$. Hier ist μ_N das Kernmagneton. Zwei Protonen, die um ihren Schwerpunkt mit einem Drehimpuls $\hbar$ rotieren, erzeugen das magnetisches Moment der Größe eines Kernmagnetons. Der etwa 12 % kleinere Wert weist auf einen, jedoch kleinen, Beitrag der Elektronen zu dem magnetischen Moment hin. Die Elektronen mit $S = 0$ und $L = 0$ tragen zur Rotation nicht bei. Der Beitrag kommt von den Elektronen mit $L = 2$. Das bedeutet, dass wir neben der kugelsymmetrischen noch eine quadrupole Elektronenverteilung haben. Aus den experimentellen Werten für das magnetische Moment, das Quadrupolmoment ($Q = \langle 3z^2 - r^2 \rangle = 0.59a_0^2$) und den quadratischen Radius der Elektronen im Wasserstoffmolekül ($\langle r^2 \rangle = 2.59a_0^2$) folgt, dass die Wahrscheinlichkeit, das Elektron im Zustand $L = 2$ zu finden, etwa 20 % beträgt.

In Abb. 7.3 sind die Elektronendichten im Wasserstoffmolekül grafisch dargestellt. Die chemische Bindung ist ein elektrostatischer Effekt: die Elektronen, die an der Bindung beteiligt sind, spüren die doppelte Ladung, verglichen mit der Ladung eines einzelnen Atoms. Diese Anziehung ist größer als die Abstoßung der beiden Protonen.

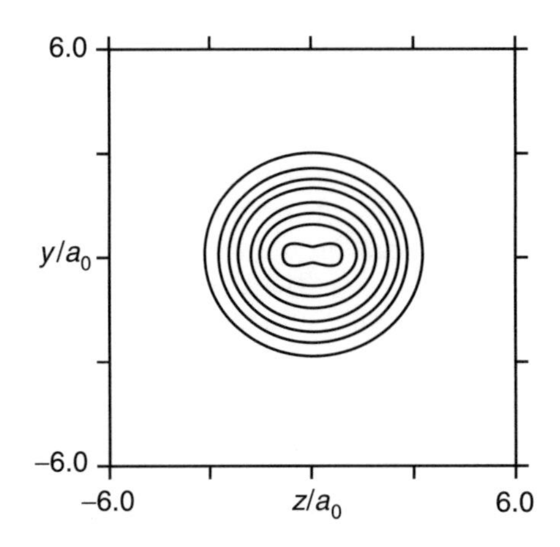

Abb. 7.3. Resultat einer exakten Rechnung der Elektronenverteilungen im Wasserstoffmolekül. Die Konturen entsprechen Elektronendichten (*von außen nach innen*) von 0.0010, 0.0025, 0.0050, 0.01, 0.025, 0.05, 0.10, und 0.25 Elektronen/a_0^3

7.1.2 Analogie

Zeichnen wir das Potential des Wasserstoffmoleküls im Raum (s. Abb. 7.4). Aufgrund der Tatsache, dass die Kugelsymmetrie gebrochen ist, bekommen wir zwei neue Anregungsmoden: Die Rotation um die Symmetrieachse entlang des Winkels ϕ und die radialen Schwingungen quer zum Potentialgraben. Die Potentiale in „analogen" Fällen der chiralen Symmetrie (Abb. 6.9) und des Higgs-Feldes (Abb. 16.6) zeigen durchaus eine Ähnlichkeit zu dem Potential des Wasserstoffmoleküls. Man würde dies jedoch nicht gerade als ein „*Mexican hat*"bezeichnen, eher als ein „Hirten-Hut"-Potential. Der Rotation und der Vibration im Falle der chiralen Symmetrie und des Higgs-Feldes entsprechen quantisierte Wellen – Mesonen bzw. Higgs-Bosonen – da es sich dort um unendlich viele gekoppelte Freiheitsgrade handelt.

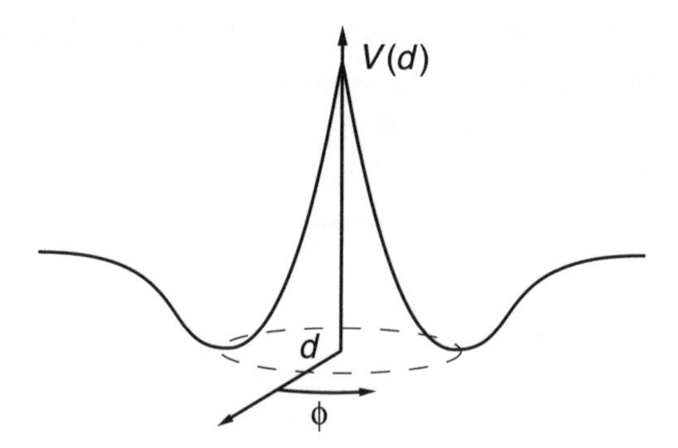

Abb. 7.4. Das Wasserstoffmolekül-Potential in Abhängigkeit vom interatomaren Abstand d. Die Reichweite der Kernkraft ist stark übertieben, der Verlauf bei d kleiner als Kernradius ist nicht gezeigt. Mit dem Winkel ϕ ist die Richtung der Rotation gegeben. Die Vibrationszustände entsprechen der Bewegung der Atome in der radialer Richtung

7.1.3 Kovalente Bindung in der (2s,2p)-Schale

Ähnlich wie H_2 kann man auch andere symmetrische zweiatomige Moleküle, Li_2, N_2, O_2, ... behandeln. Der Quadrupolanteil der Elektronenwolke ist in schwereren Molekülen größer als in leichteren, weil die Abstände zwischen den Atomen durch die Abstoßung auch größer sind.

Besonders interessant ist die kovalente Bindung beim Kohlenstoff, die zu der immensen Vielfalt der organischen Moleküle führt. Es ist auffällig, dass in den Fällen C–H, C–C, C=O die Bindungsenergien für jede einzelne kovalente Bindung sich nur um maximal 10 % unterscheiden, sie liegen bei etwa 4.5 eV. Den gleichen Wert, innerhalb der 10 %, haben die Bindungen von H–H im Wasserstoffmolekül und von O–H im Wassermolekül. Offensichtlich können die Molekülorbitale in all diesen Fällen mit den Atomwellenfunktionen leicht beschrieben werden. Das wird durch die Superposition der 2s- und 2p-Zustände erreicht (die so genannte Hybridisierung). Das Resultat der Hybridisierung sind charakteristische Winkel zwischen den Bindungen.

Die Sauerstoffdoppelbindung (O=O) ist eine kovalente Bindung. Die Bindungsenergie ist jedoch nur so groß wie die einfache Bindungsenergie bei leichteren Atomen der (2s,2p)-Schale und dem Wasserstoffmolekül.

Das Sauerstoffatom hat eine fast vollbesetzte Schale, aber nur zwei Elektronen, die sich an der Bindung beteiligen. Die restlichen stoßen wegen des Pauli-Prinzips die Atome ab. Das führt zu einem größeren interatomaren Abstand, wodurch die gemeinsamen Orbitale eine kleinere Überlappung haben. Die Bindungsenergie im Sauerstoffmolekül ist um einen Faktor Zwei – verglichen mit den oben erwähnten Verbindungen – reduziert.

Das O_2-Molekül mit einer Doppelbindung enthält also nur etwa 2.3 eV pro Bindung. Daher gewinnt man beim Verbrennen von Kohlenstoff, Wasserstoff oder anderen Verbindungen mit Sauerstoff 2.2 eV pro Bindung. Daher findet sich der chemisch sehr aktive Sauerstoff hauptsächlich in chemischen Verbindungen. Der atmosphärische Sauerstoff wird ständig als Nebenprodukt der Photosynthese nachgeliefert.

7.1.4 Energiequelle Sauerstoff

Man redet von fossilen Energiequellen und meint Kohle, Gas und Erdöl. Die Energie ist jedoch im Sauerstoff der Atmosphäre gespeichert! Betrachten wir die Verbrennung von Methan mit Sauerstoff:

$$CH_4 + 2O_2 \rightarrow CO_2 + 2H_2O \; . \tag{7.3}$$

Die Zahl der kovalenten Bindungen bleibt bei der Reaktion erhalten, die vier schwachen Sauerstoffbindungen werden durch vier starke ersetzt. Die Photosynthese, die den Sauerstoff vom Kohlenstoff trennt, hat die Energie in der schwachen Bindung des Sauerstoff gespeichert.

7.2 Ionische Bindung

Die typischen Vertreter dieser Bindung sind LiF, NaCl, CsI, ... Der Vergleich mit dem Experiment (elektrische Dipolmomente der Moleküle) zeigt, dass das Elektron des Alkaliatoms sich zu 90 % auf das Halogenatom verlagert. Die beiden Ionen haben dann eine edelgasähnlich abgeschlossene Schale. Wir werden nun annehmen, dass sich das Elektron vollständig verlagert hat. Die beiden Ionen ziehen sich an, bis eine weitere Überlappung der Elektronenhüllen durch das Pauli-Prinzip einsetzt. Im Falle des NaCl findet das bei einem Abstand $d = 0.24\,\text{nm}$ statt. (Im Kristall, siehe Abb. 1.6, ist der Abstand etwas größer, $d = 0.28\,\text{nm}$). Die Bindungsenergie der Moleküle, gemessen an den freien Ionen, ist dann

$$E - E_{\text{Ionen}} = -\frac{\alpha \hbar c}{d} = -\frac{2\,\text{Ry}}{d/a_0} = -5.6\,\text{eV} \; . \tag{7.4}$$

Wichtiger als diese Zahl ist die Bindungsenergie, gemessen an neutralen Atomen. Um einem Alkaliatom ein Elektron wegzunehmen und auf ein Halogenatom zu übertragen, werden 1.5 eV gebraucht. Dadurch ergibt sich für NaCl eine Bindungsenergie von

$$E - E_{\text{Atome}} = -4.1\,\text{eV}. \tag{7.5}$$

Die ionischen Moleküle finden wir meistens in Kristallen eingebaut. Die ionische Ladung ist nicht abgeschirmt, und man muss die langreichweitige Coulomb-Kraft berücksichtigen. Im Kristall wird die Bindungsenergie pro Atom auf etwa 78 % reduziert, d. h. nicht nur die Anziehung durch die unmittelbaren Nachbarn, die entgegengesetzt geladen sind, sondern auch die Wechselwirkungen mit den weiter entfernten Ionen gleicher und entgegengesetzter Ladung sind relevant.

Weiterführende Literatur

W. Demtröder: *Experimentalphysik 3* (Springer, Berlin Heidelberg 2000)

V. F. Weisskopf: *Search for Simplicity: The molecular bond*, Am. J. Phys. **53** (1985) 399

V. F. Weisskopf: *Search for Simplicity: Chemical energy*, Am. J. Phys. **53** (1985) 522

N. F. Ramsey: *Molecular Beams* (Oxford Univ. Press, N.Y. 1958)

KAPITEL 8

Intermolekulare Kräfte

Pluritas non est ponenda sine necessitate.
William of Occam (Ockham)

8.1 Van-der-Waals-Wechselwirkung

Neutrale Atome und Moleküle kann man sich als schnell oszillierende Dipole mit Frequenzen der Größenordnung $\hbar\omega_0 \approx \alpha\hbar c/2a_0$ und der Größe der Dipolmomente $\mu_{\mathrm{el}} \approx ea_0$ vorstellen. Eine klassische kugelsymmetrische Ladungsverteilung erzeugt keine Dipolmomente, quantenmechanisch entstehen sie jedoch aufgrund der Unschärfe der Elektronenkoordinaten (siehe (4.2)).

Durch die zeitliche Korrelation der Dipolmomente entstehen die van-der-Waals-Kräfte zwischen Atomen und Molekülen. Diese Kräfte spielen nur dann eine dominierende Rolle, wenn andere Varianten der chemischen Bindung nicht möglich sind. Das ist der Fall zwischen Atomen der Edelgase, zwischen Molekülen organischer Verbindungen und z. B. auch zwischen den Kristallebenen bei der Bindung in Graphit, die durch die kovalente Bindung formiert sind. Die folgende kurze Abhandlung der van-der-Waals-Kraft wird für das Wasserstoffatom gemacht, um die Größenordnung mit bekannten atomaren Konstanten abzuschätzen. Sicher ist die kovalente Bindung im Wasserstoffmolekül wesentlich stärker als der Beitrag der van-der-Waals-Wechselwirkung. Die Größenordnung, die wir aus diesem hypothetischen Fall ausrechnen, ist eine sehr gute Abschätzung für die van-der-Waals-Kraft zwischen Wasserstoffmolekülen.

Wir behandeln die van-der-Waals-Kraft etwas ausführlicher, da zur Zeit das Experimentieren mit dem Casimir-Effekt in Mode gekommen ist. Dieser testet die Auswirkung der Vakuumfluktuationen in makroskopischen Dimensionen.

8.1.1 Van-der-Waals-Wechselwirkung zwischen einem Atom und einer leitenden Wand

Ein Atom vor einer ideal leitenden Wand erzeugt eine Spiegelladung (Abb. 8.1), die zeitlich exakt mit dem Objekt oszilliert. Diese quasistatische Näherung gilt nur für Abstände $a_0 < d < a_0/\alpha$. Die obere Grenze kommt daher, dass bei großen Abständen das Atom und sein Bild aus der Phase geraten und man die Retardierung berücksichtigen muss. In der quasi-statischen Näherung ist die potentielle Energie des oszillierenden Dipols a vor einer ideal leitenden Wand W

$$V_{\mathrm{a,W}}(R) \approx \alpha \hbar c \frac{a_0^2}{(2d)^3} \,. \tag{8.1}$$

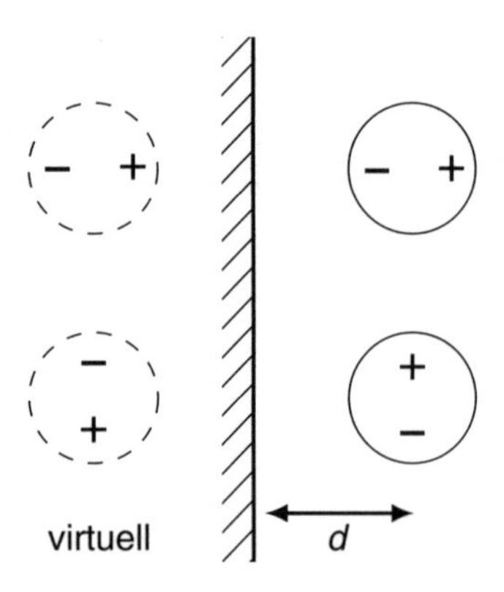

Abb. 8.1. Atom vor einer ideal leitenden Wand und dessen virtuelles Bild

8.1.2 Van-der-Waals-Wechselwirkung zwischen zwei Atomen

Die oszillierenden Dipole zweier Atome sind nicht von vornherein korreliert. Die Korrelation entsteht durch die Kommunikation zwischen den Atomen, dem so genannten Zweiphotonenaustausch. Die van-der-Waals-Wechselwirkung können wir folgendermaßen abschätzen: Die Bindungsenergie des einen Dipols im Feld des anderen ist proportional zu $V_{\mathrm{a,W}}$ (s. (8.1)). Die Anregungsenergien der Atome bei Auftreten eines Dipolmoments haben den typischen Wert von jeweils $\Delta E \approx 1\,\mathrm{Ry}$.

Dann gilt die van-der-Waals-Wechselwirkung (Atom-Atom) im Abstand R

$$V_{\mathrm{a,a}}(R) \approx \left(\alpha\hbar c \frac{a_0^2}{R^3}\right)^2 \frac{1}{2\Delta E} \approx \alpha\hbar c \frac{a_0^5}{R^6} . \tag{8.2}$$

Für Abstände $R > a_0/\alpha$ ist die Zeit R/c, die das Signal zwischen den Atomen braucht, größer als die typische Oszillationszeit $\hbar/\mathrm{Ry} = a_0/(c\alpha)$ wird. Man muß die Retardierung berücksichtigen, und erwartungsgemäß fällt die Wechselwirkungsenergie schneller als $1/R^6$ ab. Um die van-der-Waals-Wechselwirkung für die Abstände $R > a_0/\alpha$ abzuschätzen, ist eine andere Betrachtungsweise geeignet. Dieser so genannte Casimir-Effekt wurde aber besonders populär durch neue Messungen der Kräfte zwischen neutralen leitenden Flächen, und wir werden auch diese Phänomene kurz betrachten.

8.1.3 Van-der-Waals-Wechselwirkung und Casimir-Effekt

Um die Retardierung zu berücksichtigen, betrachten wir die Dipoloszillationen als Folge der Nullpunktschwingungen des elektromagnetischen Feldes. Die fluktuierenden elektrischen Felder (siehe Abschn. 4.2.1) induzieren Dipolmomente neutraler Systeme, die zu der van-der-Waals-Wechselwirkung beitragen.

Betrachten wir zwei neutrale, aber polarisierbare Objekte 1 und 2 im Abstand R voneinander. Das fluktuierende elektrische Feld $\boldsymbol{\mathcal{E}}(\boldsymbol{r}, t)$ der Nullpunktenergie polarisiert die beiden Objekte und erteilt ihnen die elektrischen Dipolmomente

$$\begin{aligned} \boldsymbol{\mu}_1 &= \varepsilon_0 \alpha_1 \boldsymbol{\mathcal{E}}(\boldsymbol{r}_1, t) \\ \boldsymbol{\mu}_2 &= \varepsilon_0 \alpha_2 \boldsymbol{\mathcal{E}}(\boldsymbol{r}_2, t), \end{aligned} \tag{8.3}$$

wobei α_1 und α_2 die Polarisierbarkeiten der beiden Objekte sind. In der folgenden Herleitung werden wir die Winkelabhängigkeit ignorieren. Die Energie des Dipols 1 im Strahlungsfeld des Dipols 2, $\boldsymbol{\mathcal{E}}_2$, ist

$$W = -\boldsymbol{\mu}_1 \boldsymbol{\mathcal{E}}_2(r_1, t) . \tag{8.4}$$

Das Strahlungsfeld eines Hertzschen Dipols der Größe μ_2, der mit einer Frequenz ω oszilliert, ist bekanntlich

$$\boldsymbol{\mathcal{E}}_2 = \frac{1}{4\pi\varepsilon_0} \boldsymbol{\mu}_2 \frac{\omega^2}{c^2 R} . \tag{8.5}$$

Der Beitrag zur Bindungsenergie der Nullpunktschwingungen mit der Frequenz ω folgt aus (8.4) und (8.5):

$$W = -\frac{\varepsilon_0}{4\pi}\alpha_1\alpha_2\boldsymbol{\mathcal{E}}_\omega(\boldsymbol{r}_1,t)\boldsymbol{\mathcal{E}}_\omega(\boldsymbol{r}_2,t)\frac{\omega^2}{c^2R} \ . \tag{8.6}$$

Hierbei sind die elektrischen Felder $\boldsymbol{\mathcal{E}}_\omega(\boldsymbol{r}_{1,2},t)$ Fourier-Komponenten von $\boldsymbol{\mathcal{E}}_{1,2}$.

Die Gesamtbindungsenergie bekommen wir durch Integration von (8.6) über den Phasenraum der Schwingungen des elektromagnetischen Feldes:

$$W = -\frac{\varepsilon_0}{4\pi}\int \alpha_1\alpha_2\boldsymbol{\mathcal{E}}_\omega(\boldsymbol{r}_1,t)\boldsymbol{\mathcal{E}}_\omega(\boldsymbol{r}_2,t)\frac{\omega^2}{c^2R}\,\frac{L^3 4\pi\omega^2\mathrm{d}\omega}{(2\pi c)^3} \ . \tag{8.7}$$

Die obere Integrationsgrenze ist $\omega \approx c/R$. Das resultiert daraus, dass für Frequenzen $\omega \gg c/R$ das Produkt $\boldsymbol{\mathcal{E}}_\omega(\boldsymbol{r}_1,t)\boldsymbol{\mathcal{E}}_\omega(\boldsymbol{r}_2,t)$ als Funktion von ω wegen der Retardierung schnell oszilliert und zu dem Integral nicht wesentlich beiträgt. Für Frequenzen $\omega \ll c/R$ kann man das Produkt als konstant annehmen, und so folgt aus der mittleren Energie der Vakuumfluktuation

$$L^3\varepsilon_0\boldsymbol{\mathcal{E}}_\omega(\boldsymbol{r}_1,t)\boldsymbol{\mathcal{E}}_\omega(\boldsymbol{r}_2,t) \approx L^3\varepsilon_0\mathcal{E}^2 \approx \hbar\omega \ . \tag{8.8}$$

Daraus folgt der Beitrag der Nullpunktfluktuation zur van-der-Waals-Wechselwirkung

$$W \approx -\int_0^{c/R} \alpha_1\alpha_2\frac{\hbar\omega^5}{c^5R}\mathrm{d}\omega \ . \tag{8.9}$$

Hier haben wir die Vorfaktoren weggelassen, da die Näherungen der Integration so grob sind, dass es nicht angemessen wäre, den Eindruck zu erwecken, dass die obere Abschätzung etwas mehr als nur eine Größenordnung liefere.

Die Polarisierbarkeit des Wasserstoffatoms ist $\alpha_\mathrm{H} \approx a_0^3$. Auch andere Atome haben Polarisierbarkeiten gleicher Größenordnung; so ist der Beitrag der Nullpunktfluktuation zur Wechselwirkung zwischen zwei Atomen

$$W_{\mathrm{a,a}} \approx -\hbar c\frac{a_0^6}{R^7} \ . \tag{8.10}$$

Diese Näherung wurde mit der Annahme hergeleitet, dass die Atome im Feld der Nullpunktoszillation erzwungen schwingen, und sie gilt deswegen nur für $R > a_0/\alpha$. Bei kleineren Abständen sind die beitragenden Frequenzen $\omega \approx c/R$ größer als die typischen Atomfrequenzen $\mathrm{Ry}/\hbar \approx \alpha c/a_0$, und die Atome können der erzwungenen Schwingung nicht folgen. Bei einem Abstand $R \approx a_0/\alpha$ ändert sich daher der Mechanismus, der zur Entstehung synchroner Dipolschwingungen und damit zur van-der-Waals-Wechselwirkung führt. Für $R < a_0/\alpha$ können sich die Nullpunktschwingungen der Atome gegenseitig synchronisieren, während für $R > a_0/\alpha$ die Synchronisation durch den gemeinsamen äußeren Einfluss der Nullpunktschwingungen des Strahlungsfeldes wirksam ist.

8.1.4 Wand-Wand-Wechselwirkung

Wie wir in Abschn. 4.2 über die Lamb-Verschiebung (s. (4.24)) hergeleitet haben, berechnet sich u_L, die Energiedichte der Nullpunktfluktuation des elektromagnetischen Feldes in einem hinreichend großen Volumen L^3, als

$$u_\mathrm{L} = \int\limits_0^{\omega_\mathrm{max}} 2\frac{\hbar\omega}{2}\frac{4\pi\omega^2\mathrm{d}\omega}{(2\pi c)^3} = \frac{\hbar\omega_\mathrm{max}^4}{8\pi^2c^3}\,. \tag{8.11}$$

Wenn wir in das große Volumen einen Plattenkondensator mit ideal leitenden Wänden einsetzen, so wirkt auf die Wände die so genannte Casimir-Kraft. Der Plattenkondensator soll Flächen der Größe S haben, und der Abstand zwischen den Flächen soll d betragen. Nur solche Fluktuationen, die Knoten an den Wänden haben, sind im Kondensator möglich. Die niedrigste Frequenz der Fluktuation entspricht einer Wellenlänge $\lambda = 2d$, woraus $\omega_\mathrm{min} = \pi c/d$ folgt. Die Energiedichte u_K im Kondensator ist die Differenz zwischen der Energiedichte u_L im L^3-Raum und der Summe der durch die Randbedingung fehlenden Fluktuationen. Das Resultat ist

$$u_\mathrm{K} \approx \int\limits_{\pi c/d}^{\omega_\mathrm{max}} \hbar\omega\frac{4\pi\omega^2\mathrm{d}\omega}{(2\pi c)^3} = \frac{\hbar\omega_\mathrm{max}^4}{8\pi^2c^3} - \frac{\pi^2\hbar c}{8d^4}\,. \tag{8.12}$$

Diese Rechnung mit scharfem Cut-off bei ω_min ist nicht genau, man sollte eigentlich die diskrete Summe der Nullpunktschwingungen in den verbleibenden Schwingungsmoden berechnen. Da die Rechnung etwas umständlich ist, geben wir hier nur das Resultat an: Die 8 im Nenner des letzten Terms von (8.12) muss durch 720 ersetzt werden. Die Differenz der Energiedichten außerhalb und innerhalb des Kondensators beträgt dann offensichtlich

$$\Delta u = u_\mathrm{K} - u_\mathrm{L} = -\frac{\pi^2 \hbar c}{720 d^4} . \tag{8.13}$$

Aus der Differenz der beiden Energiedichten können wir den Druck auf die Platten ausrechnen:

$$P_\mathrm{Casimir} = -\frac{1}{S}\frac{\mathrm{d}(\Delta u\, S d)}{\mathrm{d}d} = -\frac{\pi^2 \hbar c}{240 d^4} . \tag{8.14}$$

Die Casimir-Kraft ist in der Tat experimentell in verschiedenen Kondensatorgeometrien und bei Abständen im Bereich von μm bestätigt worden. Damit glaubt man, die Existenz der Nullpunktfluktuationen auf makroskopischen Skalen demonstriert zu haben. Eine Extrapolation des Casimir-Effekts auf astronomische Dimensionen führt jedoch zu absurden Resultaten, zu Energiedichten, die Größenordnungen über denen der heute bestimmten Energiedichten des Universums liegen.

Zeigen wir nun, dass die Formel für die Casimir-Kraft (8.14) auch aus dem Ausdruck für die retardierte van-der-Waals-Kraft (8.10) folgt. Die Wände sind jetzt aus dielektrischen Atomen mit einer Polarisierbarkeit $\alpha_\mathrm{H} = a_0^3$. Für diese Abschätzung berücksichtigen wir nur die

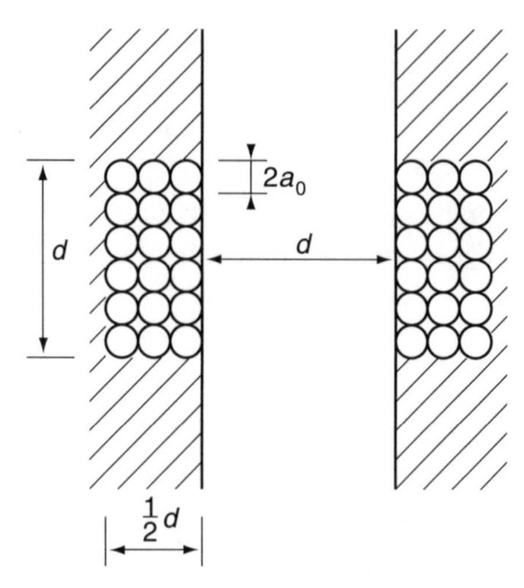

Abb. 8.2. Die Wand-Wand-Wechselwirkung als Summe der retardierten Atom-Atom-Wechselwirkung

Atome in zwei Quadern mit der Fläche $S = d^2$ und der Tiefe $d/2$ (Abb. 8.2). Die Beiträge zur Kraft außerhalb dieser Bereiche vernachlässigen wir. Die Zahl der Atome in jedem Würfel ist $N = \frac{1}{2}(d/2a_0)^3$, so bekommt man aus (8.10)

$$P_{\text{Casimir}} \approx -\frac{N^2}{S}\frac{\mathrm{d}W_{\text{aa}}}{\mathrm{d}R} \approx -\frac{7}{256}\frac{\hbar c}{d^4} \,. \tag{8.15}$$

Hier haben wir $R \approx d$ angenommen. Dies ist keine so schlechte Übereinstimmung für diese grobe Abschätzung.

8.2 Wasserstoffbrückenbindung

Eine besondere Bindung zwischen Molekülen kommt zustande, wenn sich zwei Moleküle einen Wasserstoffkern teilen. Ohne sein Elektron ist ein Wasserstoffatom ein „nacktes" Proton, ein winziges Objekt, um fünf Größenordnungen kleiner als ein Atom. Dies verleiht dem Wasserstoffatom einen Sonderstatus in der Chemie und ermöglicht einen besonderen Typ der Bindung, die Wasserstoffbrückenbindung. Diese Situation tritt auf, wenn die Energie eines Protons zwischen zwei Molekülen zwei Minima hat. In diesem Fall ist die Wellenfunktion des Protons eine Superposition der Wellenfunktionen um die beiden Minima. Das bekannteste Beispiel ist die Bindung zwischen Wassermolekülen, die zum exotischen Verhalten des Wassers führt. Der räumliche Aufbau der biologisch aktiven Moleküle wird auch durch die Wasserstoffbrückenbindung ermöglicht.

8.2.1 Wasser

Wasser hat drei bemerkenswerte Eigenschaften, die für das Leben und die Ökologie bestimmend sind. Flüssiges Wasser ($< 10°$ C) ist schwerer als Eis, hat eine außerordentlich große spezifische Wärme und ist – wegen des großen Dipolmoments – ein ausgezeichnetes Lösungsmittel.

8.2.2 Wassermolekül

Alle genannten Eigenschaften folgen aus der Struktur des Wassermoleküls. Die beiden kovalenten Bindungen, H–O–H, stehen unter einem Winkel von 104.5°. Für die Molekülorbitale ist es energetisch günstig, wenn sie eine große Überlappung mit den Atomorbitalen der Valenzelektronen haben. Zwei orthogonale 2p-Orbitale haben Maxima unter einem Winkel von 90°. Einer Superposition von 2s-2p stehen die Winkel zwischen 90° und 120° zur Verfügung, wobei eine Beimischung von 2s energetisch etwas ungünstiger ist. Die hybriden Orbitale mit einem Winkel von 104.5° (Abb. 8.3) optimieren die Coulomb-Anziehung der Elektronen mit den Protonen und die Coulomb-Abstoßung zwischen den beiden Protonen. Die Elektronenverteilung hat ihren Ladungsschwerpunkt näher am Sauerstoff als an den beiden Protonen (Abb. 8.3). Die Folge ist ein beträchtliches elektrisches Dipolmoment, ($\mu_e = 0.068\, e\, a_0$).

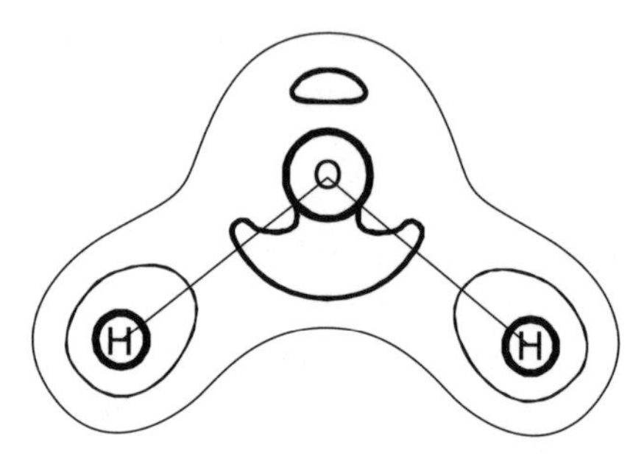

Abb. 8.3. Die Elektronenverteilung im Wassermolekül. Die Konturen entsprechen den relativen Elektronendichten von 0.10, 0.17 und 0.30

8.2.3 Modell der Wasserstoffbrückenbindung

Betrachten wir das Proton in der kovalenten Bindung mit dem Sauerstoff. Wenn sich das zweite Sauerstoffatom dem Proton nähert, sieht das Proton ein Potential mit zwei Minima (Abb. 8.4) und tunnelt durch die Potentialbarriere von einem zum anderen Minimum. Dadurch entsteht eine Energieverschiebung, die wir nur grob abschätzen werden.

Das Proton ist in einem harmonischen Oszillatorpotential an das Sauerstoffatom gebunden (Abb. 8.4 links). Die typische Vibrationsenergie des Protons im isolierten Wassermolekül ist $\Delta E_{\text{vib}} \approx 0.3\,\text{eV}$. Der Vibrationsgrundzustand hat dann eine Energie von $\approx 0.15\,\text{eV}$. Wenn jedoch das Proton die Anziehung zweier Sauerstoffatome spürt, dann ist das Potential, in dem sich das Proton bewegt, breiter als die einzelnen Potentiale (Abb. 8.4 rechts). Die Vibrationsenergie des Protons im neuen Grundzustand ist um etwa einen Faktor zwei kleiner.

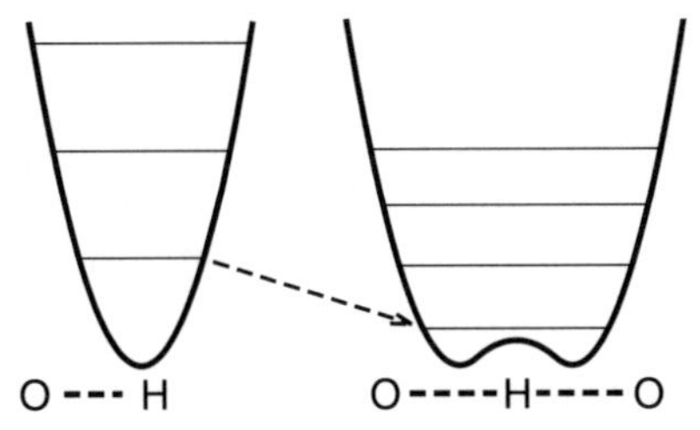

Abb. 8.4. Das Potential und die Vibrationszustände eines an Sauerstoff gebundenen Protons (*links*). Das Proton zwischen zwei Sauerstoffatomen sieht ein breiteres Potential (*rechts*), der Vibrationsgrundzustand des Gesamtsystem liegt energetisch tiefer als im linken Potential

Daraus folgt, dass die Größenordnung der Wasserstoffbrückenbindung dem Unterschied in den Energien der beiden Grundzustände entspricht, d. h. ≈ 0.1 eV.

8.2.4 Eis

Die Wasserstoffbrückenbindung führt zu einer großen Vielfalt der Kristallstrukturen des Eises. Eis in der Nähe von 0 °C hat eine sehr lockere Struktur (Abb. 8.5), da in diesem Zustand jedes Sauerstoffatom nur vier Wasserstoffbrückenbindungen zu seinen Nachbarn hat. Daher gibt es leere Zwischenräume in den Ringen, die ein hexagonales Gitter formen. Das erklärt, warum Eis leichter ist als Wasser.

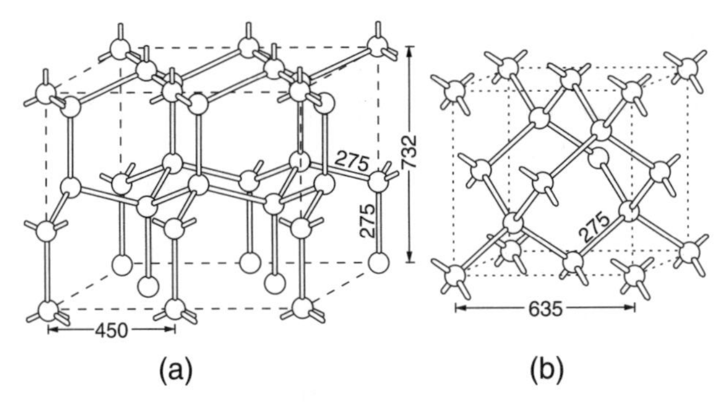

Abb. 8.5. Struktur des Eiskristalls. Die Kreise sind Sauerstoffatome, die langen Verbindungslinien, angegeben in $pm = 10^{-12}m$, entsprechen den Wasserstoffbrückenbindungen. Die Wasserstoffatome oszillieren bzw. tunneln zwischen zwei Sauerstoffatomen. Der Kristall ist in zwei Projektionen gezeichnet, um die leeren Zwischenräume zu verdeutlichen

8.2.5 Spezifische Wärme

Beim Schmelzen zerfällt zwar der Kristall, aber aufgrund der Wasserstoffbrücken bleiben noch immer Cluster von Wassermolekülen bestehen. In flüssigem Wasser kann ein Sauerstoffatom zeitweise bis zu fünf Nachbarn binden. Vom Schmelzen bis zum Verdampfen sind immer weniger und kleinere Cluster vorhanden. Der Hauptanteil der spezifischen Wärme wird zum Abbau der Wasserstoffbrückenbindungen gebraucht. Die spezifische Wärme pro Wassermolekül beträgt $9k_B$, während der typische Wert für Flüssigkeiten und Festkörper $3k_B$ beträgt. Die Schmelzwärme, das Aufwärmen bis zum Siedepunkt und die Verdampfungswärme betragen zusammen 54.5 kJ/mol = 0.6 eV/Molekül. Diese Zahl entspricht durchschnittlich zwei Bindungen pro Sauerstoff (0.3 eV/Bindung) – eine überraschend gute Übereinstimmung mit unserer groben Abschätzung.

8.2.6 α-Helix und β-Faltblatt

Die wichtigen biologischen Prozesse werden in der Zelle durch DNA-Moleküle und Proteine kontrolliert. Dabei treten verschiedene spezifische Wechselwirkungen zwischen den jeweiligen Molekülen auf. Die Eigenschaften dieser Wechselwirkungen wrrden nicht nur durch den chemischen Aufbau der Moleküle, sondern erst durch eine wohldefinierte dreidimensionale Struktur festgelegt. Die große Vielfalt der molekularen Architekturen wird hauptsächlich durch Wasserstoffbrückenbindungen ermöglicht.

Die Struktur der Proteine lässt sich nach ihrer Komplexität in vier prinzipielle Kategorien einteilen: Primär-, Sekundär-, und Tertiärstruktur sowie Höhere Ebenen.

8.2.7 Primärstruktur

Die Aminosäuren werden miteinander durch Peptidbindungen verknüpft und bilden somit eine Polypeptidkette. Die Peptidbindung ist eine kovalente C–N-Bindung (Abb. 8.6).

Die Polypeptidkette ist drehbar um die kovalenten Verbindungsachsen zwischen Stickstoff und Kohlenstoff – definiert durch den Winkel Φ – und zwischen zwei Kohlenstoffatomen (C_α–C') – definiert durch den Winkel Ψ (Abb. 8.6). Die sequenzielle Anordnung der Aminosäuren wird auch Primärstruktur genannt.

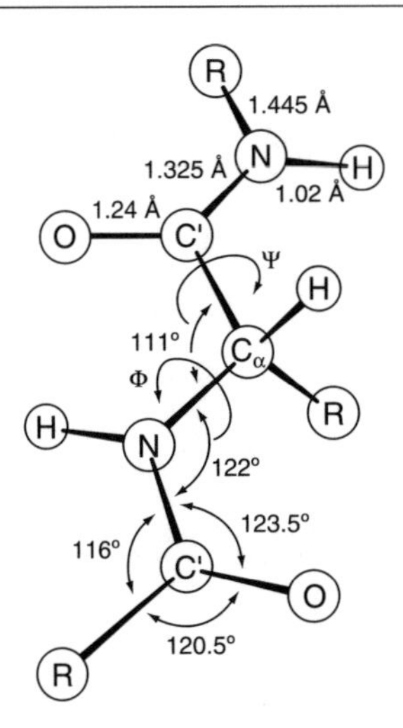

Abb. 8.6. Schematische Darstellung der Freiheitsgrade einer Polypeptidkette. Die Bezeichnung der Kohlenstoffatome mit C′ und C_α entspricht ihrer Lage in der Kette

8.2.8 Sekundärstruktur

Eine organisatorische Ebene höher befindet sich die Sekundärstruktur. Ihre Elemente sind räumlich geordnete Strukturen der Hauptkette, die nur wohl definierte Werte der Winkel Φ und Ψ annehmen. Man unterscheidet zwischen verschiedenen Sekundärstrukturelementen. In Proteinen kommt am häufigsten die α-Helix vor, aber auch das β-Faltblatt wird sehr oft beobachtet.

8.2.9 α-Helix

Die α-helikale Strukturentstehung lässt sich wie ein Phasenübergang zwischen einem entfalteten Random-Coil-Zustand und dem helikalen Zustand verstehen. Dabei wird angenommen, ein Kern von vier nebeneinander liegenden Aminosäuren gehe zunächst durch Entstehung der Wasserstoffbrückenbindungen kooperativ in den Helix-Zustand über und werde anschließend durch weitere Wasserstoffbrückenbindungen zur vollen Helix ergänzt (Abb. 8.7).

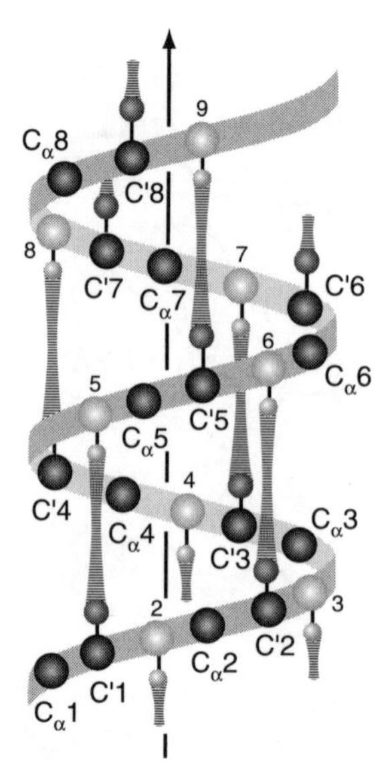

Abb. 8.7. Die Wasserstoffbrückenbindung verbindet eine Aminosäure mit seiner viertnächsten. Dies ergibt die Geometrie der α-Helix. Die dunklen Kugeln sind Kohlenstoffatome, die hellen Kugeln Stickstoffatome und die kleine Kugeln mit Federn sind Wasserstoffatome in der Wasserstoffbrückenbindung

8.2.10 β-Faltblatt

Auch diese Struktur wird hauptsächlich durch die Wasserstoffbrückenbindung stabilisiert. Der wesentliche Unterschied gegenüber der α-Helix besteht aber darin, dass im β-Faltblatt die Wechselwirkungen zwischen den in der Polymerkette weit voneinander entfernten Aminosäuren stattfinden (Abb. 8.8).

8.2.11 Tertiärstruktur und höhere Ebenen

Bei der Tertiärstruktur der Proteine handelt es sich um dreidimensionale Strukturen, die aus Sekundärstrukturelementen aufgebaut sind. Diese Einheiten der Proteine sind üblicherweise für eine biologisch spezifische Funktion verantwortlich.

Globuläre Proteine sind aus mehreren Tertiärstrukturen aufgebaut, und können verschiedene biologische Funktionen ausführen. In Abb. 8.9 ist die dreidimensionale Struktur eines Enzyms gezeigt. Man sieht sehr schön, wie dieses Protein aus vier identischen Molekülen der Tertiärstruktur aufgebaut ist.

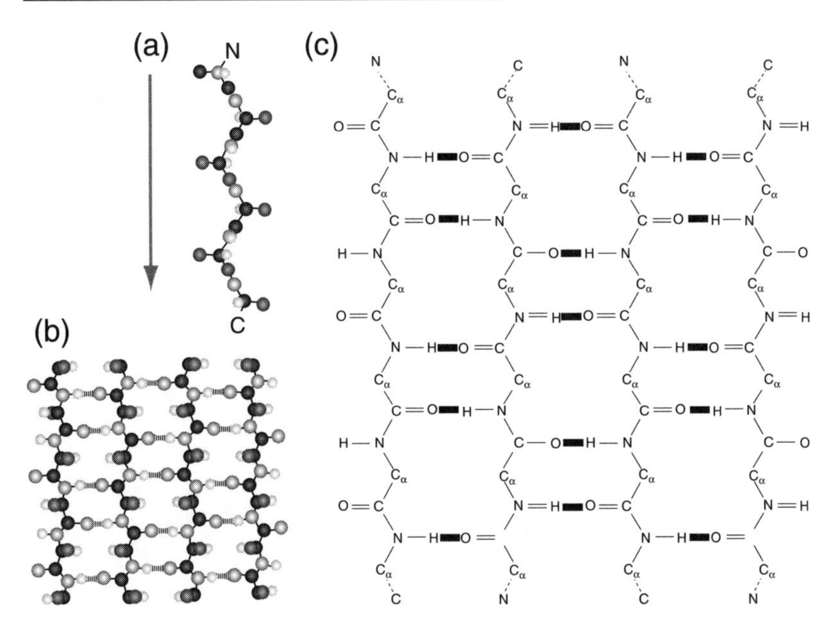

Abb. 8.8. Die in der dreidimensionalen Struktur des β-Faltblatts nebeneinander liegenden Aminosäuren sind entlang der Polypeptidkette weit voneinander entfernt. (**a**) Ein Segment der Polypeptidkette, (**b**) mehrere Segmente nebeneinander, (**c**) die entsprechende chemische Formel

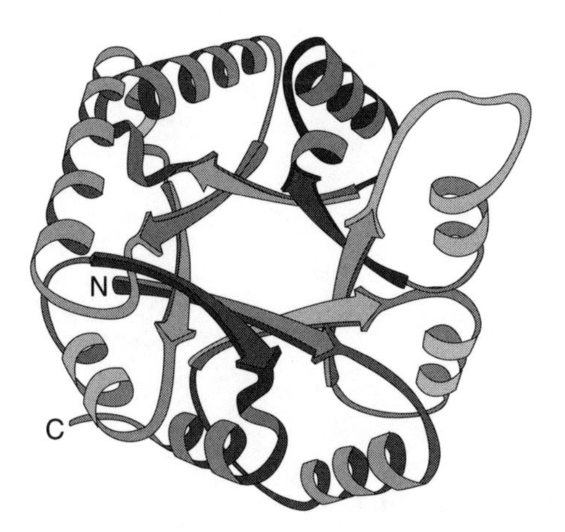

Abb. 8.9. Schematisch gezeichnet die dreidimensionale Struktur eines Enzyms (Triphosphatisomerase, höhere Ebene), das symmetrisch aus vier Tertiärstrukturen aufgebaut ist

Wenn das Zitat von Occam zutrifft, dann mit Sicherheit für die Vielfalt der biologischen Strukturen.
Zusammengefasst kann man sagen, dass die Aminosäuren die Bausteine der Proteine sind, die durch kovalente Bindung zu Polypeptidketten gebunden werden. Die Wasserstoffbrückenbindung versorgt die Zwischenbindungen der Glieder dieser Kette und ermöglicht damit eine große Vielzahl der spezifischen dreidimensionalen Strukturen der Proteine. Diese Bindung ist besonders dazu geeignet, da sie wegen ihrer relativen Schwäche schnelle Ausbauten und Umbauten der Strukturen erlaubt.

Weiterführende Literatur

W. Hoppe, W. Lohmann, H. Markl, H. Ziegler (Hrsg.): *Biophysics* (Springer, Berlin Heidelberg 1983)

G. E. Schulz, R. H. Schirmer: *Principles of Protein Structure* (Springer, New York Berlin Heidelberg Tokyo 1985)

T. E. Creighton: *Proteins* (Freeman, New York 1993)

KAPITEL 9

Streuung kalter Neutronen

Die Wahrheit ist konkret.
Bertolt Brecht

Die Streuung kalter Neutronen ist die Methode *par excellence* zur Untersuchung der Anregungen der *kondensierten Materie* in festen wie auch flüssigen Phasen. Die Neutronen treten hauptsächlich mit Atomkernen in Wechselwirkung, und dadurch ist die Art des Anregungsmechanismus wohl definiert. Durch die Messung der Energien der einfallenden und der gestreuten Neutronen sowie des Streuwinkels ist die Kinematik der inelastischen Streuung eindeutig bestimmt. Der auf das System übertragene Impuls $\boldsymbol{q}$ ist gegeben durch

$$\boldsymbol{q} = \boldsymbol{p} - \boldsymbol{p}' , \tag{9.1}$$

und der Energieübertrag ist

$$\hbar\omega_q = \frac{p^2}{2M_\mathrm{n}} - \frac{p'^2}{2M_\mathrm{n}} . \tag{9.2}$$

Hier haben wir angenommen, dass das untersuchte System eine ausreichend tiefe Temperatur hat und die Neutronen vom System keine Energie übernehmen können. Die Abhängigkeit der Anregungsenergie $\hbar\omega_q$ vom Impulsübertrag q nennt man Dispersionsrelation.

Als Neutronenquelle benutzt man meistens Hochflussreaktoren mit einem deuteriumgekühlten Kern. Da die Neutronen nicht ganz bis zur Temperatur des flüssigen Deuteriums gekühlt werden, entspricht ihr Spektrum einer maxwell-ähnlichen Verteilung mit einem Energiemaximum, welches etwa 40 K entspricht. In Präzisionsexperimenten bestimmt man die Strahlenergie und die Energie des gestreuten Neutrons mit Hilfe der Bragg-Streuung am Kristall. In Abb. 9.1 zeigen wir schematisch die Dispersionskurven für einen „idealen, isotropen“ Kristall, ein Glas, eine Fermi-Flüssigkeit (fluides ^{3}He) und für eine superfluide Bose-Flüssigkeit (superfluides ^{4}He). In allen diesen Fällen ensprechen die Dispersionskurven bei kleinen q den Phononenanregungen. Bei großen Phononwellenlängen beschreibt man gut die Dispersionsrelation mit

$$\hbar\omega_q = vq, \tag{9.3}$$

wobei v die Phonongeschwindigkeit ist. Bei kurzen Wellenlängen, die mit dem interatomaren Abstand a vergleichbar sind, treten zusätzliche Anregungsmoden auf. Das Phononbild der Anregung ist nur sinnvoll, solange die Phononwellenlänge $\lambda \geq 2a$ ist, wobei a dem mittleren interatomaren Abstand entspricht. Da diese Abstände im festen und flüssigen Zustand vergleichbar sind, ist es zweckmäßig, den Impuls in einer Einheit anzugeben, die einem Phonon mit $\lambda = 2a$ entspricht. Diese Einheit ist für Kristalle wohl definiert, und beträgt $[\hbar\pi/a]$; bei den Flüssigkeiten werden wir $a = \sqrt[3]{m_{\text{Atom}}/\varrho}$ annehmen. Die Impulsabhängigkeit der Energie von langwelligen Phononen ist durch (9.3) gegeben. Wenn wir die Phononenenergie in der Einheit $[v\hbar\pi/a]$ angeben, dann beseitigen wir die Unterschiede in den Materialeigenschaften für den akustischen Phononenzweig weitgehend aus dem Vergleich. Die so gewählte Einheit liegt zwischen 1.5 meV für flüssiges Helium und 10 meV für Metalle. Die Ähnlichkeiten wie auch die Unterschiede zwischen den Dispersionskurven in Abb. 9.1 sind offensichtlich.

In diesem Kapitel widmen wir uns nur der Streuung kalter Neutronen an Kristallen und Gläsern; die Streuung an Quantenflüssigkeiten behandeln wir in Kap. 12.

9.1 Dispersionsrelationen für Kristalle

Bestens untersucht und verstanden sind die Dispersionsrelationen für Kristalle, für die wir hier allerdings keine allgemeine Herleitung bieten können. *On the back of an envelope* passt nur der einfachste mögliche Fall eines kubischen Kristalls, der aus gleichartigen Atomen mit gleichen Atomabständen a besteht.

Es ist zu bemerken, dass der Impulsübertrag $\boldsymbol{q}$ komplett vom Kristall aufgenommen wird. Die inneren Anregungen des Gitters – Phononen – sind relative Bewegungen der Atome und tragen keinen Impuls. Trotzdem kann man ihnen einen Pseudoimpuls zuschreiben, der im periodischen Gitter bis auf Modulo $2\pi\hbar/a$ auch erhalten wird. Modulo bezieht sich auf jede Komponente des Pseudoimpulses q_i^{pseudo} in einem kubischen Gitter. Die Begrenzung der Phononwellenlänge ist durch die Gitterkonstante a gegeben, so dass die Beziehung zwischen dem

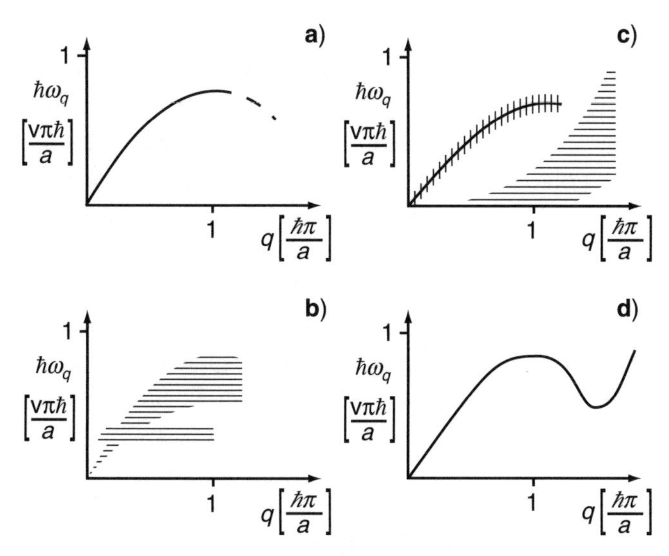

Abb. 9.1. Vier typische Dispersionskurven für (**a**) einen Kristall, (**b**) ein Glas, (**c**) eine Fermi-Flüssigkeit (normalfluides ^{3}He) und (**d**) eine superfluide Bose-Flüssigkeit (suprafluides ^{4}He). In allen vier Fällen ist die Einheit die eines Impulses, dessen Wellenlänge $\lambda = 2a$ ist, während a dem mittleren interatomaren Abstand entspricht. Die Energieskala ist in Einheiten von $[v\hbar\pi/a]$ angegeben

Pseudoimpuls q^{pseudo} und dem übertragenen Impuls q

$$q_i^{\text{pseudo}} = q_i - n_i \frac{2\pi\hbar}{a} \tag{9.4}$$

lautet. Da die inneren Anregungen des Kristalls immer mit der Dispersionsrelation für $q^{\text{pseudo}} \leq \pi\hbar/a$ beschrieben werden, werden wir den Pseudoimpuls einfach mit q bezeichnen.

Die Dispersionsrelation hängt von der Ausbreitungsrichtung der Phononen ab. In einem kubischen Kristall kann man das komplizierte Problem, eine allgemeine Lösung der Bewegungsgleichung von Phononen zu finden, auf ein eindimensionales Problem zurückführen, wenn man nur die Ausbreitungsrichtungen in die [100]-, [110]- und [111]-Richtungen betrachtet. In allen drei Fällen bewegen sich die Kristallebenen im Ganzen, jeweils mit anderen Federkonstanten und einem anderen Abstand a zwischen den Ebenen. Die Bewegungsgleichung kann folgendermaßen geschrieben werden:

$$M \frac{\mathrm{d}^2 \mathrm{u_s}}{\mathrm{dt}^2} = \sum_j G_{sj}(u_{s+j} - u_s)\ . \tag{9.5}$$

G_{sj} ist die Federkonstante zwischen der Ebene s und der Ebene j, der Index j nummeriert die Ebenen und läuft von $-\infty$ bis $+\infty$. Die Auslenkung u_s kann in Ausbreitungsrichtung – longitudinale Polarisation – oder in den beiden dazu senkrechten Richtungen – transversale Polarisation – liegen. Für die Ausbreitungsrichtung [100] ist G_{si} für alle drei Polarisationen gleich. Die Dispersionsrelationen für die longitudinale und für die beiden transversalen Polarisationen sind gleich.

Betrachten wir die Ausbreitung der longitudinal polarisierten Phononen in der [100]-Richtung und nehmen gleichzeitig an, dass die Wechselwirkung nur zwischen benachbarten Ebenen vorhanden ist. Wir suchen eine Lösung von (9.5) in der Form

$$u_s(t) = U_q \mathrm{e}^{(-\mathrm{i}\omega_q t + \mathrm{i} q a_s/\hbar)} \; . \tag{9.6}$$

Einsetzen in (9.5) liefert die Beziehung zwischen ω_q und q,

$$\omega_q^2 = \frac{2G}{M}(1 - \cos q a_s/\hbar) \; . \tag{9.7}$$

Wie bereits erwähnt ist die Dispersionsrelation in Richtung [100] für longitudinal und für transversal polarisierte Phononen gleich. Für andere Richtungen ist dies nicht der Fall. Die mittels Neutronenstreuung gemessenen Dispersionskurven wollen wir uns am Beispiel des einatomigen Natriumkristalls anschauen.

9.1.1 Natriumkristall

Die Kristallstruktur des Natriums bei Zimmertemperatur ist kubisch raumzentriert, daher sind die Resultate des vorherigen Abschnitts anwendbar. In Abb. 9.2 sind die Dispersionskurven für die ausgewählten Ausbreitungsrichtungen [100], [110] und [111] dargestellt.
Die Dispersionskurven hängen von der Ausbreitungsrichtung und der Phononenpolarisation ab. Offensichtlich unterscheiden sich im Allgemeinen die Federkonstanten für verschiedene Richtungen und Phononenpolarisationen. Weiterhin hängen auch die Abstände zwischen den Ebenen von der Ausbreitungsrichtung ab. Wenn wir jedoch die Dispersionskurven in Einheiten von $[\hbar\pi/a]$ für den Impuls und $[v\hbar\pi/a]$ für die Energie auftragen, gibt es keine wesentliche Abhängigkeit von der Ausbreitungsrichtung mehr. Unsere Skizze (Abb. 9.1a) stellt dann die „universelle Dispersionskurve " für Kristalle dar.

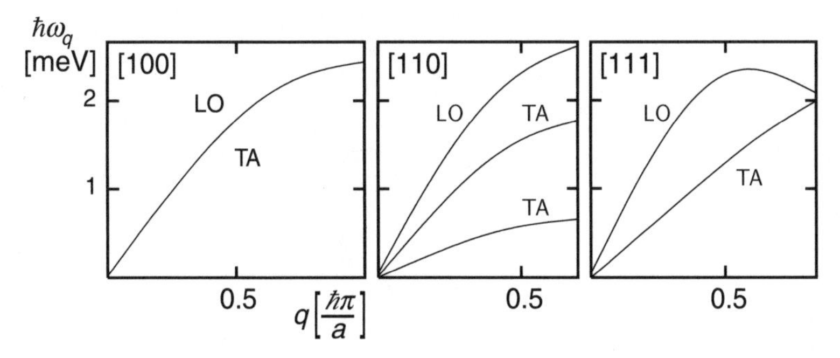

Abb. 9.2. Dispersionskurven am Natriumkristall bei 90 K in die Richtungen [100], [110] und [111]. Mit LA ist die longitudinale, mit TA die transversale Polarisation der Phononen bezeichnet. Die Energieskala ist in meV angegeben, der Impulsübertrag in Einheiten von $[\hbar\pi/a]$

9.1.2 Kaliumbromidkristall

In Kristallen mit verschiedenen Atomarten gibt es neben Phononenzweigen auch optische Zweige, die die Anregungsmoden beschreiben, bei denen sich benachbarten Atome relativ zueinander bewegen. Diese Anregungen besitzen die Wellenlänge $\lambda \propto 2a$. Diese optischen Anregungen sind vor allem in Alkalihalogeniden ausgeprägt. Sie sind mit der Dipol-Riesenresonanz im Kern vergleichbar (siehe 14.3)!

9.2 Lokalisierte Schwingungsmode

Betrachten wir einen isolierten Kristalldefekt mit einem Fremdatom, welches leichter oder schwerer als die anderen Atome ist, aber die gleiche Federkonstante besitzt. Analog zu (9.5) lautet dann die Bewegungsgleichung

$$(M + \delta M\, \delta_{s,0}) \frac{\mathrm{d}^2 u_s}{\mathrm{d}t^2} = \sum_j G_{sj}(u_{s+j} - u_s)\,. \qquad (9.8)$$

Der Einfachheit halber wollen wir auch hier das System als eine eindimensionale Kette beschreiben. Die Verallgemeinerung auf drei Dimensionen ist offensichtlich: Die Auslenkungen u und die Pseudoimpulse q werden dann zu Vektoren, ansonsten bleiben die Formeln gleich.

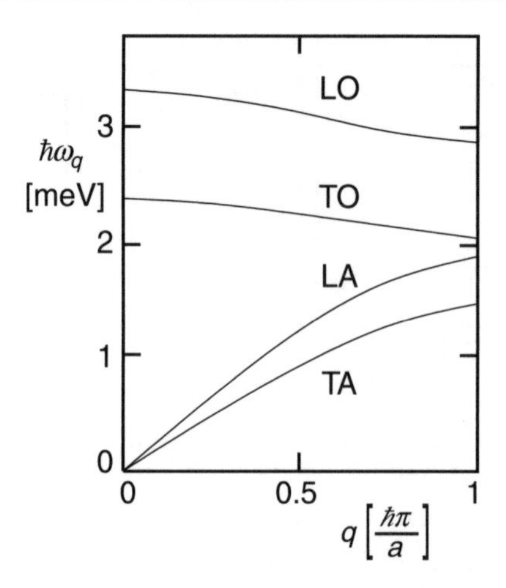

Abb. 9.3. Dispersionskurven am Kaliumbromidkristall in der [111]-Richtung. Mit LO und TO sind die longitudinale und transversale Polarisation des optischen Phononenzweigs, mit LA und TA die entsprechenden Polarisationen der akustischen Zweige bezeichnet. Die Energieskala ist in meV angegeben, der Impulsübertrag in Einheiten von $[\hbar\pi/a]$

Wir entwickeln wiederum die Auslenkungen u_s nach ungestörten Eigenschwingungen – Phononenfelder U_q –

$$u_s(t) = \sum_q U_q \, \mathrm{e}^{(-\mathrm{i}\omega t + \mathrm{i}q a_s)} \tag{9.9}$$

und bekommen die Säkulargleichung

$$\omega^2 \cdot \begin{pmatrix} M + \delta M/N & \delta M/N & \delta M/N & \cdots \\ \delta M/N & M + \delta M/N & \delta M/N & \cdots \\ \delta M/N & \delta M/N & M + \delta M/N & \cdots \\ \vdots & \vdots & \vdots & \ddots \end{pmatrix} \cdot \begin{pmatrix} U_1 \\ U_2 \\ U_3 \\ \vdots \end{pmatrix}$$
$$= \begin{pmatrix} M\omega_1^2 \, U_1 \\ M\omega_2^2 \, U_2 \\ M\omega_3^2 \, U_3 \\ \vdots \end{pmatrix} . \tag{9.10}$$

Die nichtdiagonalen Matrixelemente $\delta M/N$ stammen aus der Fourier-Transformation des lokalisierten Massenterms $\delta M \, \delta_{s,0}$.

Für die Lösung von (9.10) drücken wir die Koeffizienten mit diagonalen Matrixelementen als Summe über alle anderen Koeffizienten aus:

$$U_q M(\omega^2 - \omega_q^2) = -\frac{\delta M}{N}\omega^2 \sum_p U_p \,, \tag{9.11}$$

wobei $\sum_p U_p$ eine Konstante ist. Summieren wir beide Seiten über alle N Koeffizienten, berücksichtigen dabei, dass $\sum_q U_q = \sum_p U_p$ ist, und dividieren durch diese Summe, so ergibt sich als Lösung der Säkulargleichung die Beziehung

$$1 = -\frac{\delta M/N}{M} \sum_q \frac{\omega^2}{\omega^2 - \omega_q^2} \,. \tag{9.12}$$

Die Lösungen dieser Gleichung lassen sich am besten grafisch darstellen (Abb. 9.4). Die rechte Seite von (9.12) hat Pole an den Stellen

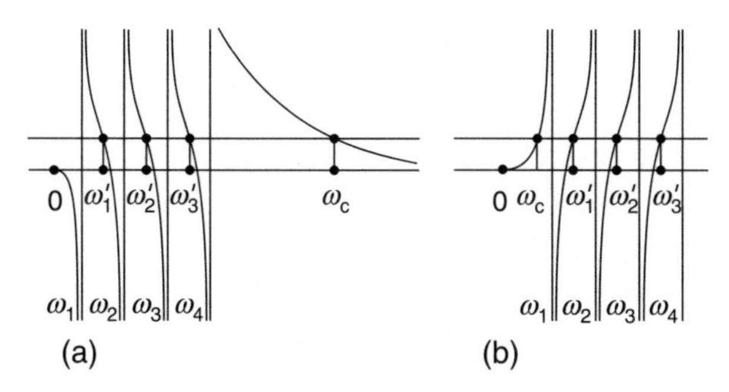

Abb. 9.4. Grafische Darstellung der Lösung der Säkulargleichung (9.10): (**a**) für eine kleinere Masse des Fremdatoms ($\delta M < 0$) wird der kollektive Zustand aus dem akustischen Phononenzweig zu höheren Energien befördert; (**b**) für eine größere Masse des Fremdatoms ($\delta M > 0$) erscheint der kollektive Zustand am unteren Rand des akustischen Phononenzweiges und entspricht nicht einer lokalisierten Anregung

$\omega = \omega_q$. Die Lösungen ω_q' ergeben sich dort, wo die rechte Seite Eins ist. Die neuen Eigenfrequenzen sind auf der Abszisse gekennzeichnet. Die $(N-1)$ Eigenwerte sind zwischen den ungestörten Frequenzen ω_q „eingesperrt“. Der Ausreißer, mit ω_C bezeichnet, ist der kollektive Zustand. Mit „kollektiv“ ist gemeint, dass er einer Superposition von vielen ungestörten Phononenzuständen entspricht.

Für die Beschreibung des kollektiven Zustandes haben wir denselben Formalismus wie für das Pion (Kap. 6) und die Riesenresonanzen (Kap. 14) angewandt, um die Analogie zu betonen. In diesem Kapitel treten Frequenzen statt Energien auf, aber es gilt $E = \hbar\omega$. Die Frequenzen erscheinen quadratisch in der Säkulargleichung, weil die Bewegungsgleichung in diesem Kapitel eine Differentialgleichung zweiter Ordnung in der Zeit ist; in Kap. 6 und 14 wird dagegen die Schrödinger-Gleichung benutzt (erster Ordnung in der Zeit) und die Energien erscheinen linear.

Für eine kleinere Masse des Fremdatoms ($\delta M < 0$) liegt der kollektive Zustand oberhalb des akustischen Phononenbandes und kann sich deshalb nicht als eine sich ausbreitende Welle verhalten (dieses Theorem werden wir hier nicht beweisen). Diesem Zustand entspricht eine lokalisierte, stehende Welle (Abb. 9.5).

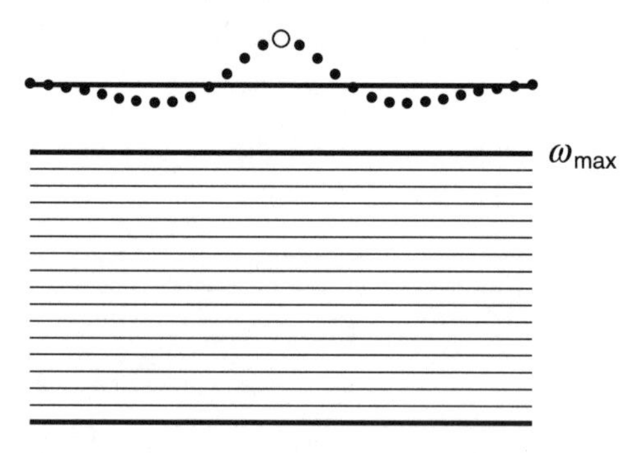

Abb. 9.5. Lokalisierte Mode eines leichten Fremdatoms oberhalb des Phononenbandes

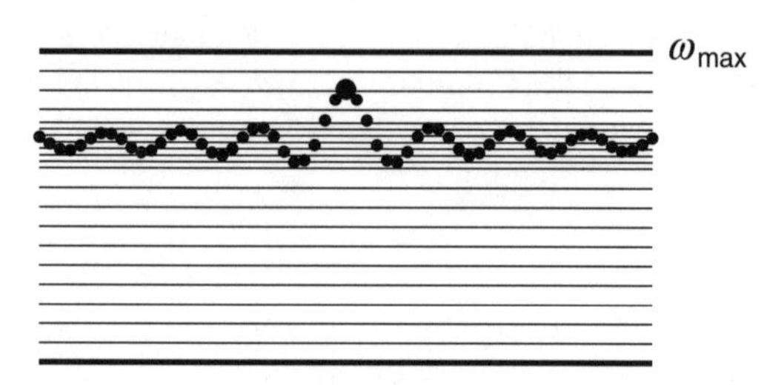

Abb. 9.6. Resonante Mode eines schweren Fremdatoms, die aus dem optischen Phononenzweig im Phononenband landet

Für eine größere Masse des Fremdatoms ($\delta M > 0$) liegt der kollektive Zustand am unteren Rand des akustischen Phononenbandes und ist nicht lokalisiert!

Die Säkulargleichung (9.10) wurde für einen einatomigen Kristall mit akustischem Phononband hergeleitet. Zwei- und mehratomige Kristalle haben zusätzlich noch das optische Phononband. Auch hierfür kann man eine Säkulargleichung aufstellen. Für ein schwereres Fremdatom wird der kollektive Zustand nach unten gedrückt, ähnlich wie im Falle des Pions (Kap. 6). Die lokalisierte Mode befindet sich dann unterhalb des optischen Bandes und kann auch innerhalb des akustischen Bandes erscheinen – als eine Resonanz eingebettet im Phononenkontinuum (Abb. 9.6).

Die Eigenfrequenz einer lokalisierten oder resonanten Verunreinigungsmode ist durch optische Absorption im Infrarotbereich direkt zu beobachten.

Die lokalisierten Anregungsmoden in Kristallen sind keine Ausnahme. Nicht nur Fremdatome und Dislokationen, sondern auch Grenzflächen der Kristalle führen zu lokalisierten Anregungen.

9.3 Dispersionsrelationen amorpher Substanzen

Die Dispersionsrelationen amorpher Substanzen werden wir nur qualitativ behandeln. Da es noch keine allgemein akzeptierte Standard-Dispersionskurven amorpher Substanzen in der Literatur gibt, begnügen wir uns mit der Skizze in Abb. 9.1b, die wir kurz erläutern.

Für die langwelligen Phononen macht sich die Unordnung auf der interatomaren Skala nicht bemerkbar, und man könnte erwarten, dass bei kleinen Impulsüberträgen die Dispersionskurven denen von Kristallen ähneln. Dies ist jedoch nicht der Fall. Bei kleinen Energieüberträgen treten neben den Phononen zusätzliche Anregungen auf.

Ein Atom an einem Gitterplatz des Kristalls spürt ein harmonisches Oszillatorpotential. In amorphen Substanzen dagegen ist das Potential, in dem sich das Atom befindet, unregelmäßig (Abb. 9.7). Meistens hat das Potential zwei oder mehr Minima. Die Atome tunneln von einem Minimum zum anderen. Dadurch entstehen niederenergetische Anregungen, die mit den langwelligen Phononen koexistieren. Bei etwas höheren Anregungen, $\hbar\omega \approx 1 - 2\,\mathrm{meV}$, wenn sich das Atom im breiten Potential aufhält (Abb. 9.7), häufen sich die Anregungen. Diese Häufung der Anregungen im Energiebereich zwischen 1 und 2

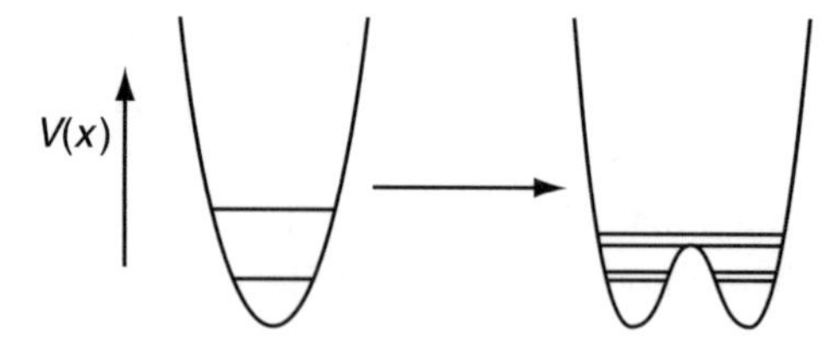

Abb. 9.7. Interatomares harmonisches Oszillatorpotential in einem Kristall (*links*) und in einer amorphen Substanz (*rechts*). Wegen der Unordnung in amorphen Medium ist das Atom nicht gut lokalisiert, es kann zwischen den Potentialminima tunneln

meV kann man sehr deutlich bei der inelastischen Neutronenstreuung beobachten. Der in Messspektren erscheinende Peak wird als *Bosonenpeak* bezeichnet. In Abb. 9.1b erkennen wir den Bosonenpeak in der Dispersionskurve in einem schmalen Energiebereich mit breitem Impulsübertrag.

Bei noch höheren Anregungen können wir die Unordnung auf der interatomaren Skala als lokalisierte Fehlstellen betrachten und die Verschmierung der Dispersionskurven ist die Folge lokalisierter Schwingungsmoden.

Die Dispersionskurven für amorphe Substanzen zeigen hingegen nicht so einfache und schöne Eigenschaften wie die für Kristalle. Daher kann man daraus nicht viel lernen und es ist nicht überraschend, dass man sie nicht präsentiert.

9.4 Spezifische Wärme

9.4.1 Kristalline Substanzen

Die spezifische Wärme ist definiert als

$$C_V = \left(\frac{\partial U(T)}{\partial T} \right)_V , \tag{9.13}$$

hierbei ist $U(T)$ die innere Energie, die Gesamtenergie der Phononen eines Festkörpers bei der Temperatur T. Wenn wir die Phononenzustandsdichte mit $\mathcal{D}(\omega)$ bezeichnen und berücksichtigen, dass die Phononen der Bose-Einstein-Statistik gehorchen, so lautet der Ausdruck für die innere Energie

$$U(T) = \int_0^{\omega_\mathrm{D}} \hbar\omega \mathcal{D}(\omega) \frac{\mathrm{d}\omega}{\mathrm{e}^{\hbar\omega / k_\mathrm{B} T} - 1} . \tag{9.14}$$

Die Phononenzustandsdichte und den Abschneideparameter ω_D wollen wir mit der Debye-Näherung berechnen. Für die Dispersionsrelation nehmen wir eine lineare Beziehung $\hbar\omega = vq$ an, wobei v die Schallgeschwindigkeit ist. Diese Beziehung gilt streng nur für große Wellenlängen. Berechnen wir zunächst die Zustandsdichte für einzelne Phononenzweige

$$\mathcal{D}(\omega)\mathrm{d}\omega = \frac{V 4\pi q^2 \mathrm{d}q}{(2\pi\hbar)^3} = \frac{V}{2\pi^2}\frac{\omega^2}{v^3}\mathrm{d}\omega \,. \tag{9.15}$$

Verschiedene Phononenzweige, der longitudinale und die beiden transversalen, haben verschiedene Schallgeschwindigkeiten. Eine einfache Art, (9.15) näherungsweise für verschiedene Phononenzweige die Schallgeschwindigkeiten zu berücksichtigen, ist eine gemittelte *Debye-Geschwindigkeit* v_D einzuführen,

$$\frac{3}{v_\mathrm{D}^3} = \frac{1}{v_\mathrm{l}^3} + \frac{2}{v_\mathrm{t}^3} \,. \tag{9.16}$$

Die Abschneidefrequenz – die Debye-Frequenz – ω_D hängt von der Federkonstanten, den Massen der Atome und der Gitterkonstanten ab und ist von Kristall zu Kristall verschieden. Weiterhin ist ω_D auch von der Polarisation des Phonons abhängig. In der *Debye-Näherung* wird die ganze Vielfalt dieser Parameter durch einen einzelnen *Abschneideparameter* ersetzt. In dieser Näherung ist dann die innere Energie

$$U(T) \propto \int_0^{\omega_\mathrm{D}} \frac{\hbar\omega^3}{\mathrm{e}^{\hbar\omega/k_\mathrm{B}T} - 1}\mathrm{d}\omega \,. \tag{9.17}$$

Die Normierung wählen wir so, dass für $T \to \infty$ die spezifische Wärme den Wert $C_V = 3R$ annimmt. Statt ω_D führen wir die Debye-Temperatur Θ über die Beziehung $\hbar\omega_\mathrm{D} = k_\mathrm{B}\Theta$ ein und benutzen die Abkürzung $x = \hbar\omega/(k_\mathrm{B}T)$ bzw. $x_\mathrm{D} = \hbar\omega/(k_\mathrm{B}T) = \Theta/T$. Die spezifische Wärme aus (9.13) ist in der *Debye-Näherung*

$$C_V \propto \left(\frac{T}{\Theta}\right)^3 \int_0^{x_\mathrm{D}} \frac{x^4\mathrm{e}^x}{\mathrm{e}^x - 1}\mathrm{d}x \,. \tag{9.18}$$

Für $T \to \infty$ geht $x \to 0$ und man darf die Exponentialfunktion entwickeln

$$\begin{aligned}\left(\frac{T}{\Theta}\right)^3 \int_0^{x_\mathrm{D}} \frac{x^4\mathrm{e}^x}{\mathrm{e}^x - 1}\mathrm{d}x &\approx \left(\frac{T}{\Theta}\right)^3 \int_0^{x_\mathrm{D}} \frac{x^4}{1 + x - 1}\mathrm{d}x \\ &= \left(\frac{T}{\Theta}\right)^3 \int_0^{x_\mathrm{D}} x^2\mathrm{d}x = \frac{1}{3} \,.\end{aligned} \tag{9.19}$$

In der ausführlichen Form lautet die *Debye-Formel*

$$C_V = 9R \left(\frac{T}{\Theta} \right)^3 \int_0^{x_D} \frac{x^4 e^x}{e^x - 1} dx \ . \qquad (9.20)$$

In Abb. 9.8 ist die exzellente Übereinstimmung der Debye-Formel mit Messungen demonstriert.

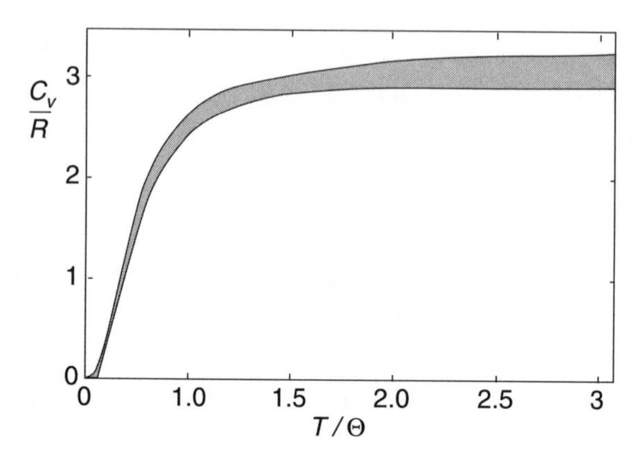

Abb. 9.8. Molare Wärmekapazität einer Reihe von Substanzen (Pb, FeS_2, KCl, Fe, Na, CaF_2, Zn, NaCl, Ag, Tl, KBr, Ca, Cu, C, Al, Cd) als Funktion der reduzierten Temperatur T/Θ. Alle Messdaten fallen innerhalb der angezeigten Grenzen auf eine universelle Kurve

9.4.2 Amorphe Substanzen

Bei hohen Temperaturen wird die spezifische Wärme von amorphen Substanzen – ebenso wie bei Kristallen – durch das Dulong-Petit-Gesetz beschrieben, da natürlich in beiden Fällen alle Schwingungsfreiheitsgrade angeregt sind. Die Abweichung vom Kristall macht sich besonders bei tiefen Temperaturen bemerkbar. Das Konzept der Phononen funktioniert durchaus auch für amorphe Substanzen, solange deren Wellenlänge viel größer ist als der mittlere Abstand zwischen den Atomen. Aber gerade bei tiefen Temperaturen weicht der Verlauf der spezifischen Wärmen in amorphen Substanzen von der Debye-Theorie ab. Experimentell sind die spezifischen Wärmen bei niedrigen Temperaturen größer als bei Kristallen. Offensichtlich gibt es in amorphen Substanzen neben den Phononen noch zusätzliche Anregungsmoden, zwei haben wir davon bereits erwähnt, die Tunnelmoden und die Bosonenpeak-Moden.

Weiterführende Literatur

S. Hunklinger: *Festkörperphysik* (Skript zur Vorlesung, Universität Heidelberg SS 2001)

Ch. Kittel: *Einführung in die Festkörperphysik* (Oldenbourg, München Wien 1980)

J. M. Ziman: *Prinzipien der Festkörpertheorie* (Harri Deutsch, Frankfurt/M. 1999)

KAPITEL 10

Kernkraft und Deuteron

> So far as the laws of mathematics refer to reality, they are not certain. And so far as they are certain, they do not refer to reality.
>
> *Einstein*

Unseren Bemühungen folgend, die wesentlichen Inhalte der Physik durch Analogien hervorzuheben, bietet sich im Falle der Kernkraft die Analogie zur interatomaren Kraft an. In der Tat sieht das Nukleon-Nukleon-Potential dem zwischen zwei Atomen sehr ähnlich, wenn wir die Längenskala um etwa fünf Größenordnungen verkleinern (von 0.1 nm $\to$ 1 fm). Die Kernkraft ist jedoch, auf dieser Skala betrachtet, schwach, zumindest verglichen mit der wichtigsten chemischen Bindung, der kovalenten Bindung. Denn während die chemische Bindung bei niedrigen Temperaturen zu einem Festkörperzustand führt, bleiben die Kerne auch bei einer Temperatur $T = 0\,\text{K}$ flüssig.

Die Nukleon-Nukleon-Wechselwirkung kann man am besten durch Streuung untersuchen. Diese Wechselwirkung kann man direkt bei den leichten Kernen anwenden, bei denen die Vielkörpereffekte noch nicht dominieren. Deshalb können wir Deuteron, Tritium und die Heliumisotope als „Moleküle der starken Wechselwirkung" bezeichnen.

Im Gegensatz dazu werden die Kerne mit mehr als zehn Nukleonen lieber als Tröpfchen einer entarteten Fermi-Flüssigkeit betrachtet. Die Wechselwirkungen zwischen Nukleonen in schweren Kernen werden im Wesentlichen durch ein gemeinsames Kernpotential mit einer Restwechselwirkung beschrieben, die nur qualitativ den elementaren Nukleon-Nukleon-Wechselwirkungen ähnlich ist.

10.1 Kernkraft

Die Nukleon-Nukleon-Wechselwirkung ist mit Hilfe der Streuung bei Energien unterhalb der Pionschwelle eingehend untersucht worden. In diesem Energiebereich, in dem nur die elastische Streuung möglich ist, wird die Wechselwirkung durch ein lokales Potential gut beschrieben.

Die Form des Potentials hängt sehr stark von Spin, Isospin und Bahndrehimpuls ab. In Abb. 10.1 zeigen wir (gestrichelte Linien), wie groß das abstoßende bzw. anziehende Potential in verschiedenen relativen Nukleon-Nukleon-Zuständen sein kann. Mit der durchgezogenen Linie ist ein gemitteltes Potential gezeichnet. Allen Potentialen gemeinsam ist die Abstoßung bei Abständen kleiner als $r \approx 0.5$ fm.

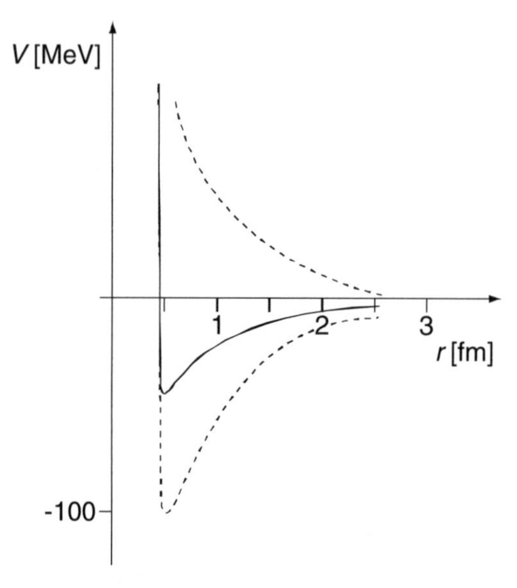

Abb. 10.1. Das Nukleon-Nukleon-Potential. In Abhängigkeit von Spin, Isospin und Bahndrehimpuls kann das Potential abstoßend oder anziehend sein. Die Grenzen, in denen sich die Potentialstärke befinden kann, sind durch die *gestrichelten Linien* gegeben. Die *durchgezogene Linie* zeigt ein über Spin, Isospin und Drehimpuls gemitteltes Potential

10.1.1 Abstoßung bei kleinen Abständen

Wie bei Atomen kommt die Abstoßung bei kleinen Abständen auch bei Nukleonen durch das Pauli-Prinzip. Im niedrigsten Zustand mit $\ell = 0$ kann man zwar zwölf leichte Quarks unterbringen (drei Farben, zwei Flavours, zwei Spins), aber eine antisymmetrische Wellenfunktion für sechs Quarks liegt orthogonal zur Wellenfunktion zweier sich überlappender Nukleonen. Bei kleinen Abständen zwischen Nukleonen werden Quarks teilweise in höhere Zustände angehoben und teilweise ihre Spins umgeklappt. In beiden Fällen braucht man Energie. Eine grobe Abschätzung ergibt, dass sowohl die Anregung zweier Quarks aus dem s- in den p-Zustand, als auch das Umklappen der Quarkspins ($2N \rightarrow 2\Delta$, gleichzeitige Anregung zweier Nukleonen in zwei Δ angeregte Zustände) jeweils etwa 600 MeV kostet. Die beiden Effekte tragen daher zur Abstoßung bei kleinen Abständen bei.

10.1.2 Anziehung

Wir werden versuchen, die Anziehung zwischen Nukleonen als eine Art kovalente Bindung zu beschreiben. Die Umverteilung der Quarks zwischen Nukleonen ist wegen des Confinements auf diese Weise nicht direkt möglich, im Gegensatz zur Umverteilung der Elektronen zwischen Atomen. Die Quarks können jedoch dem Nukleon ausweichen, wenn sie sich mit Antiquarks zu Mesonen vereinen. Die Mesonen, welche die zwei Nukleonen umkreisen, können als molekulare Orbitale beschrieben werden. Die wichtigsten Beiträge zur Bindung kommen – wegen seiner kleinen Masse – von Pionen (Reichweite $b = \hbar/(m_\pi c) = 1.4\,\text{fm}$). Man glaubt, dass die anziehende Komponente der Kernkraft durch den resonanten Zweipionaustausch – den man als σ-Meson bezeichnet – verursacht wird. Die nukleare Bindung kann man mit Hilfe der klassischen Feldgleichung für Mesonen veranschaulichen. Diese ist analog zur Poisson-Gleichung in der Elektrostatik, jedoch mit einem zusätzlichen Glied, welches die Masse der Austauschteilchen berücksichtigt:

$$\nabla^2\Phi - (m_\Phi c/\hbar)^2\Phi = -g\varrho(\boldsymbol{r}) = -g[\delta(\boldsymbol{r}) + \delta(\boldsymbol{r} - \boldsymbol{R})]\,. \tag{10.1}$$

Die Lösung von (10.1) lautet

$$\Phi = -g\frac{\mathrm{e}^{r/b}}{4\pi r} - g\frac{\mathrm{e}^{|\boldsymbol{r}-\boldsymbol{R}|/b}}{4\pi|\boldsymbol{r} - \boldsymbol{R}|}\,. \tag{10.2}$$

Die potentielle Energie wird wie in der Elektrostatik ausgerechnet:

$$V_{\text{pot}} = \frac{1}{2}\int g\varrho(\boldsymbol{r})\Phi(\boldsymbol{r})\mathrm{d}^3r = V_1 + V_2 + V(R)\,. \tag{10.3}$$

Hier haben wir mit V_1 und V_2 die von R unabhängigen Beiträge – die „Selbstenergien" des ersten und zweiten Nukleons – bezeichnet, $V(R)$ ist das berühmte Yukawa-Potential

$$V(R) = -g^2\frac{\mathrm{e}^{-R/b}}{4\pi R}\,. \tag{10.4}$$

Diese einfache Form des Potentials gilt nur für skalare Mesonen, wie z.B. das σ-Meson. Der Hauptbeitrag zur Anziehung wird gerade durch den Austausch des σ-Mesons geleistet, da dieser unabhängig von Spin und Isospin ist. Für Pionen (pseudoskalare geladene Mesonen) ist die Form des Potentials komplizierter, sie ist spin- und isospin-abhängig. Alle diese Eigenschaften sind experimentell sehr gut bestätigt worden.

10.2 Deuteron

Die Schwäche der Kernkraft, die zu einer lockeren Bindung der Nukleonen im Kern führt, folgt direkt aus den Eigenschaften des Deuterons. Um das einfach zu demonstrieren, nehmen wir ein Kastenpotential an, das den Mittelwert über die Abstoßung bei kleinen Abständen und der Anziehung bei größeren simuliert. Für die folgende Abschätzung werden wir die Reichweite $a = 2\,\text{fm}$ annehmen. Eine genaue Wahl der Reichweite ist nicht sehr entscheidend, aber die hier gewählte gibt bei einer genauen Rechnung die Bindungsenergie des Deuterons wie auch die niederenergetische Proton-Neutron-Streuung wieder. Bei niedrigen Energien hängen die Resultate wegen der schlechten Auflösung (große Wellenlänge) nicht von den Finessen der radialen Abhängigkeit des Potentials ab.

Die mit r multiplizierte Wellenfunktion des Deuterons außerhalb des Potentialkastens ist

$$r \cdot \psi(r) \propto \mathrm{e}^{-\kappa r/\hbar} \,, \tag{10.5}$$

wobei κ aus der Bindungsenergie $E = -2.225\,\text{MeV}$ zu berechnen ist. Die Reichweite $1/\kappa = 4.3\,\text{fm}$ ist viel größer als der Radius des Kastens a. Das zeigt die lockere Struktur des Deuterons. Die Wahrscheinlichkeit, die beiden Nukleonen außerhalb der Reichweite der Wechselwirkung zu finden, beträgt etwa 50 %. Nur ein Viertel der de-Broglie-Wellenlänge (Abb. 10.2) ist im Potentialkasten. Wenn wir $\lambda \approx 4R$ annehmen, ist die kinetische Energie

$$K = \frac{p^2}{2m} = \frac{(2\pi\hbar c)^2}{(4R)^2 M_\mathrm{N} c^2} = 25\,\text{MeV} \,. \tag{10.6}$$

Hier haben wir die reduzierte Nukleonenmasse $m = M_\mathrm{N}/2$ angenommen.

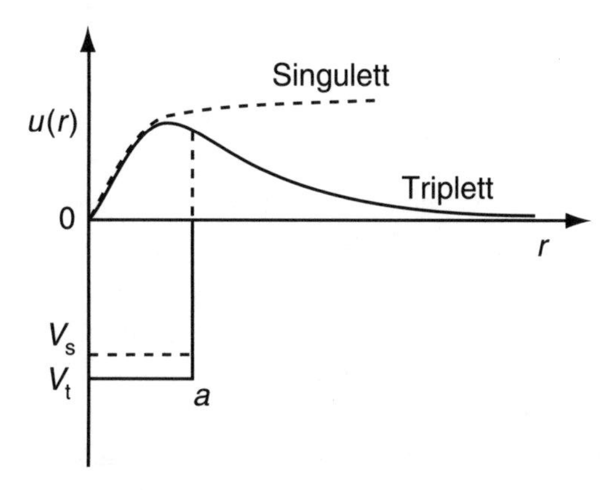

Abb. 10.2. Die Wellenfunktion $u(r)$ des gebundenen Zustands des Deuterons (Spin-Triplett, $E = -2.225\,\mathrm{MeV}$, *durchgezogene Linie*) und des angeregten Zustands (Spin-Singulett, $E \approx 0$, *gestrichelte Linie*). Man sieht in beiden Fällen, dass nur etwa ein Viertel der Nukleonwellenlänge sich innerhalb der Potentialreichweite befindet. Das Singulettpotential ist etwas schwächer, die Tangente der Wellenfunktion am Rande des Potentials ist positiv, der Zustand ist nicht gebunden

Die Grundzustandsenergie ist die Summe von kinetischer und potentieller Energie:

$$E = K + V_{\text{pot}} = -2.225\,\mathrm{MeV}. \tag{10.7}$$

Wir sehen, dass diese Bindungsenergie viel kleiner als die kinetische Energie ist, kinetische und potentielle Energie heben sich fast genau auf. Daraus folgt die Potentialtiefe $V_0 \approx K \approx 25\,\mathrm{MeV}$.
Der mittlere Abstand zwischen den beiden Nukleonen beträgt 2.2 bzw. 3 fm, je nachdem, ob man den mittleren linearen oder quadratischen Abstand berechnet. Der mittlere lineare Abstand zwischen Nukleonen in schweren Kernen ist mit ≈ 1.8 fm etwas kleiner. In der Tat bedeutet eine Bindungsenergie von -2.2 MeV im Deuteron, dass die Kernkraft relativ schwach ist und allgemein zu einer nicht-lokalisierten Bindung in Kernen führt. Dies erklärt die Tatsache, dass die Kerne als Tröpfchen einer Fermi-Flüssigkeit betrachtet werden können.

10.3 ^{3}H, ^{3}He, ^{4}He

Um Tritium und die Heliumisotope mit dem Deuteron besser vergleichen zu können, betrachten wir die Bindungsenergie pro Bindung. Die Dreiteilchensysteme ^{3}H und ^{3}He haben drei Bindungen; die Bindungsenergie –7.5 MeV ergibt –2.5 MeV pro Bindung, kaum mehr als beim Deuteron. Die reduzierte Masse ist bei diesen Kernen zwar größer als beim Deuteron, was zu einer etwas kleineren kinetischen Energie und kompakteren Wellenfunktion führt, aber der Effekt ist wegen der Spinabhängigket des Kernpotentials klein. Im Deuteron treffen sich beide Nukleonen in der günstigsten Kopplung (mit parallelen Spins); in Kernen mit $A = 3$ ist dies wegen des Pauli-Prinzips nicht für alle drei Teilchen möglich, und das Kernpotential ist im Durchschnitt schwächer.

Die Bindungsenergie von ^{4}He beträgt -28 MeV, bei sechs Nukleon-Nukleon-Bindungen sind dies -4.7 MeV pro Bindung. Das ist schon doppelt so viel wie beim Deuteron, was auf eine kompaktere Struktur von ^{4}He hinweist.

Wir wollen mit einem einfachen Modell plausibel machen, warum es sinnvoll ist, die Bindungsenergie pro Bindung zu betrachten. Nehmen wir den Hamilton-Operator H mit einem harmonischen Potential zwischen den Nukleonen an,

$$H = \sum_i \frac{p_i^2}{2m} + \frac{1}{2} \sum_{i \neq j} \left[\frac{k}{2} (\boldsymbol{r}_i - \boldsymbol{r}_j)^2 + V_0 \right] \tag{10.8}$$

und benutzen folgenden Trick, um die Kopplungsterme los zu werden: Wir setzen das System mit A-Teilchen in ein äußeres harmonisches Potential, das am Schwerpunkt angreift. Dann heben sich die gemischten Produkte $2\boldsymbol{r}_i \cdot \boldsymbol{r}_j$ auf, und

$$\frac{1}{2} \sum_{i \neq j} (\boldsymbol{r}_i - \boldsymbol{r}_j)^2 = \sum_i \boldsymbol{r}_i^2 . \tag{10.9}$$

Wenn wir 10.9 in 10.8 einsetzen, bekommen wir

$$H == \sum_i \left(\frac{p_i^2}{2m} + \frac{Ak}{2} \boldsymbol{r}_i^2 \right) + \frac{A(A-1)}{2} V_0 \, . \tag{10.10}$$

Der Hamilton-Operator stellt die A Nukleonen, die gegen den Schwerpunkt schwingen, und die potentielle Energie zwischen den A Nukleonen dar. Die Eigenfrequenz der Oszillatoren ist $\omega = \sqrt{Ak/m} =$

$\sqrt{A}\,\omega_0$, wobei $\omega_0 = \sqrt{k/m}$. Im Grundzustand beträgt die Schwingungsenergie pro Nukleon $3/2\sqrt{N}\hbar\omega_0$. In dieser Schwingungsenergie steckt aber auch die Energie des mitschwingenden Schwerpunktes, die wir aber von der Bindungsenergie abziehen müssen. Die Schwingungsenergie des Schwerpunktes beträgt jeweils einen Bruchteil 1/A der einzelnen Schwingungsenergie. Für den Gesamtkern bedeutet das eine ganze einzelne Schwingungsenergie.

Die Energie des A-Teilchensystems ist also

$$\begin{aligned} E &= (A-1)\sqrt{A}\,\frac{3}{2}\hbar\omega_0 + \frac{A(A-1)}{2}V_0 \\ &= \frac{A(A-1)}{2}\left(\frac{3\hbar\omega_0}{\sqrt{A}} + V_0\right) \end{aligned} \tag{10.11}$$

Der Faktor $(A-1)$ anstelle von A berücksichtigt die abgezogene Schwerpunktenergie. Der Faktor bei der „Potentialtiefe" V_0 ($V_0 < 0$) gleicht der Zahl der Bindungen, während die positive (kinetische und harmonische) Energie pro Bindung langsam mit wachsendem A abfällt. Deshalb ist die Energie pro Bindung bei größerem A etwas stärker. Das ist in guter Übereinstimmung mit den experimentellen Werten. Diese Überlegung gilt nicht mehr für $A > 4$ wegen des Pauli-Prinzips, da man nicht mehr als vier Nukleonen in eine örtlich symmetrische Wellenfunktion stecken kann.

Weiterführende Literatur

B. Povh, K. Rith, Ch. Scholz, F. Zetsche: *Teilchen und Kerne* (Springer, Berlin Heidelberg 1999)

KAPITEL 11

Quantengase

Wissenschaft, die nicht vermittelt wird, ist tot.
Ranga Yogeshwar
Wissenschaftsjournalist

Die Modelle der Quantengase sind schon in den zwanziger Jahren entwickelt worden, das Fermi-Gas-Modell für entartete Fermionsysteme und das Modell der Bose-Kondensate für entartete Bosonensysteme. Beide Modelle sind auch für die Beschreibung der Quantenflüssigkeiten gut anwendbar.

Nach der erfolgreichen Herstellung von Quantengasen im metastabilen Zustand bei Temperaturen weit unterhalb des μK-Bereiches kann man ihre Eigenschaften direkt untersuchen. Diese Untersuchungen sind in den letzten Jahren sehr in Mode gekommen, da man mit Quantengasen quantenmechanische Effekte in makroskopischen Systemen beobachten kann.

Herstellung kalter Gase

Ein Bose-Einstein-Kondensat wird gewöhnlich in mehreren Stufen erzeugt. Die erste Stufe ist die Kühlung und der anschließende Einfang der Atome mit Laserlicht bei sehr kleinen Dichten. Die Laserkühlung versagt jedoch bei den Dichten, bei denen der mittlere Abstand einer optischen Wellenlänge entspricht; das Licht wird dann nämlich nicht mehr vom einzelnen Atom absorbiert und reemitiert, sondern vom Atomcluster. Man kann größere Dichten erreichen, wenn man Atome in einer Magnetfalle speichert. In der letzten Phase der Kühlung lässt man die hochenergetischen Atome aus der Falle verdampfen. Die restlichen, niederenergetischen Atome verteilen ihre Energie durch Kollisionen neu und erniedrigen dadurch ihre Temperatur. Die Phase des Kondensats kann man experimentell sehr schön mit einer Flugzeitmessung vorführen. Man schaltet die Magnetfalle ab und lässt die Atome einige Millisekunden frei fliegen. Anschließend beleuchtet man die Atome mit Laserlicht und fotografiert den Schatten der Atomwolke.

Aus verschiedenen Flugzeiten gewinnt man so die Geschwindigkeitsverteilung des Gases. In der Tat entspricht die Geschwindigkeitsverteilung dem Bose-Einstein-Ausdruck.

Die Methode der Verdampfungskühlung funktioniert aber nicht für Fermionen. In einer Magnetfalle kann man nur Atome mit derselben magnetischen Quantenzahl speichern. Wegen des Pauli-Prinzips können sich identische Fermionen nicht gleichzeitig am selben Ort im Phasenraum aufhalten, und die Wahrscheinlichkeit einer Kollision mit abnehmender Temperatur wird immer kleiner. Daher funktioniert die Kühlung durch Kollisionen für ein reines Fermi-Gas nicht in der gleichen Weise wie für Gase aus Bosonen. Die Kühlung funktioniert jedoch, wenn man zwei Fermi-Gase gleichzeitig kühlt. Dies wurde das erste Mal 1999 von B. DeMarco und D. Jin demonstriert. In diesem Experiment wurden Atome mit ^{40}K-Kernen benutzt. Der ^{40}K-Kern mit $J^\pi = 4^-$ und das ungepaarte $s_{1/2}$-Elektron koppeln im Grundzustand des Atoms zu einem Gesamtdrehimpuls $F^\pi = 9/2^-$. (Der $F = 9/2$-Zustand liegt tiefer als der $F = 7/2$-Zustand, da das magnetische Moment von ^{40}K negativ ist.) Die Falle wird mit zwei Fermi-Gasen gefüllt, das eine mit Atomen im $m_\mathrm{F} = -9/2$- und das zweite im $m_\mathrm{F} = -7/2$-Hyperfeinzustand. Für Atome in verschiedenen Hyperfeinzuständen gilt das Pauli-Prinzip nicht, und sie können wie die Bosonen kollidieren. Die beiden Gase kühlen sich gegenseitig ab. In dem beschriebenen Experiment konnte man das Fermi-Gas-Gemisch unter die Fermi-Temperatur ($T \approx T_\mathrm{F}/2 \approx 300\,\mathrm{nK}$) abkühlen und die Entartung beobachten. In Abb. 11.1 ist die Besetzung der Zustände für ideale Fermi- und Bose-Gase symbolisch dargestellt.

In einem Gas sind die mittleren Abstände zwischen Atomen bzw. Molekülen groß verglichen zu deren Größen, und die Dichte muss

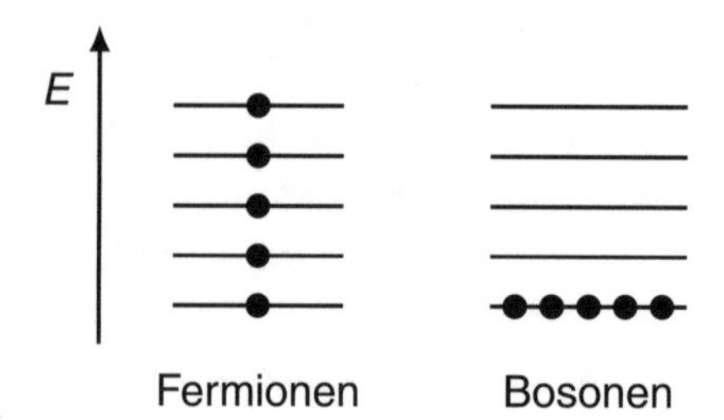

Abb. 11.1. Symbolische Darstellung der Besetzung der Zustände eines Fermi- und eines Bose-Gases bei $T = 0\,\mathrm{K}$

klein genug sein, so dass nur Zweiteilchenstöße möglich sind. Unter diesen Bedingungen kann man im Labor Fermi-Gase als metastabile Systeme herstellen. Wenn die Temperatur und die Dichte des Gases die Bedingung für die Entartung erfüllen, werden die niederenergetischen Zustände gefüllt. Der experimentelle Nachweis eines Fermi-Gases ist wesentlich schwieriger als für ein Bose-Gas, da wir in diesem Fall keinen Phasenübergang haben und der Übergang stetig ist.

11.1 Fermi-Gas

Im Folgenden wollen wir die Bedingung für das Auftreten der Fermi-Entartung bestimmen. Eine grobe Abschätzung bekommen wir, wenn wir die de-Broglie-Wellenlänge dem mittleren Abstand zwischen Atomen gleichsetzen, $\lambda_T \approx d$. In thermischen Systemen definiert man eine thermische de-Broglie-Wellenlänge $\lambda_T = 2\pi\hbar/p$, die dem Impuls $p = m\sqrt{\langle v^2 \rangle} = \sqrt{2\pi mkT}$ entspricht.

Wegen des Pauli-Prinzips wollen sich die Fermionen nicht im Raum überlappen. In einem einzigen magnetischen Unterzustand eines Gases aus Fermionen erwarten wir, dass der Übergang zum entarteten Zustand auftritt, wenn

$$V \approx N\lambda_T^3 = N\frac{(2\pi\hbar)^3}{(2\pi mkT)^{3/2}} \tag{11.1}$$

ist. Die Beziehung zwischen der Übergangstemperatur und der Teilchendichte kann man dann explizit schreiben als

$$kT \approx \frac{2\pi\hbar^2}{m}\left(\frac{N}{V}\right)^{2/3} . \tag{11.2}$$

11.1.1 Fermi-Energie, Fermi-Impuls, Fermi-Temperatur

Die Skala, die man in den entarteten Fermionensystemen benutzt, ist die Fermi-Energie E_F bzw. der damit zusammenhängende Fermi-Impuls p_F oder die Fermi-Temperatur T_F.

Bei $T = 0$ sind in einem Fermi-Gas alle Zustände unterhalb der Fermi-Energie $E_\mathrm{F} = p_\mathrm{F}^2/(2m)$ gefüllt. In einem Volumen V ist dann die Zahl der Fermionen unter dem Fermi-Impuls p_F für nichtrelativistische Teilchen gleich

$$N = \kappa\frac{4\pi}{3}\frac{p_\mathrm{F}^3 V}{(2\pi\hbar)^3} . \tag{11.3}$$

Hierbei ist κ die Zahl der im Fermi-Gas vorhandenen magnetischen Unterzustände. Daraus folgt

$$p_{\mathrm{F}} = (6\pi^2\hbar^3)^{1/3}\left(\frac{N}{\kappa V}\right)^{1/3} \tag{11.4}$$

und

$$E_{\mathrm{F}} = kT_{\mathrm{F}} = \frac{1}{2m}(6\pi^2\hbar^3)^{2/3}\left(\frac{N}{\kappa V}\right)^{2/3} . \tag{11.5}$$

Wie man leicht durch Integration über alle Fermi-Zustände bis E_{F} zeigen kann, ist die mittlere kinetische Energie

$$\langle E \rangle = \frac{3}{5}E_{\mathrm{F}} . \tag{11.6}$$

11.1.2 Übergang zum entarteten Fermi-Gas

Der Übergang vom normalen zum entarteten Gas findet statt, wenn die Atome anfangen, sich zu überlappen. Das ist der Fall, wenn die de-Broglie-Wellenlänge etwa dem mittlerem Abstand zwischen den Atomen entspricht. Eine etwas genauere Abschätzung folgt nun:

Definieren wir den mittleren Abstand d über

$$\left(\frac{N}{\kappa V}\right) = \frac{1}{2d^3} . \tag{11.7}$$

Für Teilchen mit Spin $s = 1/2$ und $\kappa = 2$ bekommen wir folgenden Zusammenhang zwischen der mittleren kinetischen Energie und dem mittleren Abstand im entarteten Zustand

$$\langle E \rangle = \frac{3}{5}(3\pi^2)^{2/3}\frac{\hbar^2}{2md^2} . \tag{11.8}$$

Daraus folgt $d = 1.49\,\lambda\!\!\!^{-}$, wobei $\lambda\!\!\!^{-}$ die de Broglie-Wellenlänge ist, die der mittleren kinetischen Energie der Teilchen entspricht.

Wie schon erwähnt, findet der Übergang zu einem entarteten Fermi-Gas nicht durch einen scharfen Phasenübergang statt, denn dessen Geschwindigkeit hängt von der Art der Kühlung ab. Experimentell ist aber auch schon die Entartung eines Fermi-Gases nachgewiesen worden.

11.2 Bose-Gas

Die Entartung eines Bose-Gases tritt auf – ähnlich wie beim Fermi-Gas – wenn die de-Broglie-Wellenlänge vergleichbar dem mittleren Abstand zwischen den Atomen ist, $d \approx \lambda_T$. Im Gegensatz zum Fermi-Gas tritt beim Bose-Gas ein Phasenübergang zwischen der normalen Gasphase und dem Kondensat auf. Dieser Übergang ist theoretisch besonders leicht zu beschreiben und kann als Modell für kompliziertere Fälle in der Festkörperphysik, aber auch für Phasenübergänge wie chirale Symmetriebrechung oder das Higgs-Modell dienen. Daher werden wir diesen Übergang kurz beschreiben, nur für ein ideales Gas in einem großen Volumen. Die Experimente werden in Fallen durchgeführt, wo die Atome durch ein Confinementpotential zusammengehalten werden. Die Beschreibung ist etwas anders, die Physik bleibt jedoch gleich.

11.2.1 Bose-Einstein-Kondensation

Die Besetzung der Zustände eines idealen Gases aus Bosonen ist durch die Verteilungsfunktion

$$N_\varepsilon = \frac{1}{\mathrm{e}^{(\varepsilon-\mu)/(kT)} - 1} \tag{11.9}$$

gegeben. Mit ε ist die Energie des Zustandes bezeichnet, mit μ das so genannte chemische Potential. Letzteres berücksichtigt die Energie des Systems, die von der Temperatur und der Teilchenzahl abhängig ist, und ist durch

$$\mu = \left(\frac{\mathrm{d}E}{\mathrm{d}N}\right)_{V,S=\mathrm{const}} \tag{11.10}$$

definiert. Die Verteilungsfunktion muss positiv sein, $N_\varepsilon \geq 0$, und daher ist $\mu \leq \varepsilon_0$. Beim idealen Gas ist die Energie im Grundzustand $\varepsilon_0 = 0$ und konsequenterweise $\mu \leq 0$. Die Gesamtzahl der Bosonen im Gas ist

$$N = N_0 + \int\limits_0^\infty f(\varepsilon) N_\varepsilon \mathrm{d}\varepsilon \; . \tag{11.11}$$

N_0 ist die Zahl der Teilchen im Grundzustand mit der Energie $\varepsilon_0 = 0$, $f(\varepsilon)$ ist der zur Verfügung stehende Phasenraum. Die räumliche Ausdehnung ist im Experiment durch das Confinementpotential gegeben.

Wir wollen hier aber den Phasenraum nur für ein „freies“ Gas angeben:

$$f(\varepsilon)\mathrm{d}\varepsilon = \frac{4\pi p^2 \mathrm{d}p V}{(2\pi\hbar)^3} . \tag{11.12}$$

Mit $\mathrm{d}p/\mathrm{d}\varepsilon = m/p$ ist

$$f(\varepsilon) = \frac{1}{(2\pi)^2}\left(\frac{2m}{\hbar^2}\right)^{3/2} V\sqrt{\varepsilon} . \tag{11.13}$$

Im Falle eines Confinementpotentials ändert sich der Ausdruck für den Phasenraum im Wesentlichen nur im Exponent der Energieabhängigkeit. Betrachten wir jetzt den Phasenübergang vom normalen Gas zum Kondensat. Der Phasenübergang findet statt, wenn beim Zufügen von Teilchen alle im Grundzustand landen. Dann, ändert sich die Energie des Systems im Falle des idealen Gases ($\varepsilon_0 = 0$), nicht! Die Temperatur, bei der $\mu = 0$ wird, ist die kritische Temperatur T_c. In Abb. 11.2 ist die Abhängigkeit des chemischen Potentials von der Temperatur skizziert. Bei Temperaturen $T \leq T_\mathrm{c}$ werden viele Teilchen im Grundzustand aufgenommen und die Zahl der Teilchen, die nicht im Grundzustand sind, kann leicht berechnet werden:

$$\begin{aligned} N - N_0|_{\mu=0} &= \int_0^\infty f(\varepsilon)\frac{\mathrm{d}\varepsilon}{\mathrm{e}^{\varepsilon/(kT)} - 1} \\ &= \frac{1}{(2\pi)^2} V \left(\frac{2mkT}{\hbar^2}\right)^{3/2} \int_0^\infty \frac{\sqrt{x}\,\mathrm{d}x}{\mathrm{e}^x - 1} . \end{aligned} \tag{11.14}$$

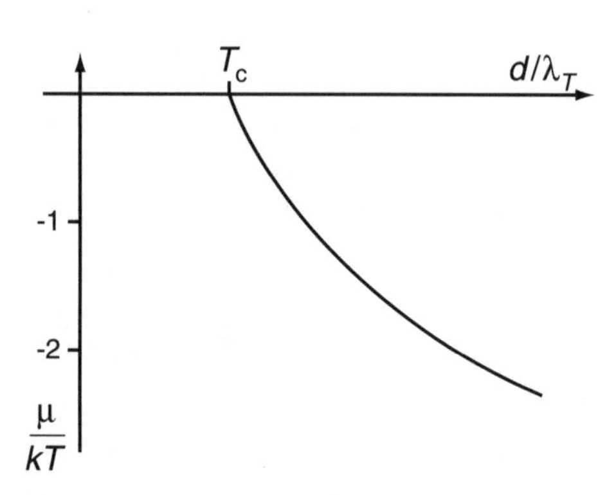

Abb. 11.2. Die Abhängigkeit des chemischen Potentials μ von der Temperatur. Die Temperatur kommt in der Ordinate μ/kT sowie der Abszisse $d/\lambda_T \propto \sqrt{T}$ vor. Der mittlere Abstand zwischen den Teilchen ist d, die thermische Compton-Wellenlänge λ_T

Das Integral hat den Wert von 2.612. Die kritische Temperatur bestimmt man aus dem Limes $N_0 \to 0$, und die hängt daher von der Dichte ab: $T_c \propto (N/V)^{2/3}$. Die Wahrscheinlichkeit, ein Teilchen im Grundzustand zu finden, ist in Abb. 11.3 schematisch gezeigt und gegeben durch

$$\frac{N_0}{N} = 1 - \left(\frac{T}{T_c}\right)^{3/2} . \tag{11.15}$$

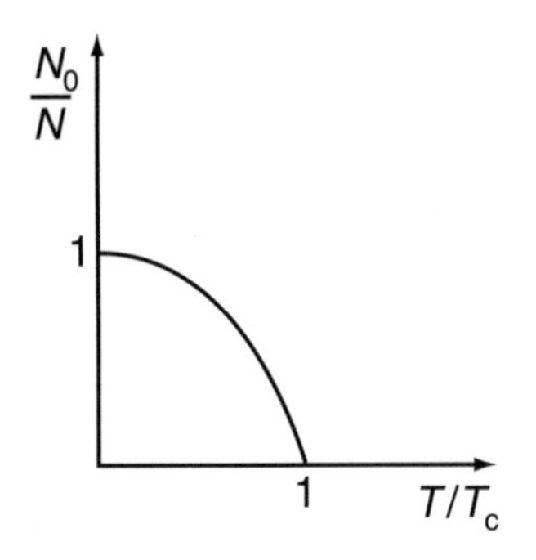

Abb. 11.3. Die Wahrscheinlichkeit, ein Boson im Grundzustand zu finden, in Abhängigkeit von der Temperatur

Formel (11.15) ist nur für ein freies Gas gültig. Experimente sind jedoch in einer Falle durchgeführt worden. Im harmonischen Confinementpotential ändert sich gegenüber (11.15) nur der Exponent, d. h.

$$\frac{N_0}{N} = 1 - \left(\frac{T}{T_c}\right)^{3} . \tag{11.16}$$

Den Phasenübergang zwischen dem normalen Gas und dem Kondensat konnten wir mathematisch sehr einfach demonstrieren. Auch in physikalisch komplizierteren Systemen, bei denen der Phasenübergang nicht so anschaulich demonstriert werden kann, läuft die mathematische Abhandlung nach dem gleichen Muster. In Abb. 11.4 ist die Besetzung der Niveaus eines Bose-Gases in drei Temperaturbereichen schematisch gezeigt. Unterhalb T_c ist der Grundzustand von vielen Atomen besetzt. Als Ordnungsparameter der kondensierten Phase dienen die Besetzungszahl der Atome im Grundzustand.

Ein Gas nicht-wechselwirkender Bosonen geht bei einer endlichen Temperatur in ein Bose-Kondensat über! Das liegt daran, dass sich

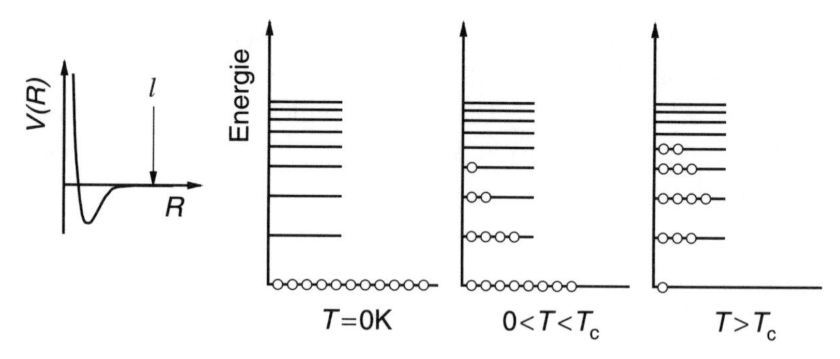

Abb. 11.4. Anschauliche Darstellung der Besetzung der Energieniveaus eines idealen Bose-Gases, bei $T = 0$, $0 < T < T_c$ und $T > T_c$. Weiterhin ist symbolisch gezeigt, dass der mittlere Abstand l zwischen den Atomen viel größer ist als die Reichweite des interatomaren Potentials

beliebig viele Bosonen im Grundzustand aufhalten dürfen. Diese Behauptung gilt jedoch nicht für Systeme mit weniger als drei Dimensionen. Erst mit dem Phasenraum eines dreidimensionalen Bose-Gases (11.12) findet der Phasenübergang (11.14) bei einer endlichen Temperatur statt.

Die bosonischen Systeme unterscheiden sich von unserem Musterbeispiel, dem Ferromagneten. Ohne eine positive Rückkopplung würde der Phasenübergang vom paramagnetischen zum ferromagnetischen Zustand erst im Limes $T \to 0$ stattfinden.

Weiterführende Literatur

C. N. Cohen-Tannoudji: *Manipulating atoms with photons*, Rev. Mod. Phys. **70** (1998) 707

F. Dalfovo, S. Giorgini, L. Pitaevskii, S. Stringari: *Theory of trapped Bose-condensed gases*, Rev. Mod. Phys. **71** (1999) 463

B. DeMarco, D. Jin: *Onset of Fermi degeneracy in a trapped atom gas*, Science **285** (1999) 1703

D. S. Durfee, W. Ketterle: *Experimental studies of Bose-Einstein condensation*, Optics Express **2** (1998) 299

KAPITEL 12

Quantenflüssigkeiten

πάντα ῥεῖ
Heraklit

Die Systeme, die sich gut als Fermi-Flüssigkeiten beschreiben lassen, sind flüssiges ^{3}He, Elektronen im Metall, Kerne, Weiße Zwerge, Neutronen- und vielleicht auch Quarksterne. Als Bose-Flüssigkeiten werden wir selbstverständlich ^{4}He betrachten. Weiterhin von Interesse sind Systeme, die aus zu Bosonen gekoppelten Fermionen – den „Cooper-Paaren“ – bestehen. Diese entstehen bei tiefen Temperaturen im flüssigen ^{3}He durch die Paarung von Atomen, in Metallen durch die Paarung von Elektronen und in Kernen durch die Paarung der Nukleonen. In diesem Kapitel betrachten wir nur die klassischen Vertreter der Quantenflüssigkeiten, ^{3}He und ^{4}He. Alle anderen werden wir in den folgenden Kapiteln diskutieren.

12.1 Normalfluides ^{3}He

Den Unterschied zwischen einem Fermi-Gas und einer Fermi-Flüssigkeit kann man vereinfacht mit Abb. 12.1 demonstrieren.

Bei einem idealen Fermi-Gas – keine Wechselwirkung zwischen Atomen – sind bei der Temperatur $T = 0$ K alle Zustände unterhalb der Fermi-Energie besetzt, die Zustände oberhalb sind leer (Abb. 12.1a). Bei endlichen Temperaturen, $T > 0$, wird die Fermi-Kante verschmiert, die Verschmierung gibt die tatsächliche Temperatur des Systems an (Abb. 12.1b). Wenn wir die Fermi-Flüssigkeiten auch mit Energiezuständen beschreiben, dann hat diese auch bei $T = 0$ aufgrund der zwischenatomaren Kräfte keine scharfe Energiekante (Abb. 12.1c). Bei endlichen Temperaturen ist die Energiekante noch verschmierter (Abb. 12.1d), da dann noch thermische Anregungen hinzukommen.

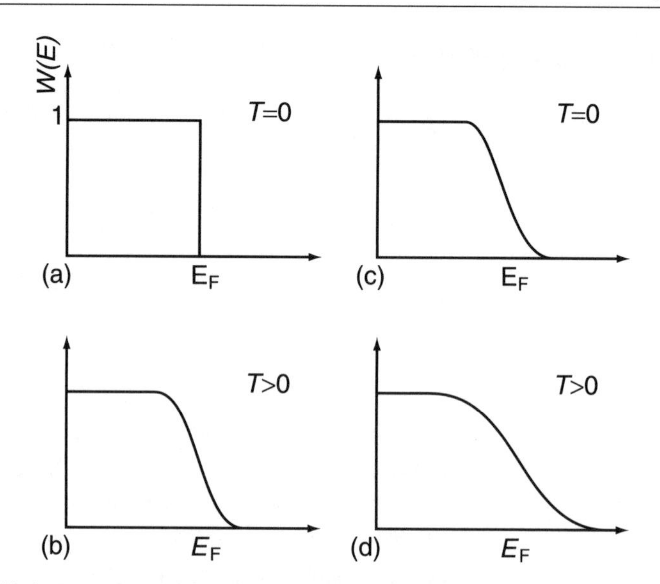

Abb. 12.1. Das Bild zeigt die Besetzung der Zustände eines entarteten Fermi-Gases bei (**a**) $T = 0$, (**b**) $T > 0$ und einer Flüssigkeit bei (**c**) $T = 0$, (**d**) $T > 0$. In beiden Fällen beziehen sich die Verteilungen auf die Zustände eines idealen Gases

Der Phasenübergang vom Gas zur Flüssigkeit ist druckabhängig und findet unter gewöhnlichen experimentellen Bedingungen bei $T \approx 0.5\,\mathrm{K}$ statt. Der kritische Punkt liegt bei $T_\mathrm{k} = 3.32\,\mathrm{K}$ und $p_\mathrm{k} = 1.16\,\mathrm{bar}$. Man würde erwarten, dass die Eigenschaften des flüssigen ^{3}He als entartetes Fermi-System besonders schön in der Streuung kalter Neutronen zu sehen wären. Leider ist der Wirkungsquerschnitt für den Neutroneinfang an ^{3}He so groß, dass nur semiquantitative Messungen gemacht worden sind. Die Dispersionskurve, die Abhängigkeit der Anregungsenergie vom übertragenen Impuls im flüssigen ^{3}He, Abb. 12.2, zeigt deutlich zwei Zweige. Der erste entspricht der Einteilchenanregung, oder besser gesagt der Teilchen-Loch-Anregung. Die Beziehung zwischen dem Energieverlust E_kin an ^{3}He und dem Impulsübertrag p für diesen Zweig ist $E_\mathrm{kin} = p^2/2M^*$, wobei M^* die effektive Masse des ^{3}He-Atoms ist. Dieser Zweig entspricht genau der Streuung von Neutronen an ^{3}He an der Fermi-Oberfläche und ist, bis auf M^*, identisch mit der Streuung an einem Fermi-Gas bei gleicher Temperatur. Der zweite Zweig ist ein Artefakt des flüssigen Zustandes und ist analog zum Phonon-Roton-Zweig im flüssigen ^{4}He. Wir werden diesen im nächsten Abschnitt diskutieren.

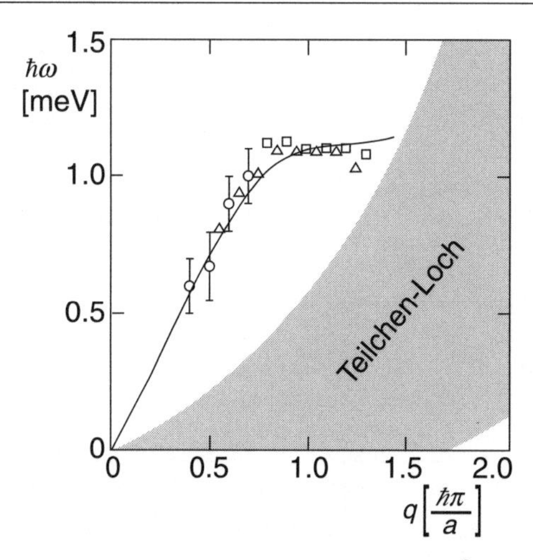

Abb. 12.2. Die Streuung kalter Neutronen an flüssigem ^{3}He bei der Temperatur $T = 120\,\text{mK}$ und gesättigten Dampfdruck zeigt zwei Dispersionskurven. Die untere Dispersionskurve entspricht einer Teilchen-Loch-Anregung der ^{3}He-Atome an der Oberfläche des Fermi-Sees. Die zweite, die der Phonon-Roton-Anregung entspricht, ähnelt der Dispersionskurve in suprafluidem ^{4}He (Abb. 12.5). Im Unterschied zum ^{4}He ist die Phonon-Roton-Anregung stark gedämft, sie zerfällt in die Teilchen-Loch-Anregungen. Deswegen zeichnen wir diese Anregung schraffiert (nach Scherm et al.)

12.2 Suprafluides ^{4}He

Bei tiefen Temperaturen kondensieren Bosonen im niedrigsten oder zumindest in wenigen tiefliegenden Zuständen des Systems. Das Kondensat bildet sich, wenn die de Broglie-Wellenlänge des Bosons größer ist als der mittlere Abstand zwischen ihnen (siehe Kap. 11). Unter dieser Bedingung kann das Kondensat – auch wenn seine Ausdehnung makroskopische Ausmaße annimmt – mit einer Wellenfunktion beschrieben werden. Daraus folgt, dass gerade Flüssigkeiten beim Abkühlen als Erstes Kondensate bilden können. In Abb. 12.3 ist das Auftreten des Kondensats in Abhängigkeit vom mittleren Abstand zwischen den Bosonen gezeigt.

Für flüssiges ^{4}He, mit einem mittleren Abstand zwischen den Atomen von $\approx 0.1\,\text{nm}$, bildet sich das Kondensat schon bei einer Temperatur $T \cong 2.17\,\text{K}$, knapp unterhalb der Verflüssigungstemperatur.

Eine Quantenflüssigkeit aus Bosonen wird auch bei der Temperatur $T = 0$ nicht in einem reinen Bose-Kondensatzustand sein. Wegen

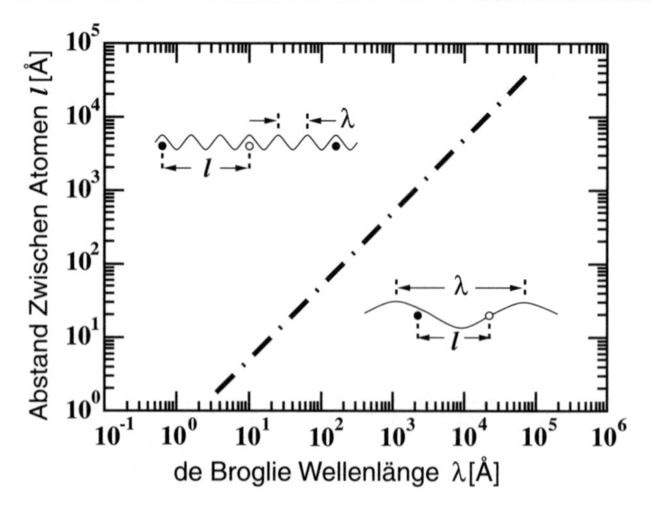

Abb. 12.3. Die Kondensatphase tritt dann auf, wenn die de-Broglie-Wellenlänge größer ist als der mittlere Abstand zwischen den Bosonen. Eine Bose-Flüssigkeit bildet ein Kondensat bei wesentlich höheren Temperaturen als ein Bose-Gas

der Wechselwirkungen zwischen den Atomen sind neben dem Kondensat auch Einteilchenanregungen anwesend. Im Falle des ^{4}He sind z.B. bei $T \approx 2\,\mathrm{K}$ nur etwa $10\,\%$ der Atome im kollektiven Grundzustand und in Zuständen kollektiver Anregungen. In Abb. 12.4 ist die Besetzung der Niveaus des suprafluiden Helium-II bei $T = 0\,\mathrm{K}$,

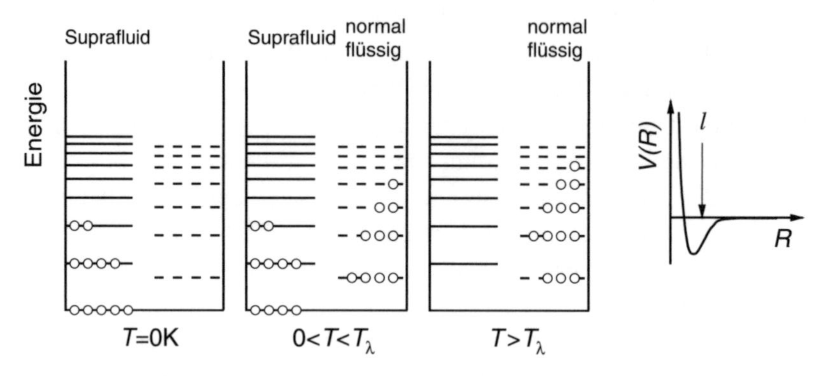

Abb. 12.4. Schematische Darstellung der Besetzung der Niveaus in suprafluidem Helium-II unterhalb T_λ und normalflüssigem Helium oberhalb T_λ. Weiterhin ist symbolisch gezeigt, dass der mittlere Abstand l vergleichbar mit dem Heliumdurchmesser ist

$0\,\mathrm{K} < T < T_\lambda$ und des flüssigen Heliums bei einer Temperatur $T > T_\lambda$ schematisch gezeigt. Dies sollte man mit Abb. 11.4 vergleichen, um sich die Unterschiede zwischen den Kondensaten der Bose-Gase und der Bose-Flüssigkeiten zu verdeutlichen.

Die mit kalten Neutronen gewonnene Dispersionskurve für das suprafluide He^4 ist besonders markant (Abb. 12.5) und verdient eine nähere Betrachtung. Eine reine Phononanregung würde einer monoton steigenden Energie-Impuls-Abhängigkeit, $E_{\mathrm{ph}} = v_{\mathrm{ph}} p$ entsprechen. Diese Abhängigkeit ist in Abb. 12.5 als gestrichelte Gerade gezeichnet. Aus der Steigung der Geraden bei $p = 0$ folgt eine Phononengeschwindigkeit $v_{\mathrm{ph}} \approx 238\,\mathrm{m/s}$.

Die Abweichung von der Phononanregung wird der Anregung von Rotonen zugeschrieben. Die Rotonen entsprechen quantisierten Wirbeln im Helium, deren formale Beschreibung nicht einfach ist. Deswegen bieten wir hier für Rotonen ein von Feynman erfundenes klassisches Bild an.

In einer „voll gestopften" Straßenbahn – eine gute Näherung für die dicht gepackten Heliumatome – möchte ein Reisender aussteigen. Um zur Tür zu gelangen, hat er zwei Möglichkeiten: entweder hebt er sich mit viel Kraft hoch, um über die Köpfe der Mitreisenden zur Tür zu kommen. In einem Quantensystem entspräche dies einer Anregung in

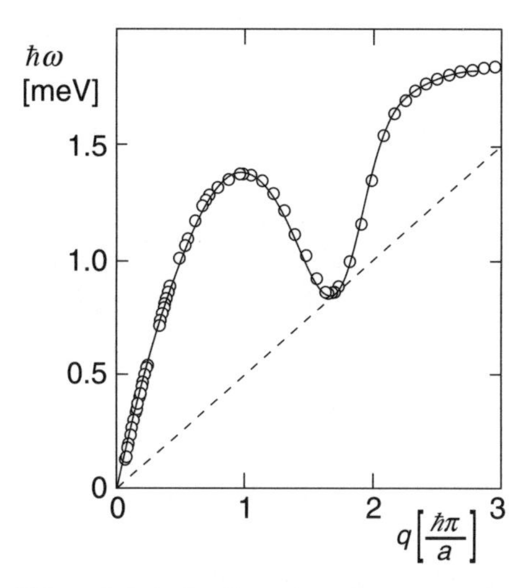

Abb. 12.5. Die Abhängigkeit des Energieverlusts vom übertragenen Impuls von Neutronen an Helium-II, die *gestrichelte Linie* gibt die Ausbreitungsgeschwindigkeit der Rotonen an

einen höher gelegenen Zustand, der anschließend wieder zerfällt. Oder – eine wesentlich ökonomischere Alternative – er muss jeweils seinen Nachbarn in Richtung Tür bitten, seinen Platz mit ihm zu tauschen,um sich langsam zur Tür zu bewegen. Diese zweite Möglichkeit entspricht den quantisierten Wirbeln.

Die Rotonen können unterhalb der Energie Δ_R nicht angeregt werden. Die Tangente, angelegt an die Rotonenkurve in Abb. 12.5, $E_\mathrm{R} = v_\mathrm{R} p$, definiert die Ausbreitungsgeschwindigkeit der Rotonen, $v_\mathrm{R} \approx 58$ m/s.

Wie kommt es denn zur Suprafluidität des Heliums, da die Phononen schon bei beliebig kleinen Impulsen Energie übernehmen können? Um dies zu demonstrieren, ist es ausreichend zu zeigen, dass die Viskosität, gemessen mit einer Kugel bei niedrigen Geschwindigeiten, gleich Null ist.

Betrachten wir eine Kugel mit der Masse M, die sich in Helium ($T = 0$) mit einer Geschwindigkeit v bewegt. Durch die Dissipation erzeugt die Kugel eine Anregung mit einer Energie ε und dem Impuls p, Abb. 12.6.

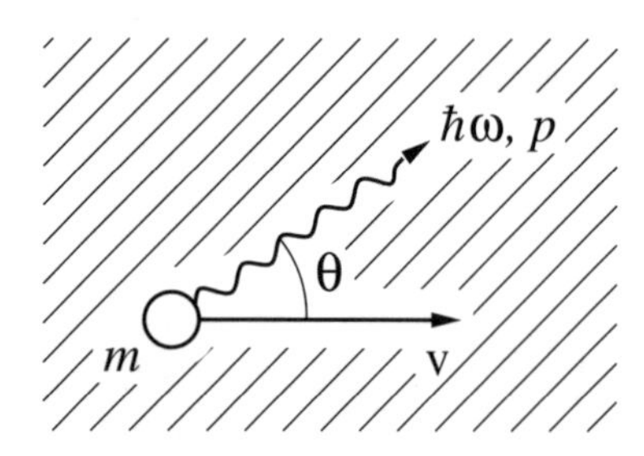

Abb. 12.6. Eine Kugel mit der Masse M bewegt sich mit einer Geschwindigkeit $\boldsymbol{v}$ und emittiert ein Phonon in Richtung Θ mit der Energie $\hbar\omega$ und dem Impuls $\boldsymbol{p}$. Für $M = \infty$ beträgt die kritische Geschwindigkeit $v_\mathrm{c} \approx v_\mathrm{R} = 58$ m/s

Die Energieerhaltung lautet dann

$$\frac{1}{2} M v^2 = \frac{1}{2} M v'^2 + \varepsilon \, , \tag{12.1}$$

wobei v' die Geschwindigkeit nach der Erzeugung der Anregung ist. Die Impulserhaltung verlangt zusätzlich

$$\boldsymbol{M v} - \boldsymbol{p} = \boldsymbol{M v}' \, . \tag{12.2}$$

Es ist leicht zu zeigen, dass die Phononanregung erst dann auftritt, wenn sich die Kugel mit einer Geschwindigkeit $v \geq v_{\mathrm{ph}}$ bewegt. Aus dem Quadrat von (12.2) folgt

$$\frac{1}{2}Mv^2 - \boldsymbol{v} \cdot \boldsymbol{p} + \frac{1}{2M}p^2 = \frac{1}{2}Mv'^2 , \tag{12.3}$$

oder verkürzt

$$\varepsilon = \boldsymbol{v} \cdot \boldsymbol{p} - \frac{1}{2M}p^2 . \tag{12.4}$$

Den kleinsten Wert für den Betrag der Geschwindigkeit $\boldsymbol{v}_{\mathrm{c}}$, bei der die Dissipation stattfinden kann, bekommt man, wenn der Impuls der Anregung und die Geschwindigkeit der Kugel parallel sind. Wenn wir eine massive Kugel betrachten, $p^2/2M \to 0$, dann lautet die Bedingung für die Geschwindigkeit, unter welcher die Dissipation nicht möglich ist:

$$v_{\mathrm{c}} = \frac{\varepsilon}{p} . \tag{12.5}$$

In dieser Näherung ist die Dissipation durch die Phononanregung erst möglich, wenn die Geschwindigkeit der Kugel größer als die Phonongeschwindigkeit ist. Da es im suprafluiden Helium keine Einteilchenanregungen mit $v = 0$ gibt, ist die niedrigste Geschwindigkeit, bei der die Dissipation eintritt, die Ausbreitungsgeschwindigkeit der Rotonen. Experimentell findet man, dass unterhalb der Geschwindigkeit $v_{\mathrm{c}} \approx 30\,\mathrm{m/s}$ die Viskosität gleich Null ist. Diese Geschwindigkeit ist etwas kleiner als die Rotonengeschwindigkeit $_{\mathrm{R}}$.

12.3 Suprafluides ^{3}He

Wenn zwischen Fermionen eine Anziehung besteht, bilden sich bei ausreichend niedrigen Temperaturen gebundene oder quasigebundene Zustände mit bosonischen Eigenschaften. Diese werden wir pauschal als Cooper-Paare bezeichnen. In der Tat beobachtet man bei Temperaturen $T \leq 2.8$ mK verschiedene suprafluide Phasen des ^{3}He. Die Spin-Spin-Wechselwirkung zwischen den ^{3}He-Kernen ist für die Bildung der Cooper-Paare verantwortlich. Diese Wechselwirkung ist anziehend, wenn die beiden magnetischen Momente parallel sind, das bedeutet, dass der Gesamtspin $S = 1$ ist. Da die Gesamtwellenfunktion antisymmetrisch sein muss, sind die beiden Atome im relativen

$L = 1$-Zustand. Demzufolge können die ^{3}He-Paare Gesamtdrehimpulse $J = 0, 1, 2$ haben. Demzufolge hat die Wellenfunktion der Cooper-Paare und damit der Ordnungsparameter einen Tensorcharakter. Diese Wechselwirkung ist aber sehr schwach:

$$V_{\text{ss}} = \frac{\alpha g^2(\hbar c)^3}{4(M_p c^2)^2}\left\langle \frac{1}{r^3}\right\rangle \boldsymbol{\sigma}\cdot\boldsymbol{\sigma}' \,. \tag{12.6}$$

Wenn wir in (12.6) die Werte für $g = -1.9$ (das magnetische Moment von ^{3}He ist $\mu = g\mu_{\text{N}}$ und μ_{N} ist Kernmagneton) und $\langle 1/r^3\rangle$, der einem mittleren Abstand zwischen den Heliumatomen von $\approx 0.2\,\text{nm}$ entspricht, einsetzen, bekommen wir $V_{\text{ss}} \approx 10^{-11}\,\text{eV}$. Das ist vier Größenordnungen kleiner als die Temperatur der Phasenübergänge, $T \approx 2.8\,\text{mK}$. Bei dieser Temperatur ist die Spin-Spin-Wechselwirkung vernachlässigbar, verglichen mit den thermischen Fluktuationen. Das suprafluide ^{3}He ist ein kollektiver Zustand, in dem sich die magnetischen Momente der Cooper-Paare im Gesamtvolumen organisieren. Im suprafluiden Zustand befinden sich die Cooper-Paare im Grundzustand. Die Bindungsenergie der gesamten Probe ist das Produkt aus der Zahl der Cooper-Paare im Grundzustand, N_{CP}, und der Bindungsenergie einzelner Paare, V_{ss}, (siehe Gl. 12.6). Und die Gesamtenergie der Probe ist größer als die der thermischen Fluktuationen. Das Magnetfeld, das durch die ausgericheten ^{3}He-Kerne im suprafluiden Zustand entsteht, beträgt etwa 3 mT. Wenn wir berücksichtigen, dass $\mu_{\text{N}}/\mu_{\text{B}} \approx 1/2000$ ist, dann kann sich die Aus richtung der nuklearen magnetischen Momente in suprafluidem ^{3}He gut mit der Ausrichtung der Elektronen im Ferromagnetikum messen.

Weiterführende Literatur

C. Enss, S. Hunklinger: *Tieftemperaturphysik* (Springer, Berlin Heidelberg 2000)

KAPITEL 13

Metalle

Tous les genre sont bon, lors le genre ennuyeux.
Voltaire

Metalle sind aus Atomen aufgebaut, die ein, zwei oder drei schwach gebundene Elektronen besitzen. Im kondensierten Zustand sind diese Elektronen delokalisiert und bewegen sich fast als freie Teilchen zwischen den Atomen. Die inneren Elektronen bilden zusammen mit dem Kern fest gebundene positive Ionen, die in einem Kristallgitter angeordnet sind. Die Bewegung der äußeren Elektronen in einem periodischen Potential kann man mit einer modulierten ebenen Welle beschreiben, im idealen Kristall streuen die Elektronen nicht. Diese findet nur an Kristalldefekten und thermischen Schwingungen statt. Daher können die Elektronen im Metall in guter Näherung als Fermi-Gas in einem Potentialtopf behandelt werden.

Wir wollen drei Aspekte der Metalle betrachten, die durch das Fermi-Gas-Modell erklärt werden können: die Bindung der Atome im Kristall, die elektrische Leitfähigkeit und der Wärmetransport.

13.1 Metallische Bindung

13.1.1 Der metallische Wasserstoff

Zunächst wollen wir die Natur der metallischen Bindung am Beispiel des metallischen Wasserstoffs demonstrieren. Wasserstoff existiert als Metall nur unter sehr hohem Druck, z.B. im Inneren des Planeten Jupiter. Im Labor jedoch ist es bis jetzt für etwa 0.1 ms gelungen, einen Tropfen flüssigen Wasserstoffs unter einem Druck von mehr als 140 GPa in den flüssigen metallischen Zustand zu überführen. Dies wurde durch die starke Erhöhung der elektrischen Leitfähigkeit nachgewiesen. Der metallische Wasserstoff im festen Zustand hingegen konnte noch nicht im Labor erzeugt werden. Man vermutet, dass hierfür etwa 500 GPa notwendig sind.

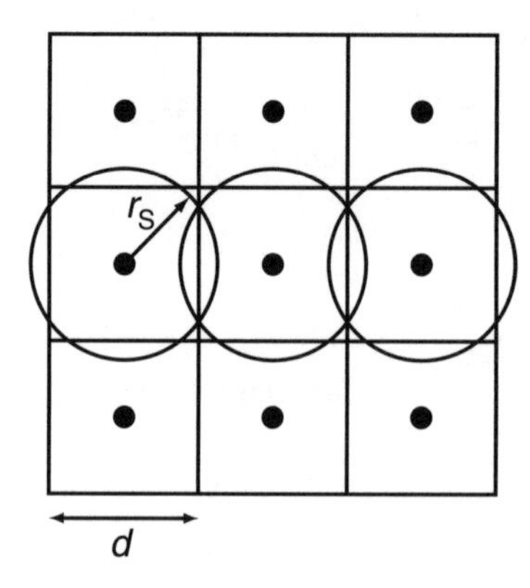

Abb. 13.1. In einem kubischen Gitter werden die Zellen durch Kugeln mit dem Radius r_s ersetzt

Wir wollen nun die metallische Bindung für Wasserstoff unter Normalbedingungen *on the back of an envelope* demonstrieren.

Betrachten wir ein dichtes kubisches Gitter von Protonen und die gleichmäßige Verteilung der delokalisierten Elektronen. Die Kristallzelle d^3 können wir gut durch eine Kugel mit dem Radius r_s ersetzen, so dass die Dichte $N/\mathcal{V} = d^{-3} = (4\pi r_s^3/3)^{-1}$ gleich bleibt (siehe Abb. 13.1). Die Energie der Elektronen im metallischen Wasserstoff bestimmen wir mit Hilfe der Variationsmethode und vergleichen sie mit der Energie in isolierten Atomen.

Die mittlere kinetische Energie des Elektrons im Fermi-Gas beträgt nach (11.8)

$$K = 2.21 \frac{\hbar^2}{2mr_s^2} , \tag{13.1}$$

wobei wir den mittleren Atomabstand d durch r_s ersetzt haben.

Die elektrostatische Energie des Protons in der Mitte dieser Kugel mit der konstanten Ladungsdichte $\varrho = -3e/(4\pi r_s^3)$ beträgt

$$V = \int_0^{r_s} -\frac{\alpha\hbar c}{r} \frac{3}{4\pi r_s^3} 4\pi r^2 \mathrm{d}r = -\frac{3}{2} \frac{\alpha\hbar c}{r_s} . \tag{13.2}$$

Die benachbarten Zellen tragen nichts dazu bei, da sie neutral und kugelsymmetrisch sind. Durch Minimierung der Gesamtenergie $E = K + V$ erhält man aus (13.1) und (13.2)

$$r_s = 1.47\, a_0, \qquad E = -1.02\,\mathrm{Ry} . \tag{13.3}$$

Eine genauere Rechnung (mit modulierten ebenen Wellen) ergibt $E = -1.05\,\mathrm{Ry}$. Diese Energie sollte ausreichen, um Wasserstoffatome durch die metallische Bindung zusammenzuhalten (Abb. 13.2), da die Bindungsenergie des Elektrons im freien Wasserstoffatom nur

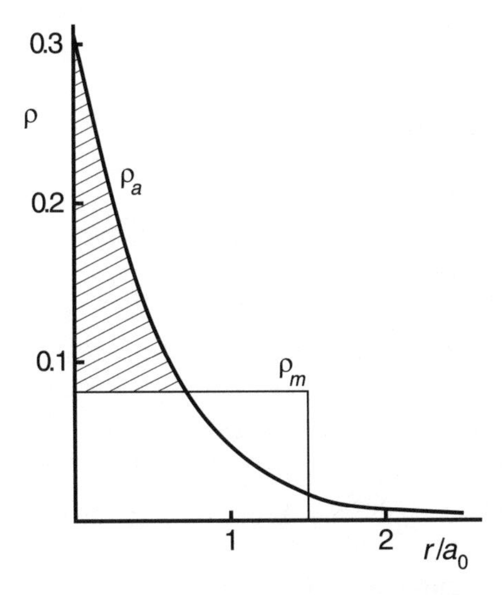

Abb. 13.2. Die Ladungsverteilung im freien Wasserstoffatom und im hypothetischen Wasserstoffmetall bei atmosphärischem Druck

$E_{\mathrm{H}} = -1\,\mathrm{Ry}$ beträgt. Trotzdem bilden die Wasserstoffatome unter normalem Druck kein Metall, da es energetisch noch günstiger ist, Wasserstoffmoleküle zu bilden. Die Bindungsenergie des Elektrons im Wasserstoffmolekül beträgt nämlich $-1.17\,\mathrm{Ry}$ pro Atom. Deshalb ist der feste Wasserstoff unter normalem Druck ein Kristall aus Molekülen, die durch die van-der-Waals-Kraft zusammengehalten werden.

Wenn man die Ladungsverteilung im hypothetischen Wasserstoffmetall bei normalen Drücken (Abb. 13.2) mit der des Wasserstoffmoleküls (Abb. 7.3) vergleicht, sieht man, dass die Elektronendichte zwischen den Protonen im Molekül wesentlich höher ist als im Metall.

Bei hohen Drücken ist die Situation anders. Wenn die Abstände zwischen den Wasserstoffmolekülen mit denen im Molekül vergleichbar werden, sind die Elektronen nicht mehr an einzelne Moleküle gebunden. Daher ist die metallische Bindung stärker als die molekulare.

Ganz anders ist das bei Metallen, bei denen die kovalente Bindung von zwei Atomen in einem Molekül nicht so effektiv ist wie beim Wasserstoff und den meisten Nichtmetallen. Die Bedingung für die metallische Bindung bei Normaldruck ist also, dass die Bindungsenergie des delokalisierten Elektronengases die Bindungsenergie einzelner Moleküle überschreitet und nicht nur die Bindungsenergie einzelner Atome.

13.1.2 Normale Metalle

Die oben beschriebene Abschätzung kann man leicht auf gewöhnliche Metalle übertragen. Als Beispiel betrachten wir Natrium, das ein Leitungselektron pro Atom besitzt. Der wesentliche Unterschied im Vergleich zum Wasserstoff ist die Anwesenheit der inneren Elektronenschalen, die dem Leitungselektron durch das Pauli-Prinzip den Weg in das positive Ion verhindern und als ein repulsives Pseudopotential wirken. Andererseits ist das Potential im Inneren des Ions größer als $e^2/(4\pi\varepsilon_0 r)$ und wird nur außerhalb des Ionenradius durch Abschirmung zu $e^2/(4\pi\varepsilon_0 r)$ reduziert. Beide Effekte zusammen können mit einem Pseudopotential simuliert werden, das bis zu dem Ionenradius r_I konstant bleibt und dann wie $-e^2/(4\pi\varepsilon_0 r)$ abfällt (Abb. 13.3). Es ist ratsam den Radius r_I so zu bestimmen, dass die Ionisationsenergie des 3s-Elektrons im freien Na-Atom dem experimentellen Wert entspricht. Für Letzteren erhält man numerisch $E_{3\mathrm{s}} = -0.378\,\mathrm{Ry}$, wenn man $r_\mathrm{I} = 3.26\,a_0$ wählt.

Man erhält ähnlich wie beim Wasserstoff

$$E = -\frac{3}{2}\,\frac{e^2}{4\pi\varepsilon_0 r_\mathrm{s}} + \frac{1}{2}\,\frac{e^2 r_\mathrm{I}^2}{4\pi\varepsilon_0 r_\mathrm{s}^3} + 2.21\,\frac{\hbar^2}{2m r_\mathrm{s}^2}\,. \tag{13.4}$$

Das Minimum der Energie wird erreicht bei

$$r_\mathrm{s} = 4.08\,a_0, \qquad E = -0.446\,\mathrm{Ry}\,. \tag{13.5}$$

Der Energiegewinn berechnet sich dann zu $\varDelta E = E - E_\mathrm{atom} = -0.068\,\mathrm{Ry} = -0.93\,\mathrm{eV}$. Diese grobe Abschätzung liegt überraschend nahe bei den experimentellen Werten $r_\mathrm{s} = 4.00\,a_0$ und $\varDelta E = -1.11\,\mathrm{eV}$.

Das Wesen der metallischen Bindung ist das gleiche wie das der kovalenten Bindung. Die Ausläufer der Elektronenwellenfunktion bei $r > r_\mathrm{s}$ (Abb. 13.4) werden zur Zelle des Nachbaratoms gerechnet. Weil

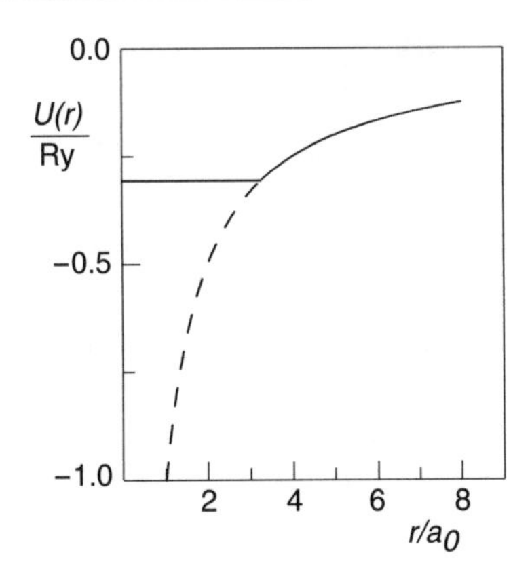

Abb. 13.3. Das Pseudopotential in Natrium. Die *gestrichelte Linie* ist die Fortsetzung des Coulomb-Potentials $V = -e^2/(4\pi\varepsilon_0 r)$. Innerhalb von $r_\mathrm{s} = 3.26\,a_0$ ist das tatsächliche Potential stärker, weil die inneren Schalen nicht ganz abgeschirmt sind; das Pauli-Prinzip dagegen wirkt repulsiv, und wir simulieren beide Effekte mit einem konstanten Pseudopotential

dadurch die Elektronenverteilung in jedem Atom dem positiven Kern etwas näher kommt, ist der Gewinn der potentiellen Energie größer als der Verlust durch eine meist kleinere Erhöhung der kinetischen Energie (Abb. 13.4).

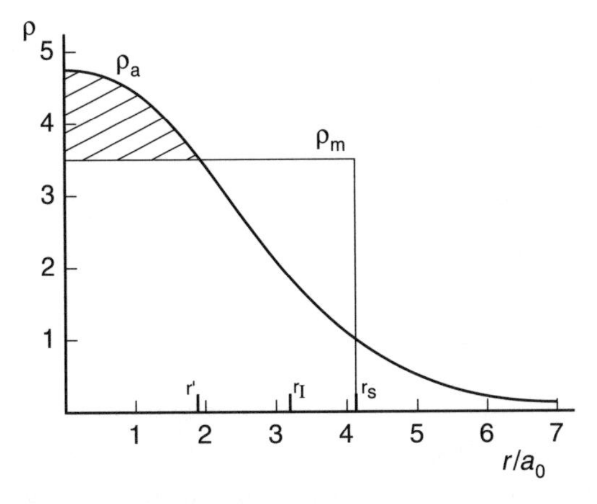

Abb. 13.4. Die Elektronendichte ϱ_a im Na-Atom, ϱ_m im Na-Metall. In Metallen verschiebt sich die Elektronendichte aus Bereichen $r < r'$ und $r > r_\mathrm{s}$ in den Bereich $r' < r < r_\mathrm{s}$

13.2 Elektrische Leitfähigkeit

Die elektrische Leitfähigkeit der Metalle kann man gut mit der Annahme beschreiben, dass sich die äußeren Elektronen (das *Fermi-Gas der Elektronen*) unter dem Einfluss eines elektrischen Feldes mit einer Driftgeschwindigkeit v_{D} gleichmäßig bewegen. In einem elektrischen Feld werden Elektronen beschleunigt, $\mathrm{d}\boldsymbol{v}/\mathrm{d}t = (e/m)\,\boldsymbol{E}$. Diese Beschleunigung ist jedoch nur während der Dauer τ zwischen zwei Elektron-Elektron- oder Elektron-Phonon-Stößen wirksam. Die *Driftgeschwindigkeit* der Elektronen ist also

$$v_{\mathrm{D}} = (e/m)\,E\,\tau\,. \tag{13.6}$$

Die Elektronen sind im entarteten Zustand, daher können nur diejenigen in der Nähe der Fermi-Kante streuen. Diese Elektronen bewegen sich mit der Fermi-Geschwindigkeit v_{F}. Wenn wir die mittlere freie Weglänge mit $\bar{l}$ bezeichnen, ist die mittlere Zeit zwischen zwei Stößen $\tau = \bar{l}/v_{\mathrm{F}}$. Daraus ergeben sich die Stromdichte

$$j = env_{\mathrm{D}} = (ne^2\tau/m)\,E = \sigma\,E \tag{13.7}$$

und die elektrische Leitfähigkeit

$$\sigma = \frac{ne^2\tau}{m} = \frac{ne^2\,\bar{l}}{m\,v_{\mathrm{F}}}\,, \tag{13.8}$$

wobei n die Zahl der Leitungselektronen pro Volumeneinheit ist. In Natrium und Kupfer beteiligt sich je ein Elektron pro Atom an der metallischen Bindung und der elektrischen Leitfähigkeit. Für Kupfer kann man aus der gemessenen Leitfähigkeit $\tau \sim 7 \cdot 10^{-14}\,\mathrm{s}$ und $\bar{l} \sim 30\,\mathrm{nm}$ abschätzen. Die freie Weglänge $\bar{l}$ im Kupfer ist etwa einen Faktor 100 größer als der Abstand zwischen Atomen.

13.3 Cooper-Paare

Bei tiefen Temperaturen werden viele Metalle supraleitend, der elektrische Widerstand verschwindet. Der Mechanismus der Supraleitung ist qualitativ gut verstanden. Die Elektronen an der Fermi-Kante, die bei normalen Temperaturen durch ihre Streuung an Kristalldefekten und thermischen Schwingungen zum Widerstand beitragen, binden sich bei tiefen Temperaturen zu Cooper-Paaren. Diese verhalten sich wie Bosonen und gehen in ein Bose-Kondensat mit einer Energielücke über.

Der supraleitende Strom wird als eine kollektive Bewegung der Cooper-Paare verstanden, die wegen der Energielücke vor Streuung geschützt sind. Hier wollen wir uns nur mit der Frage befassen, wie ein effektives, attraktives Potential im Metall entsteht, das die Elektronen zu Cooper-Paaren bindet.

Für die Eigenschaften des Kristallgitters spielt das Verhältnis zwischen Elektronmasse m und Ionenmasse M eine wichtige Rolle. Für die Metalle ($M \approx 50$ u) ist $M/m \approx 10^5$ und damit $\sqrt{M/m} \approx 300$. Da die Ionen und Elektronen in einem Kristall mit dem Gitterabstand d eine ähnliche Kraft $F \sim \alpha\hbar c/d^2$ spüren, stehen ihre Frequenzen im umgekehrten Verhältnis zu den Wurzeln ihrer Massen

$$\frac{\omega_{\mathrm{D}}}{\omega_{\mathrm{e}}} \approx \sqrt{\frac{m}{M}} \, . \tag{13.9}$$

Für die Ionenfrequenz haben wir die Debye-Frequenz des Kristalls ω_{D} gewählt, die Elektronenfrequenz entspricht der Bindungsenergie des Valenzelektrons im Atom, $\hbar\omega_{\mathrm{e}} = E_{\mathrm{e}} \sim \alpha\hbar c/d$. Im gleichen Verhältnis steht auch die Schallgeschwindigkeit zur Elektrongeschwindigkeit

$$v_{\text{phonon}} \sim d\,\omega_{\mathrm{D}}, \qquad v_{\mathrm{e}} \sim d\,\omega_{\mathrm{e}}, \qquad \frac{v_{\text{phonon}}}{v_{\mathrm{e}}} \sim \sqrt{\frac{m}{M}} \, . \tag{13.10}$$

Tatsächlich ist die Elektrongeschwindigkeit (10^6m/s) 300 mal größer als die Schallgeschwindigkeit im Metall (3000 m/s).

Wenn ein Elektron in der Nähe eines Ions vorbeifliegt, überträgt es den Impuls (s. Abb. 13.5)

$$p = F\,\tau \approx \frac{\alpha\hbar c}{d^2}\,\frac{d}{v_{\mathrm{e}}} \approx \frac{E_{\mathrm{e}}}{v_{\mathrm{e}}} \, , \tag{13.11}$$

wobei $\tau = d/v_{\mathrm{e}}$ die Zeit ist, die das Elektron in der Nähe des Ions verbringt. Das Ion führt dann eine einzige Schwingung mit der Amplitude

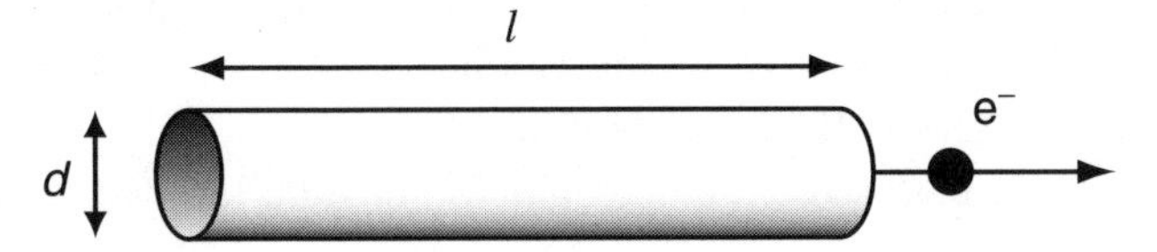

Abb. 13.5. Der Zylinder hinter dem Elektron, in dem das Kristallgitter gestört wird und die Ionen in Richtung der Achse angezogen werden

$$\delta = \frac{p}{M\omega_{\mathrm{D}}} \sim \frac{E_{\mathrm{e}}/v_{\mathrm{e}}}{\sqrt{Mm}\omega_{\mathrm{e}}} \sim \frac{E_{\mathrm{e}}}{mv_{\mathrm{e}}^2}\sqrt{\frac{m}{M}}d \sim \sqrt{\frac{m}{M}}d \tag{13.12}$$

aus, worauf es anschließend wieder in seinen ursprünglichen Zustand mit einer Relaxationszeit ω_{D}^{-1} zurückfällt. Bei der Temperatur $T \sim 0$ K können die Elektronen die Gitteratome nicht anregen, da die inelastische Streuung nur an den thermischen Fluktuationen stattfinden kann. Innerhalb der Relaxationszeit entfernt sich das Elektron um $l \sim v_{\mathrm{e}}(1/\omega_{\mathrm{D}}) \sim \sqrt{M/m}\,d$. Deshalb ist die Störung des Kristallgitters in einem Zylinder mit dem Durchmesser d und der Länge l enthalten (Abb. 13.6). Wenn sich die Ionen nun um δ gegen die Achse angenähert haben, wird ein attraktives Potential für andere Elektronen geschaffen. Um ein solches Potential auszunutzen, muss das zweite Elektron

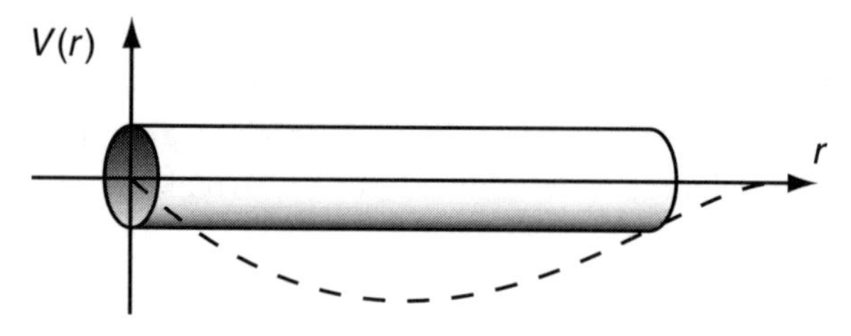

Abb. 13.6. Die Störung des Kristalls im Zylinder erzeugt ein attraktives Potential für andere Elektronen (*gestrichelte Kurve*)

ziemlich genau durch den Zylinder fliegen. Der Zylinder ist nicht im Raum fixiert, da wir es mit einem s-Welle-Zustand zu tun haben. Um den Drehimpuls Null des Cooper-Paars zu erhalten, ist seine Wellenfunktion eine Superposition der Zylinder-Zustände in allen Richtungen.

Mit einem Drehimpuls $\ell\hbar$ würden die Elektronen um $R \sim \ell\hbar/p \sim \ell d$ voneinander wegfliegen und den attraktiven Zylinder der Breite d verpassen. Deshalb haben Cooper-Paare Spin und Drehimpuls Null. (Da die s-Welle symmetrisch ist, muss wegen des Pauli-Prinzips die Spinwellenfunktion antisymmetrisch sein.)

Die Änderung des Potentials durch die Polarisation des Gitters ist proportional zu δ/d, so dass das attraktive Potential für die Elektronen im relativen s-Zustand folgende Form annimmt:

$$V(r) \begin{cases} \sim \frac{\delta}{d} \cdot \frac{\alpha\hbar c}{d} & \text{für } r < l \\ \approx 0 & \text{für } r > l \,. \end{cases} \tag{13.13}$$

Hierin ist $l \approx \sqrt{M/m}\,d \approx 300\,d$. Dies ist ein verhältnismäßig starkes Potential. Es ist nicht tief, hat aber eine große Ausdehnung, so dass man annehmen könnte, dass die Bindungsenergie etwa der Potentialtiefe, $E_\mathrm{e}/300 \approx 3 \cdot 10^{-3}$ eV, entspricht. Davon kann man sich leicht durch die Lösung der Schrödinger-Gleichung für das Potential (13.13) überzeugen. Da diese Bindungsenergie einer Temperatur von ca. 30 K entspricht, würde man viele Supraleiter bei ziemlich hohen Temperaturen erwarten. In Wirklichkeit ist die Bindungsenergie der Cooper-Paare ausschließlich etwa 10^{-4} eV. Wo liegt der Fehler unserer Überlegung?

Cooper-Paare bilden sich aus Elektronen knapp oberhalb der Fermi-Kante. Die Zustände darunter sind besetzt und können daher zur Wellenfunktion der Cooper-Paare nichts beitragen, was einem hochangeregten Zustand im Potential (13.13) entsprechen würde. Um die Bindung des Cooper-Paares zu veranschaulichen, vergleichen wir die Wellenfunktion zweier freier Elektronen (Abb. 13.7) mit der zweier, zu einem Cooper-Paar gebundener Elektronen (Abb. 13.8). Die Wellenlänge der Elektronen an der Fermi-Kante ist viel kleiner als die Ausdehnung des Cooper-Paares. Trotzt der schwachen Bindung reicht es, bei niedrigen Temperaturen ($k_\mathrm{B}T < E_\mathrm{Bindung}$) ein Bose-Kondensat der Cooper-Paare zu bilden, damit viele Metalle supraleitend werden.

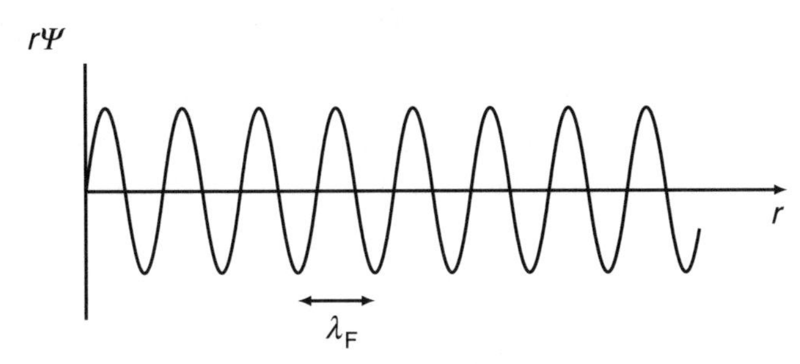

Abb. 13.7. Die Wellenfunktion zweier nicht-wechselwirkender Elektronen

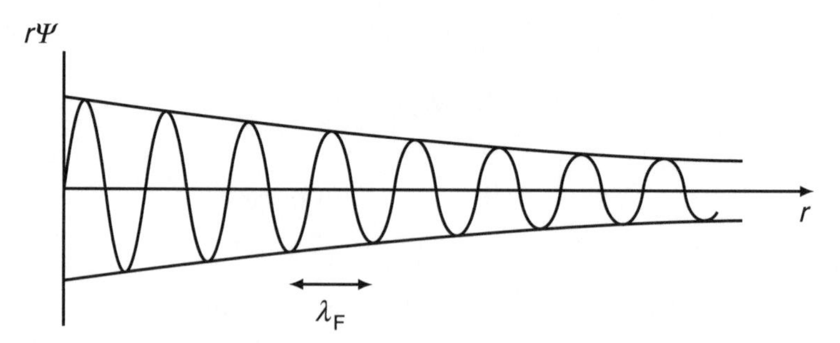

Abb. 13.8. Die Wellenfunktion eines Cooper-Paares, die Kohärenzlänge beträgt einige Hundert Gitterabstände

13.4 Wärmeleitfähigkeit

Die Wärmeleitung, das bedeutet der Energietransport, wird in einem Gas durch die Bewegung der Moleküle bzw. Atome, im Nichtmetall durch Phononen und im Metall durch Elektronen (nur in einem sehr geringen Maße durch Phononen) bewirkt. All diese Energieträger behandeln wir in erster Näherung als freie Teilchen. Die Wechselwirkung zwischen diesen Teilchen – und im Falle der Festkörper ihre Wechselwirkung mit den Kristalldefekten – berücksichtigen wir durch die mittlere freie Weglänge $\bar{l}$. Es ist einleuchtend, die Wärmeleitfähigkeit der Gase, Nichtmetalle und Metalle miteinander zu vergleichen, um den Grund für die großen Unterschiede ihrer Wärmeleitfähigkeiten zu verstehen.

Die Wärmeleitung der Gase stellen wir uns so vor: Die Teilchendichte des Gases sei n, die mittlere Geschwindigkeit $\bar{v}$. Durch eine Fläche S kommen von der linken (kälteren) Seite (siehe Abb. 13.9) $n\,\bar{v}\,\overline{\cos\theta}\,S$ Moleküle pro Sekunde aus einer Entfernung von $\bar{l}$ in den wärmeren Bereich. Jedes dieser Moleküle trägt eine Energie $c_v\,(T - \frac{\mathrm{d}T}{\mathrm{d}x}\,\bar{l})$. Aus der rechten (wärmeren) Seite kommt durch die Fläche S der gleiche Teilchenfluss. Die „wärmeren" Teilchen tragen jedoch eine größere Energie, $c_v\,(T + \frac{\mathrm{d}T}{\mathrm{d}x}\,\bar{l})$ pro Molekül. Mit $\overline{\cos\theta} = \frac{1}{4}$ ist dann der Netto-Wärmefluss

$$J_Q = \frac{1}{2}\,n\,\bar{v}\,c_v\,\bar{l}\,S\,\frac{\mathrm{d}T}{\mathrm{d}x}\,, \tag{13.14}$$

woraus sich die Wärmeleitfähigkeit

$$\lambda = \frac{1}{2}\,n\,\bar{v}\,c_v\,\bar{l}. \tag{13.15}$$

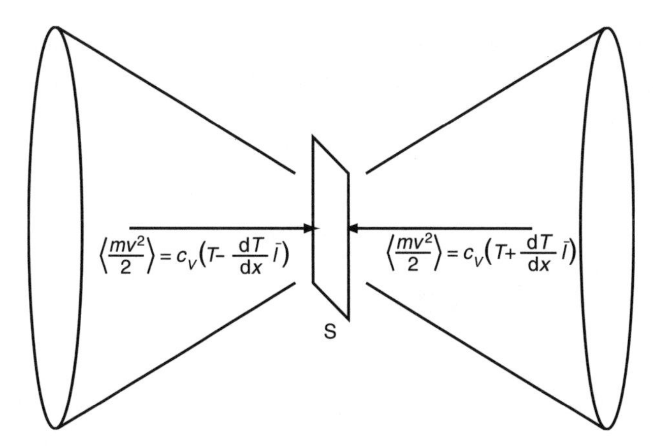

Abb. 13.9. Der Energietransport durch die Fläche S getragen von Molekülen, Phononen bzw. Elektronen

berechnen läßt. Der genauere numerische Faktor hängt von der benutzten Näherung und dem Gas ab.

Dieselbe Abschätzung darf man auch für Phonon- und Elektrongas anwenden. Der Vergleich der verschiedenen Faktoren ist in Tabelle 13.1 gegeben.

Aufgrund der geringen Dichte von Luft ist ihre Wärmeleitfähigkeit etwa hundertmal kleiner als die der Nichtmetalle (Tabelle 13.1). Die hohe Geschwindigkeit der Elektronen an der Fermi-Kante wiederum bedingt die etwa hundertmal größere Wärmeleitfähigkeit in Metallen gegenüber den Nichtmetallen. Der kleine c_v-Wert von Kupfer bezieht sich selbstverständlich nur auf die Elektronen.

Tabelle 13.1. Typische Werte für Faktoren zur Berechnung der Wärmeleitfähigkeit für verschiedene Materialien bei Normalbedingungen. Für Phononen hat nur das Produkt nc_v eine Bedeutung

Medium	Träger	$\bar{l}$ nm	$\bar{v}$ m/s	n kmol/m^3	c_v	λ W/mK
Luft	Moleküle	65	500	0,045	2,5 R	0,03
Nichtmetall	Phononen	1	3000	(45	$\times$ 3 R)	3
Kupfer	Elektronen	30	10^6	45	0,03 R	300

Da die elektrische und die Wärmeleitfähigkeit in Metallen durch die Elektronen verursacht wird, ist es zweckmäßig, beide gemeinsam zu betrachten. Für diesen Zweck brauchen wir den expliziten Ausdruck für die spezifische Wärme des entarteten Elektronengases

$$c_v = \frac{1}{2}\pi^2 k_B^2 T/\varepsilon_F \,, \tag{13.16}$$

den wir hier nicht herleiten wollen. Mit

$$\varepsilon_F \approx \frac{5}{3} m\bar{v}^2/2 \tag{13.17}$$

bekommen wir

$$c_v \approx \frac{1}{2}\frac{\pi^2 k_B^2 T}{\frac{5}{6} m\bar{v}^2} \,, \tag{13.18}$$

woraus wir dann das Wiedemann-Franz-Verhältnis zwischen der Wärme- und der elektrischen Leitfähigkeit

$$L_{W-F} = \frac{\lambda/T}{\sigma} \approx \frac{\frac{1}{2} n\bar{v}\bar{l}\,\frac{3}{5}\pi^2 k_B^2/(m\bar{v}^2)}{ne^2\bar{l}/(m\bar{v})} = \frac{3\pi^2}{10}\frac{k_B^2}{e^2} \tag{13.19}$$

bestimmen.

Die genaue Rechnung ergibt fast dasselbe Resultat,

$$L_{W-F} = \frac{\pi^2}{3}\frac{k_B^2}{e^2} = 2.45 \cdot 10^{-8}\,\mathrm{W}\Omega/\mathrm{K}^2 \,, \tag{13.20}$$

das mit gemessenen Werten gut übereinstimmt. Für Kupfer z. B. beträgt die Wärmeleitfähigkeit bei 273 K $L = 2.23 \cdot 10^{-8}\,\mathrm{W}\Omega/\mathrm{K}^2$.

Weiterführende Literatur

Ch. Kittel: *Einführung in die Festkörperphysik* (Oldenbourg, München Wien 1980)

J. M. Ziman: *Prinzipien der Festkörpertheorie* (Harri Deutsch, Frankfurt/M. 1999)

Ch. Enss, S. Hunklinger: *Tieftemperaturphysik* (Springer, Berlin Heidelberg 2000)

W. J. Nellis: *Making Metallic Hydrogen*, Scientific American (May 2000) 60

V. F. Weisskopf: *Search for Simplicity: The metallic bond*, Am. J. Phys. **53** (1985) 940

V. F. Weisskopf: *The Formation of Cooper Pairs and the Nature of Supraconducting Currents*, CERN 79–12

KAPITEL 14

Kerne – Tröpfchen einer Fermi-Flüssigkeit

Nullum est iam dictum, quod non sit dictum prius.
Terenz

Die Bezeichnung von Kernen als Tröpfchen einer Fermi-Flüssigkeit ist berechtigt. Die Kernkraft ist schwach, im Falle des Deuterons führt sie zu einem kaum gebundenen Zustand. In Kernen bewegen sich die Nukleonen unabhängig voneinander. Im Grundzustand hat der Kern, in einem thermodynamischen Sinn, die Temperatur $T = 0\,\mathrm{K}$. Wie schon beim flüssigen ^{3}He erwähnt, kann man bei niedrigen Temperaturen eine Fermi-Flüssigkeit durch ein Fermi-Gas approximieren. Das ist auch der Fall in Kernen, bei denen sich die Impulsverteilung nur durch die verschmierte Fermi-Kante vom Gas unterscheidet. Fermi hat schon in den dreißiger Jahren des 20. Jahrhunderts den Kern als Quantengas in der damals üblichen semiklassischen Näherung beschrieben. Diese Näherung ist ausreichend, um viele globale Eigenschaften der Kerne zu verstehen.

Um die individuellen Eigenschaften zu studieren, muss man jedoch berücksichtigen, dass sich die Nukleonen in einem mehr oder weniger kugelsymmetrischen Potential bewegen. Die Form des Potentialtopfes kann man auch theoretisch mit dem Modell des *mean field* bzw. nach Hartree-Fock ableiten. Das Resultat zeigt, dass die Potentialtiefe der Kerndichte proportional ist. Für schwere Kerne hat das Potential die Form eines Kastenpotentials mit abgerundeten Ecken, man nennt es Woods-Saxon-Potential:

$$V = \frac{-V_0}{1 + \mathrm{e}^{(r-R)/a}} \,. \tag{14.1}$$

Hier ist V_0 die Tiefe des Potentials im Zentrum und R ist der Kernradius.

Die individuellen Eigenschaften von Kernen, die Bindungsenergien wie auch die angeregten Zustände hängen von der Eigenschaft des Potentials ab (Schalenmodell).

Dass die Fermi-Gas-Näherung gut ist, liegt daran, dass die mittlere freie Weglänge, verglichen mit dem Abstand zwischen den Nukleonen, groß ist.

Mean field bedeutet anschaulich Folgendes: Das Nukleon streut an jeweils einem Nukleon, jedoch ohne Phasenverschiebung! In der Nähe des Streuzentrums ist die Wellenfunktion zwar modifiziert und nimmt den Charakter eines Bindungszustand an . Bei großen Abständen hat die Streuung jedoch keine Auswirkung auf die Wellenfunktion, und das Nukleon verhält sich wie ein freies Teilchen.

14.1 Globale Eigenschaften – Fermi-Gas-Modell

Das Potential (*mean field*), dem jedes Nukleon ausgesetzt ist, ist die Überlagerung der Potentiale der übrigen Nukleonen und hat die Form (14.1). Im Kernvolumen V befinden sich zwei Gase, Neutronen und Protonen. Da jeder Zustand zwei Fermionen gleicher Art beherbergen kann, können im Kern N Neutronen und Z Protonen untergebracht werden,

$$N = 2 \cdot \frac{4\pi (p_F^n)^3 V}{3(2\pi\hbar)^3} \quad \text{und} \quad Z = 2 \cdot \frac{4\pi (p_F^p)^3 V}{3(2\pi\hbar)^3} \,. \tag{14.2}$$

Setzt man das Kernvolumen

$$V = \frac{4\pi}{3} R^3 = \frac{4\pi}{3} R_0^3 A \tag{14.3}$$

ein und benutzt den durch Elektronstreuung ermittelten Wert von $R_0 = 1.21\,\text{fm}$, so erhält man für einen Kern mit $N = Z = A/2$ und gleichen Radius für die Potentialtöpfe von Protonen und Neutronen den Fermi-Impuls

$$p_F = p_F^n = p_F^p = \frac{\hbar}{R_0} \left(\frac{9\pi}{8} \right)^{1/3} \approx 250\,\text{MeV}/c \,. \tag{14.4}$$

Das ist keine große Überraschung, denn jedem Nukleon steht das Volumen einer Kugel mit dem Radius R_0 zur Verfügung, und deswegen kann man erwarten, dass $R_0 \cdot p_F \approx \hbar$ bzw. $R_0 \approx \lambda\!\!\!^{-}_N$ sein wird. Diese Erwartung stimmt gut mit (14.4) überein. Dies ist wiederum eine Bestätigung, dass die grobe Abschätzung des mittleren Abstands zwischen den Konstituenten vergleichbar ist zu deren de-Broglie-Wellenlänge; das ist in allen entarteten Systemen der Fall.

Die Energie des höchsten besetzten Zustands, die Fermi-Energie E_F, beträgt

$$E_\mathrm{F} = \frac{p_\mathrm{F}^2}{2M} \approx 33\,\mathrm{MeV}\,, \qquad (14.5)$$

wobei M die Nukleonenmasse ist. Die typische Bindungsenergie pro Nukleon beträgt $-8\,\mathrm{MeV}$. Die Coulomb-Abstoßung und die Oberflächenenergie mindern die Bindungsenergie um $8\,\mathrm{MeV}$ pro Nukleon. Das bedeutet, dass die reine nukleare Bindung $B' = -16\,\mathrm{MeV}$ pro Nukleon beträgt. Die resultierende Potentialtiefe ist dann $-V_0 = B' - E_\mathrm{F} \approx -50\,\mathrm{MeV}$.

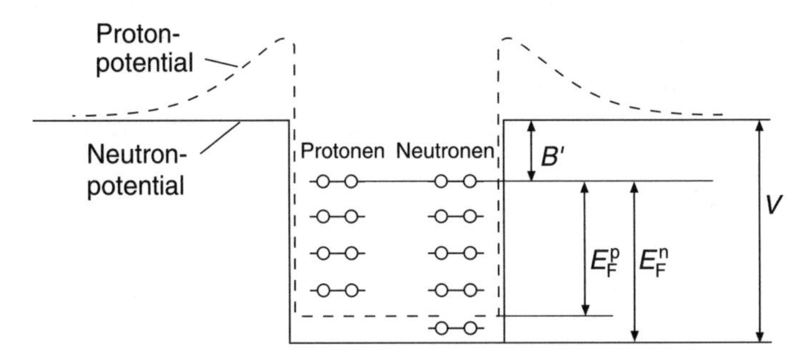

Abb. 14.1. Schematischer Potentialverlauf und Zustände für Protonen und Neutronen im Fermi-Gas-Modell

14.2 Individuelle Eigenschaften – Schalenmodell

Im vorigen Abschnitt haben wir einen großen Potentialtopf mit vielen Nukleonen angenommen und die Kerne als fast makroskopische Tropfen der Kernmaterie betrachtet. In einem solchen Modell kann man aus der Kernwechselwirkung sowohl die Dichte der Kernmaterie und die Bindungsenergie pro Nukleon, als auch Oberflächen-, Coulomb- und Paarungsenergien näherungsweise berechnen, jedoch keine individuellen Eigenschaften.

Als Näherung nehmen wir wieder ein Fermi-Gas an (ein Modell der unabhängigen Teilchen), aber in einem kugelsymmetrischen Potentialtopf. Wegen dieser Kugelsymmetrie sind nicht die linearen Impulse,

sondern die Drehimpulse der Einteilchenzustände gute Quantenzahlen, und man rechnet – wie beim atomaren Schalenmodell – mit Kugelwellen statt mit ebenen Wellen. Wegen der Entartung solcher Zustände gruppieren sich die Einteilchenenergien in Schalen. Da das Kernpotential mehr einem harmonischen Oszillator bei leichten und einem Kastenpotential als einem Coulomb-Potential ähnelt, sind die „magischen Zahlen" der geschlossenen Schalen von denen der Edelgase verschieden. Experimentell findet man besonders stark gebundene Kerne mit hohen Anregungsenergien und hohen Trennungsenergien bei den Protonen- oder Neutronenzahlen 2, 8, 20, 28, 50, 82 und 126. Die ersten drei entsprechen dem harmonischen Oszillator (2, 8, 20, 40, 70, 112). Die weiteren zeugen von einer sehr starken $(\ell \cdot s)$-Kopplung. Deswegen kommen die Niveaus $f_{7/2}$, $g_{9/2}$, $h_{11/2}$, $i_{13/2}$ in die energetisch niedrigeren Schalen und dadurch erhöhen sich – im Vergleich zum Oszillatorpotential – die magischen Zahlen um $2 \cdot (2j + 1)$.
In einer vollständigen *mean field*-Berechnung tritt neben dem zentralen Potential auch ein Spin-Bahn-Potential auf. Im Schalenmodell setzt man daher

$$V(r) = V_{\text{Zentr}}(r) + V_{ls}(r) \frac{\langle \boldsymbol{\ell} \cdot \boldsymbol{s} \rangle}{\hbar} \tag{14.6}$$

für das effektive Kernpotential an.

Die individuellen Eigenschaften kann man besonders gut bei Kernen beobachten, deren eine Nukleonzahl magisch ist und die andere um eins von einer magischen Zahl abweicht. Viele Eigenschaften, z. B. einige Anregungsenergien, magnetische Momente, Matrixelemente für elektromagnetische und schwache Übergänge, hängen meistens nur vom Valenznukleon oder -loch ab.

Bei schweren Kernen kann man auch die Löcher in den tiefliegenden Schalen mit individuellen Einteilcheneigenschaften beschreiben; doch ist die Energie eines solchen Zustandes wegen seiner kurzen Lebensdauer sehr breit. Um die tief liegenden Niveaus zu untersuchen, eignet sich als Sonde das Hyperon Λ, das nicht dem Pauli-Prinzip mit den Nukleonen unterliegt und in einer Kaskade individuell von den oberen zu den unteren Niveaus fällt. Solche Experimente wurden für leichte Hyperkerne (Kerne mit einem Hyperon) gemacht, bei den schweren hat man Λ nur in hohen Zuständen gemessen.

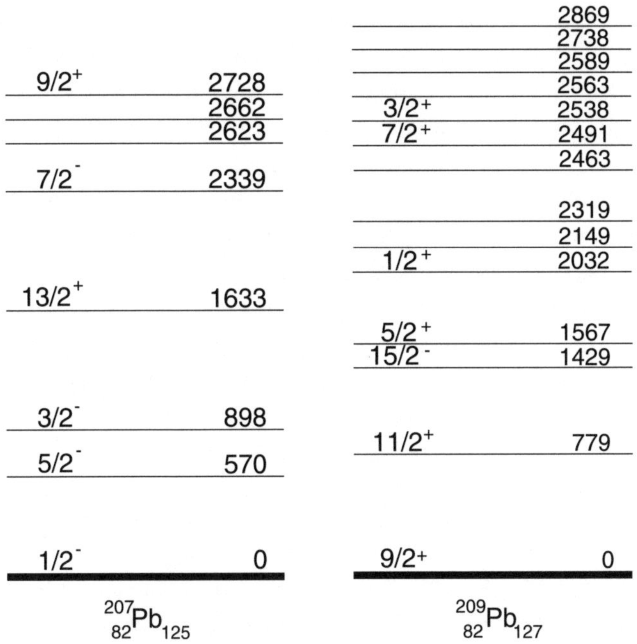

$^{207}_{82}Pb_{125}$		$^{209}_{82}Pb_{127}$	
			2869
			2738
			2589
$9/2^+$	2728		2563
	2662	$3/2^+$	2538
	2623	$7/2^+$	2491
$7/2^-$	2339		2463
			2319
			2149
		$1/2^+$	2032
$13/2^+$	1633	$5/2^+$	1567
		$15/2^-$	1429
$3/2^-$	898	$11/2^+$	779
$5/2^-$	570		
$1/2^-$	0	$9/2^+$	0

Abb. 14.2. Aus den Anregungsspektren der Bleiisotope sind die Einteilchenzustände des Schalenmodells gut erkennbar. Das Blei $^{208}_{82}Pb_{126}$ hat mit 82 Protonen und 126 Neutronen sowohl Neutronen- als auch Protonenschale abgeschlossen. Das Neutronloch im $^{207}_{82}Pb_{125}$ entspricht den Niveaus der letzten geschlossenen Schale: $3p_{1/2}$, $2f_{5/2}$, $3p_{3/2}$, $1i_{13/2}$, $2f_{7/2}$, $1h_{9/2}$. Das Neutron im $^{209}_{82}Pb_{127}$ besetzt eines der Niveaus der Valenzschale: $2g_{9/2}$, $1i_{11/2}$, $1j_{15/2}$, $3d_{5/2}$, $4s_{1/2}$, $2g_{7/2}$, $3d_{3/2}$. Die Niveaus ohne Spinbezeichnung entsprechen komplizierteren Konfigurationen. Die naheliegenden Niveaus sind nicht maßstabsgerecht gezeichnet. Die Energien sind in keV gegeben.

14.3 Kollektive Anregungen

14.3.1 Vibrationszustände

Die markantesten kollektiven Vibrationsanregungen sind die Dipolriesenresonanz und die Oberflächenschwingungen. Experimentell sind diese Anregungen besonders klar durch die Messung der elektromagnetischen Übergangswahrscheinlichkeiten zu demonstrieren. Diese kann man nur erklären, wenn man annimmt, dass mehrere Nukleonen kohärent zum elektromagnetischen Übergang beitragen.

Beide Typen der Vibrationsanregung sind für ein klassisches Flüssigkeitströpfchen eine Selbstverständlichkeit. Die Dipolriesenresonanz entspricht einer entgegengesetzten Schwingung der Protonen und Neutronen und kann als Analogon zu der Plasmonanregung eines ionisierten Plasmas oder zur Phononanregung des Photonzweiges in einem Kristall (siehe Kap. 9) mit ionischer Bindung betrachtet werden. Die Oberfläche jedes Wassertröpfchens kann man zum Schwingen anregen. Aber Kerne sind Quantensysteme, und die Art der kollektiven Anregungen ist durch die Niveaustruktur der entarteten Fermi-Flüssigkeit gegeben. Im Folgenden möchten wir zeigen, dass die Eigenschaften der kollektiven Vibrationszustände mit der Schalenstruktur der Einteilchenanregungen in der Nähe der Fermi-Kante zu erklären sind.

14.3.2 Modell

In Abb. 14.3 sind die Anregungen mit $J^\pi = 1^-$ und $J^\pi = 2^+$ eines kugelsymmetrischen Kerns mit $J^\pi = 0^+$-Grundzustand schematisch gezeigt. Alle diese Zustände bekommt man durch Hebung eines Nukleons aus dem Grundzustand. Innerhalb des Schalenmodells entstehen die unteren $J^\pi = 2^+$-Zustände durch eine Umkopplung der Drehimpulse, wobei alle Nukleonen in derselben niedrigsten Schale bleiben. Die $J^\pi = 1^-$-Zustände entsprechen einer Anregung der Nukleonen in

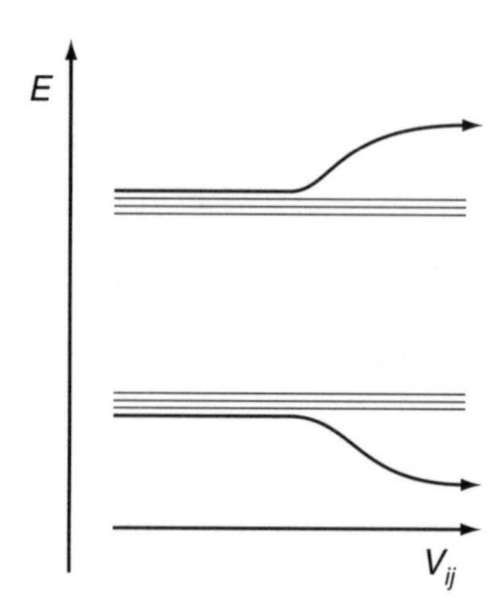

Abb. 14.3. Niveauspaltung von entarteten 1^-- und 2^+-Zuständen nach Einschaltung einer Störung V_{ij}. Für die 1^--Zustände haben wir eine repulsive, für die 2^+-Zustände eine attraktive Störung angenommen

die nächste Schale mit entgegengesetzter Parität. Die Wechselwirkung zwischen Nukleonen, die durch das Potential des Schalenmodells nicht berücksichtigt ist, mischt die Zustände gleicher Drehimpulse. Zum Beispiel mischen sich für die $J^\pi = 1^-$-Zustände der Riesenresonanz so genannte Teilchen-Loch-Anregungen, in welchen im Kernrumpf ein Nukleon fehlt und ein Nukleon in der angeregten Schale sitzt. Diese Änderung der Nukleonenkonfiguration können wir durch eine effektive Teilchen-Loch-Wechselwirkung simulieren. Diese Wechselwirkung ist so stark, dass man die Zustände innerhalb einer Schale als entartet betrachten kann.

Eine Mischung zweier entarteter Zustände durch eine weitere Wechselwirkung resultiert in einer symmetrischen Aufspaltung der beiden Zustände. Bei N entarteten Zuständen aber trennt sich nur ein Zustand von den Übrigen, wenn die Matrixelemente der Wechselwirkung gleiche Phasen haben. Dieser Zustand – der kollektive Zustand – weist eine kohärente Superposition der N Zustände auf.

Bezeichnen wir mit H_0 den Hamilton-Operator eines Nukleons im Kernpotential und mit V die Teilchen-Loch-Wechselwirkung. Die ungestörten Teilchen-Loch-Zustände $|\psi_i\rangle$ sind die Lösungen von H_0

$$H_0|\psi_i\rangle = E_i|\psi_i\rangle \; . \tag{14.7}$$

Die Lösung $|\Psi\rangle$ der Schrödinger-Gleichung mit dem totalen Hamilton-Operator bekommt man aus der Beziehung

$$H|\Psi\rangle = (H_0 + V)|\Psi\rangle = E|\Psi\rangle \; . \tag{14.8}$$

Die Wellenfunktion $|\Psi\rangle$, projiziert auf den Raum, der von den Zuständen $|\psi_i\rangle$ aufgespannt ist, lässt sich dann als

$$|\Psi\rangle = \sum_{i=1}^{N} c_i|\psi_i\rangle \tag{14.9}$$

schreiben. Die Koeffizienten c_i genügen der Säkulargleichung

$$\begin{pmatrix} E_1 + V_{11} & V_{12} & V_{13} & \cdots \\ V_{21} & E_2 + V_{22} & V_{23} & \cdots \\ V_{31} & V_{32} & E_3 + V_{33} & \cdots \\ \vdots & \vdots & \vdots & \ddots \end{pmatrix} \cdot \begin{pmatrix} c_1 \\ c_2 \\ c_3 \\ \vdots \end{pmatrix} = E \cdot \begin{pmatrix} c_1 \\ c_2 \\ c_3 \\ \vdots \end{pmatrix} . \tag{14.10}$$

Der Einfachheit halber nehmen wir an, dass alle V_{ij} gleich sind:

$$\langle \psi_i | V | \psi_j \rangle = V_{ij} = V_0 \,. \tag{14.11}$$

Die Lösung der Säkulargleichung gibt für die Koeffizienten

$$c_i = \frac{V_0}{E - E_i} \sum_{j=1}^{N} c_j \,, \tag{14.12}$$

wobei $\sum_j c_j$ eine Konstante ist. Summieren wir beide Seiten über alle N Teilchen-Loch-Zustände und berücksichtigen, dass $\sum_i c_i = \sum_j c_j$, so ergibt sich als Lösung der Säkulargleichung die Beziehung

$$1 = \sum_{i=1}^{N} \frac{V_0}{E - E_i} \,. \tag{14.13}$$

Die Lösungen dieser Gleichung lassen sich am besten grafisch darstellen (Abb. 14.4). Die rechte Seite von (14.13) hat Pole an den

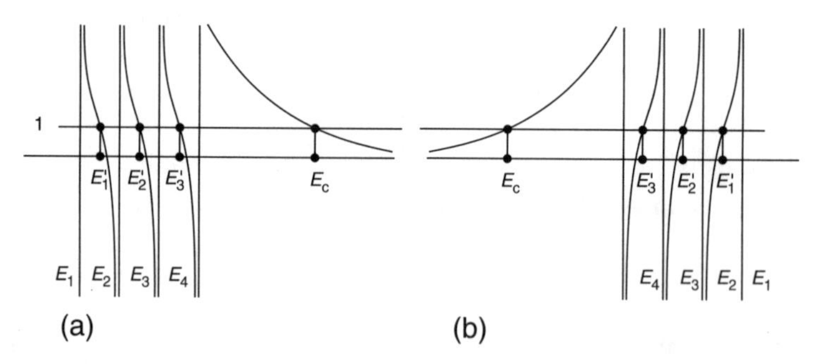

Abb. 14.4. Grafische Darstellung der Lösung der Säkulargleichung (**a**) für eine abstoßende ($V_0 > 0$), (**b**) für eine anziehende ($V_0 < 0$) Wechselwirkung. E_i sind ungestörte Energien, E'_i die neuen, E_C die Energie des kollektiven Zustand

Stellen $E = E_i$. Die Lösungen E'_i ergeben sich dort, wo die rechte Seite Eins ist. Die neuen Energien sind auf der Abszisse gekennzeichnet. Die $(n - 1)$ Eigenwerte sind zwischen den ungestörten Energien E_i „eingesperrt". Der Ausreißer, mit E_C bezeichnet, ist der kollektive Zustand. Für eine abstoßende Wechselwirkung ($V_0 > 0$) liegt der kollektive Zustand oberhalb der Teilchen-Loch-Zustände, für eine anziehende Wechselwirkung ($V_0 < 0$) unterhalb (Abb. 14.4).

Für die Riesenresonanzen haben wir wieder denselben Formalismus wie in Kap. 6 (für das Pion) und Kap. 9 (für die lokalisierte Schwingungsmode) angewandt, um die Ähnlichkeit der Mechanismen, die zu kollektiven Zuständen führen, zu demonstrieren.

Um eine quantitative Abschätzung der Energieverschiebung zu bekommen, nehmen wir $E_i = E_0$ für alle i an. Dann schreibt sich (14.13) als

$$1 = \sum_{i=1}^{N} \frac{V_0}{E_\mathrm{C} - E_0}\,, \tag{14.14}$$

woraus für eine abstoßende Wechselwirkung

$$E_\mathrm{C} = E_0 + N \cdot V_0 \tag{14.15}$$

und für eine anziehende Wechselwirkung

$$E_\mathrm{C} = E_0 - N \cdot |V_0| \tag{14.16}$$

folgt.

Die Entwicklungskoeffizienten des kollektiven Zustandes

$$c_i^{(\mathrm{C})} = \frac{V_0}{E_\mathrm{C} - E_i} \sum_j c_j^{(\mathrm{C})} \tag{14.17}$$

haben alle das gleiche Vorzeichen und sind nahezu unabhängig von i, solange die Energie des kollektiven Zustands E_C weit von E_i entfernt liegt. In dieser Näherung kann der kollektive Zustand als

$$|\Psi_\mathrm{C}\rangle = \frac{1}{\sqrt{N}} \sum_i |\psi_i\rangle \tag{14.18}$$

geschrieben werden.

In Abb. 14.5 werden schematisch die wichtigsten kollektiven Anregungen gezeigt.

Es bleibt noch zu zeigen, dass sich der kollektive Zustand in der Tat durch die Übergangswahrscheinlichkeit zum Grundzustand von den restlichen Zuständen auszeichnet. Das Matrixelement für eine Multipolanregung des kollektiven Zustands ist

$$\begin{aligned} \mathcal{M}_\mathrm{C} &= \int \mathrm{d}^3x \left(c_1^{(\mathrm{C})} (\langle\psi_1| + c_2^{(\mathrm{C})} \langle\psi_2| + \ldots \right) \mathcal{O}|0\rangle \\ &= \sum c_n^{(\mathrm{C})} A_n \approx \frac{1}{\sqrt{N}} \sum A_n, \end{aligned} \tag{14.19}$$

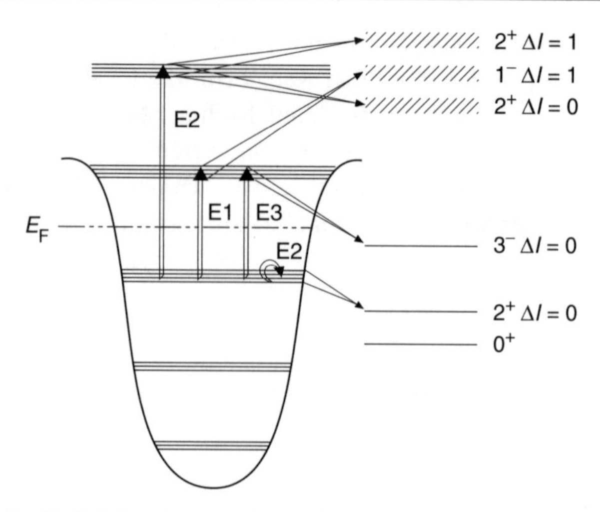

Abb. 14.5. Kollektive Anregungen im Rahmen des Schalenmodells. Die kollektiven Zustände, bei denen Protonen und Neutronen in Phase schwingen ($\Delta I = 0$), entsprechen Formschwingungen. Sie sind zu kleineren Energien verschoben. Die kollektiven Zustände, bei denen sie gegenphasig schwingen ($\Delta I = 1$), werden zu höheren Energien verschoben. Mit E1, E2 und E3 sind elektrische Dipol-, Quadrupol- und Oktupolanregungen bezeichnet

wobei $\mathcal{O}$ der Übergangsoperator ist. Die Integrale

$$A_n = \int \mathrm{d}^3x \, \langle \psi_n | \mathcal{O} | 0 \rangle \tag{14.20}$$

stellen die Amplituden für eine Teilchen-Loch-Anregung dar. Für eine konstruktive Interferenz müssen nicht nur die Matrixelemente der Wechselwirkung, die die Koeffizienten $c_n^{(\mathrm{C})}$ bestimmen, sondern auch die Anregungsamplituden A_n kohärent sein, d.h. gleiche Phasen haben. Dass es bei Kernen solche kollektive Anregungen gibt, ist kein Zufall, sondern eine Konsequenz aus der Tatsache, dass die Übergangs- und Energieoperatoren in ähnlicher Weise zu Multipolen entwickelt werden können. Demzufolge wird auch der Übergangsoperator kohärent sein, wenn der Energieoperator kohärent ist.

14.3.3 Deformation und Rotationszustände

Im Gegensatz zu Atomen, die kugelsymmetrisch sind, sind die meisten Kerne deformiert und können entweder eine prolate (zigarrenförmige) oder oblate (linsenförmige) Form einnehmen. Die Elektronen im Atom stoßen sich ab und verteilen sich daher auch in der Valenzschale gleichmäßig. Die Kerne sind jedoch nur in der Nähe der abgeschlossenen Schalen kugelsymmetrisch.

Die Einteilchenzustände der Valenzschale sind in erster Näherung entartet, und die Valenznukleonen können sich unterschiedlich verteilen. Wegen der Anziehung sammeln sich die Nukleonen entweder im Bereich der Pole (prolates Ellipsoid) oder im Bereich des Äquators (oblates Ellipsoid). Das typische Verhältnis zwischen den Achsen des Ellipsoids kann bei schweren Kernen im Grundzustand bis zu 1.3:1 betragen, in hoch angeregten Rotationszuständen sogar 2:1.

Die Deformation kann man statisch durch die Messung des Quadrupolmoments beobachten. Besonders spektakulär präsentiert sich die Deformation in der Rotationsdynamik der Kerne (Abb. 14.6).

Die Niveaus folgen dem typischen Anregungsmuster eines Rotators: $E_J = \hbar^2 J(J+1)/(2\mathcal{I})$, wobei $\mathcal{I}$ das Trägkeitsmoment des Kerns ist. Kerne rotieren nicht als starre Rotatoren; das Trägheitsmoment beträgt etwa ein Drittel des starren Rotators. Das ist ein schöner Hinweis darauf, dass Kerne aus einer Fermi-Flüssigkeit aufgebaut sind.

14.3.4 Deformation vs. Cooper-Paare

Betrachten wir zwei Nukleonen außerhalb einer abgeschlossenen Schale in gleichen Orbitalen. Die Bindungsenergie wird maximiert, wenn sich ihre Drehimpulse zu $J^\pi = 0^+$ koppeln. Bei einer solchen Kopplung ist die Wahrscheinlichkeit am größten, dass sich die beiden Nukleonen nahe kommen, und daher ist Anziehung bei kurzen Abständen am effektivsten. Der Kern bleibt kugelsymmetrisch. Die gekoppelten Zweinukleonzustände bezeichnen wir, in Analogie zur Supraleitung, als Cooper-Paare. Die Wellenfunktion, die diese Cooper-Paare beschreibt, ist eine Superposition über alle Paare der magnetischen Quantenzahlen (m_1, m_2) mit $m_2 = -m_1$.

Bei mehreren Nukleonen kommt es zu einer Konkurrenz zwischen Paarung und Deformation. In den Cooper-Paaren sind die Einteilchenzustände mit allen magnetischen Quantenzahlen gleichmäßig besetzt, während in der deformierten Wellenfunktion nur die höchsten (oder nur die niedrigsten) $|m|$-Werte auftreten. In einem Zustand mit mehreren Cooper-Paaren sind die Nukleonen nur paarweise korreliert, und die Bindungsenergie pro Paar ist ungefähr konstant. In einem deformierten Zustand sind jedoch alle Valenznukleonen miteinander korreliert. Bei einer kleinen Anzahl von Nukleonen überwiegt die Paarung und

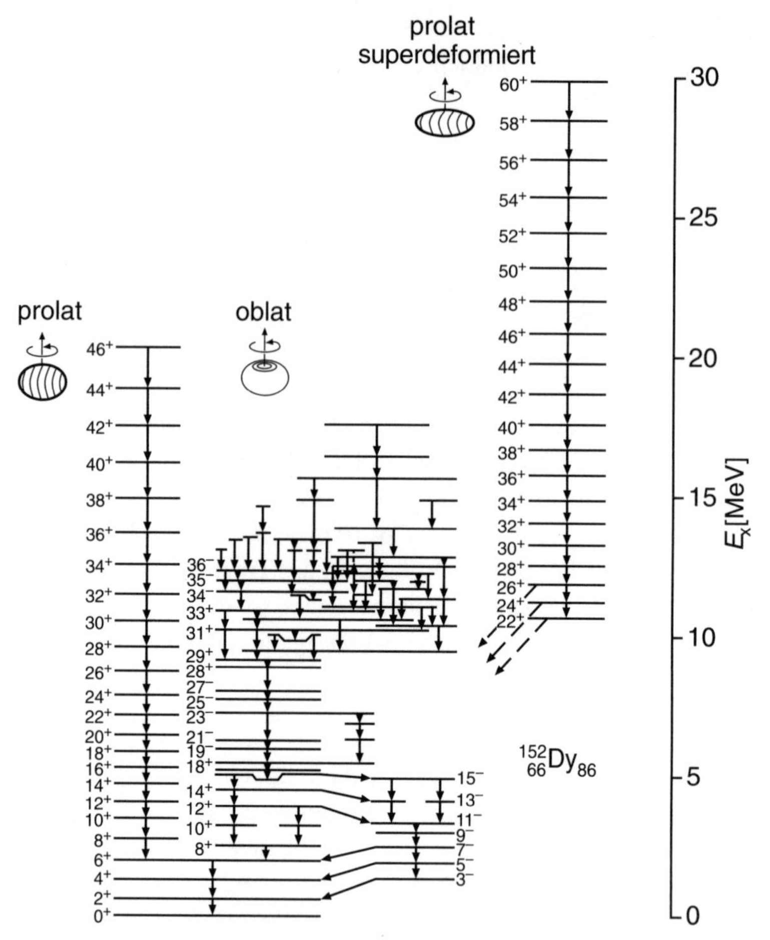

Abb. 14.6. Niveaus des Kerns ^{152}Dy (nach Shapey-Schafer). Während die niederenergetischen Zustände nicht sehr typische Vibrationsbanden zeigen, bilden sich bei hohen Anregungen Rotationsbanden, die auf eine große Deformation des Kerns schließen lassen

bei einer größeren Anzahl die Deformation, weil die Paarungsenergie linear und die Deformationsenergie quadratisch mit der Anzahl der Valenznukleonen wächst.

Der Übergang zwischen einem Kern mit geschlossenen Schalen und einem stark deformierten Kern ist in Abb. 14.7 illustriert. Die Energie als Funktion der Deformation hat für einen Kern mit geschlossenen Schalen ein sehr steiles Minimum, die Frequenz (Energie) der Quadrupolschwingung ist sehr hoch. In Kernen in der Nähe von geschlossenen

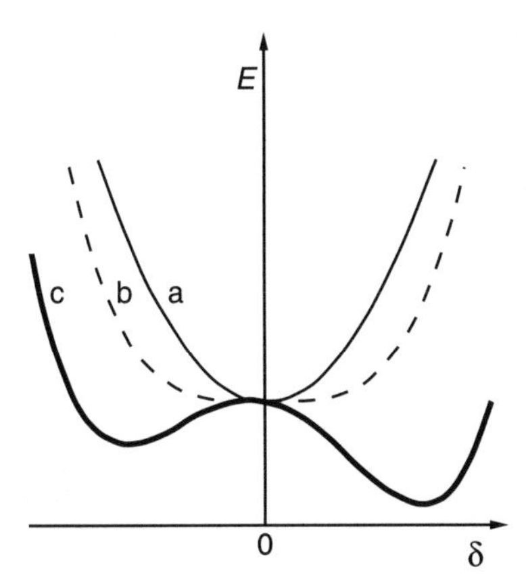

Abb. 14.7. Die Energie des Kerns als Funktion der Deformation bei geschlossenen Schalen (*a*), wenigen Valenznukleonen (*b*) und vielen Valenznukleonen (*c*). Die Deformation $\delta = \Delta R/R$ ist definiert als das Verhältnis zwischen der Differenz von großer und kleiner Achse des Ellipsoids ΔR und dem Radius einer Kugel mit demselben Volumen wie der des Ellipsoids

Schalen (mit wenigen Valenznukleonen) ist die Konkurrenz zwischen Paarung und Deformation gleich groß, was zu einem fast vollständigen Gleichgewicht führt. Daher ist die Frequenz der Quadrupolschwingung sehr klein, die Energie des ersten 2^+-Zustandes beträgt nur etwa 0.5 MeV, und das Vibrationsspektrum ist gut sichtbar. Bei einer noch größeren Anzahl von Valenznukleonen überwiegt die Deformation, die runde Form wird instabil, und es kommt zur spontanen Symmetriebrechung. Obwohl die Wechselwirkung eine Kugelsymmetrie besitzt, ist der niedrigste Zustand nicht kugelsymmetrisch.

Weiterführende Literatur

B. Povh, K. Rith, Ch. Scholz, F. Zetsche: *Teilchen und Kerne* (Springer, Berlin Heidelberg 1999)

K. Heyde: *Basic Ideas and Concepts in Nuclear Physics* (Institute of Physics Publishing, Bristol and Philadelphia)

K. Bethge, G. Walter, B. Wiedemann: *Kernphysik* (Springer, Berlin Heidelberg 2002)

J. Shapey-Schafer: Physics World **3** No. 9 (1990) 32

KAPITEL 15

Sterne, Planeten, Asteroiden

Verdoppelt sich der Sterne Schein,
Das All wird ewig finster sein.
Goethe

Kernreaktionen spielen eine wichtige Rolle im Leben der Sterne. Die längste Zeit des Lebens eines Sterns kann man ihn als einen Fusionsreaktor verstehen; die Kernreaktionen liefern die notwendige Energie, um die Temperatur des Sterns konstant zu halten, die Gravitation sorgt für das Confinement des Plasmas. Die Endstadien der Sterne werden als entartete Fermionensysteme verstanden.

Die Gravitation ist die dominierende Kraft in Systemen mit astronomischen Dimensionen. Unsere Erfahrung, die hauptsächlich auf der Mechanik des Sonnensystems und der Erdsatellitenbewegung beruht, lehrt uns, dass die Eigenart der Gravitationssysteme im Virialsatz steckt. Das ist auch der Fall für die größten Sterne, die Sonne und andere Sterne der Hauptreihe, Weiße Zwerge, Neutronensterne, Planeten und Asteroiden. Wir wollen zeigen, dass die Eigenschaften dieser Objekte mit Hilfe des Virialsatzes und atomarer Konstanten qualitativ verstanden werden können.

15.1 Sonne und sonnenähnliche Sterne

Die Sterne der Hauptreihe entstehen durch Kontraktion von interstellarem Gas und Staub. Diese Materie besteht fast ausschließlich aus primordialem – im „Urknall" entstandenem – Wasserstoff und Helium und etwa 2% schwererer Elemente. Durch die Kontraktion erhitzt sich der Stern im Zentrum. Wenn Temperatur und Druck ausreichend groß sind, um die Fusion von Kernen zu ermöglichen, stellt sich im Stern ein thermisches Gleichgewicht ein. Der Stern kontrahiert nicht mehr, die abgestrahlte Energie wird durch die Energieerzeugung im Sternzentrum kompensiert. Die in Kernreaktionen produzierte Energie wird vorwiegend durch Strahlung an die Oberfläche transportiert.

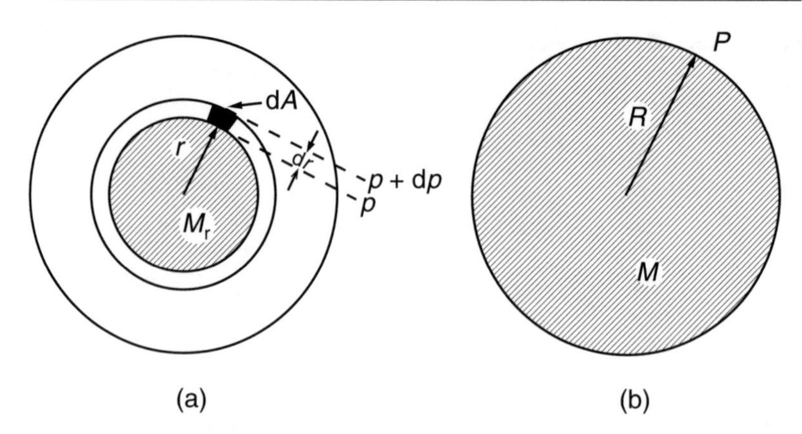

Abb. 15.1a,b. Eine realistische Zustandsgleichung berücksichtigt, dass die Gravitationskraft und die Kraft durch den thermischen Druck beim Radius r im Gleichgewicht sein müssen

Dabei vermischt sich die Materie des Sterns nicht wesentlich. Während eines Sternenlebens ändert sich die chemische Zusammensetzung natürlich in den Bereichen, in denen die Kernreaktionen stattfinden, also vor allem im Zentrum des Sterns.

15.1.1 Zustandsgleichung

Der Druck p bei einem Radius r im Stern lässt sich mit der Annahme des hydrostatischen Gleichgewichts ausrechnen, d. h. dass die durch den Gravitationsdruck erzeugte Gravitationskraft F_g beim Radius r (Abb. 15.1)

$$\mathrm{d}F_g = -\frac{GM_r \mathrm{d}m}{r^2} = -\frac{GM_r \varrho}{r^2} \mathrm{d}A \mathrm{d}r \ , \tag{15.1}$$

durch die vom thermischen Druck erzeugte Kraft, $\mathrm{d}F_p = -\mathrm{d}p\, \mathrm{d}A$, kompensiert werden muss. In (15.1) ist G die Gravitationskonstante, ϱ die Dichte am Ort r und M_r die Masse, die in der Kugel mit dem Radius r eingeschlossen ist,

$$M_r = \int_0^r 4\pi \varrho r^2 \mathrm{d}r \ . \tag{15.2}$$

Im Gleichgewicht ist $\mathrm{d}F_\mathrm{g} + \mathrm{d}F_p = 0$, woraus die Zustandsgleichung für die Bedingung des hydrostatischen Gleichgewichts folgt:

$$\frac{\mathrm{d}p}{\mathrm{d}r} = -\frac{GM_r\varrho}{r^2} \, . \tag{15.3}$$

Diese Gleichung, wesentlich verfeinert durch die Berücksichtigung der chemischen Zusammensetzung des Sterns und anderer Details, ist für alle möglichen Alternativen ausgerechnet worden. Um das Verhalten der Sterne nur qualitativ zu behandeln, werden wir die Dichte ϱ als konstant annehmen. Dann dürfen wir die differentiellen Grössen, $\mathrm{d}r$ und $\mathrm{d}p$, durch die integrierten Größen, den Sternradius R und den Confinementdruck P, ersetzen. Dadurch vereinfacht sich (15.3) zu

$$\frac{P}{R} = -\frac{GM}{R^2}\frac{M}{V} \, . \tag{15.4}$$

Für kalte Objekte ist diese Vereinfachung durchaus akzeptabel. Die Dichte der Weißen Zwerge und Neutronensterne hängt nicht sehr vom Radius ab. Heiße Sterne haben einen massiven Kern mit dem Hauptanteil der Gesamtmasse, und wir können nicht einfach den Radius des Sterns in (15.4) einsetzen. Statt dessen werden wir lieber den mittleren Abstand d zwischen den Plasmakonstituenten verwenden. Diese Größe ist maßgebend für die thermodynamischen Eigenschaften der Sterne. In Abb. 15.1 zeigen wir schematisch den Übergang vom realistischen Ansatz der Zustandsgleichung (15.3) (Abb. 15.1a) zum vereinfachten Modell des Sterns mit konstanter Dichte, beschrieben durch (15.4), (Abb. 15.1b).

15.1.2 Virialsatz

Betrachten wir einen Stern der Masse M, dem Radius R und konstanter Dichte $\varrho = M/V$. Dann ist die potentielle Energie des Sterns

$$E_\mathrm{pot} = -\frac{3}{5}\frac{GM^2}{R} \, . \tag{15.5}$$

Die Gesamtenergie des Sterns ist die Summe der kinetischen, in unserem Fall bezeichnen wir sie lieber als thermische, und der potentiellen Energie

$$E = E_\mathrm{therm} + E_\mathrm{pot} \, . \tag{15.6}$$

Im nicht-relativistischen Fall gilt dann

$$E = \frac{1}{2} E_{\text{pot}} = -E_{\text{therm}} \,. \tag{15.7}$$

Das ist die bekannte Form des Virialsatzes für das $1/r$-Potential. Der Stern lebt stabil im Minimum der Gesamtenergie.

15.1.3 Größe und Temperatur

Für die folgende Abschätzung betrachten wir einen Stern, der nur aus Wasserstoff aufgebaut ist. Anstelle von G werden wir – in Analogie zur Feinstrukturkonstante α – die dimensionslose Kopplungskonstante α_{G}

$$\alpha_{\text{G}} = \frac{G m_{\text{p}}^2}{\hbar c} \approx 10^{-38} \tag{15.8}$$

verwenden. Dabei ist m_{p} die Masse des Protons. Weiterhin ist es nützlich, die Sternmasse durch die Zahl der Nukleonen N auszudrücken. Wir werden $M = N(m_{\text{p}} + m_{\text{e}}) \approx N m_{\text{p}}$ schreiben. Dann lautet die potentielle Energie

$$E_{\text{pot}} = -\frac{3}{5} \frac{\alpha_{\text{G}} \hbar c N^2}{R} \,. \tag{15.9}$$

Betrachten wir die Sterne, bei denen der Strahlungsdruck klein im Vergleich zum nicht-relativistischen Teilchendruck ist. Das gilt für die Sonne, etwas massivere Sterne und vor allem für Objekte, die kleiner als die Sonne sind. In diesen Objekten wirkt dem Gravitationsdruck der Druck entgegen, der durch die thermische Bewegung der N Protonen und N Elektronen entsteht.

15.1.4 Protonenenergie

Die mittlere kinetische Energie eines Protons wie auch eines Elektrons ist $(3/2)kT$. Die gesamtkinetische Energie des Sterns ist dann

$$3\,NkT = -\frac{1}{2} E_{\text{pot}} = -\frac{1}{2} \frac{3}{5} \frac{\alpha_{\text{G}} \hbar c N^2}{R} \,. \tag{15.10}$$

Wenn wir jetzt den Radius durch den mittleren Abstand zwischen den Protonen d ersetzen, $R^3 \approx N d^3$, dann ist die Verknüpfung zwischen der Temperatur, dem mittleren Abstand d und der Zahl der Teilchen im Stern N durch

$$3\,kT = \frac{3}{10}\,\frac{\alpha_\mathrm{G}\hbar c N^{2/3}}{d} \tag{15.11}$$

gegeben. Wenn wir die Zahl der Nukleonen in der Sonne, 10^{57}, mit N_0 bezeichnen, dann ist durch einen Zufall der Natur $\alpha_\mathrm{G} = N_0^{-2/3}$! Es ist in der Astronomie sowieso besser, alle Massen auf die Sonnenmasse zu normieren und die Beziehung zwischen mittlerem Teilchenabstand, Masse und Radius zu schreiben als

$$kT = \frac{1}{10}\left(\frac{N}{N_0}\right)^{2/3}\frac{\hbar c}{d}\,. \tag{15.12}$$

15.1.5 Elektronenenergie

Bei der Kontraktion des Sterns wird der mittlere Abstand zwischen den Elektronen immer kleiner, und wenn d vergleichbar zur Compton-Wellenlänge des Elektrons ist, wird der Entartungsdruck der Elektronen immer bedeutender. Die mittlere kinetische Energie eines Elektrons in einem entarteten Elektronengas kann man abschätzen zu $\hbar^2/2m_\mathrm{e}d^2$. Eine genauere Rechnung mit (11.8) ergibt einen zusätzlichen Faktor $\frac{3}{5}\,(9\pi/4)^{2/3} \approx 2.2$. (Beachten Sie, dass die Definition von d in diesem Kapitel leicht von der in (11.8) abweicht.) Daraus folgt unsere vereinfachte Bedingung für das hydrostatische Gleichgewicht des Sterns:

$$\frac{3}{2}\,kT + 2.2\,\frac{\hbar^2}{2m_\mathrm{e}d^2} = \frac{3}{10}\left(\frac{N}{N_0}\right)^{2/3}\frac{\hbar c}{d}\,. \tag{15.13}$$

Bei großen Abständen d wird der zweite Term unbedeutend und die Elektronenenergie wird klassisch. Die Elektronenenergie wird laut dem Äquipartitionstheorem gleich der Protonenenergie und trägt auch $\frac{3}{2}kT$ bei. Der Verlauf der Temperatur in Abhängigkeit von d ist schematisch in Abb. 15.2 gezeigt.

15.1.6 Weiße Zwerge

Betrachten wir einen Stern, dessen Lebensweg als Weißer Zwerg mit einer Sonnenmasse endet. Dass solch ein Stern in seiner letzten Phase als ein „kleiner“ Roter Riese etwas Masse verliert, wollen wir hier übersehen. Nach (15.13) endet die Kontraktion des Sterns durch den

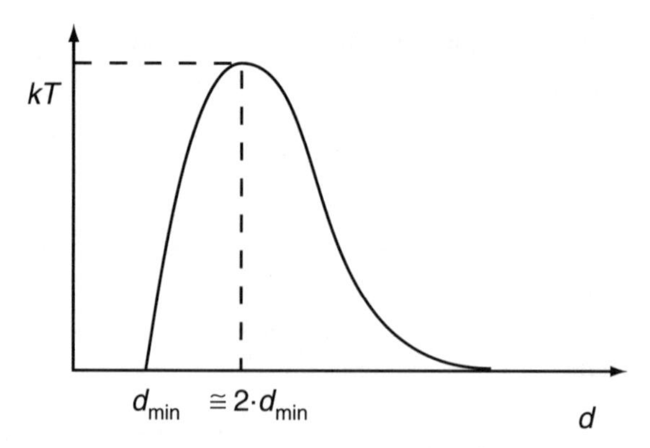

Abb. 15.2. Temperatur des Sterns in Abhängigkeit vom mittleren Abstand d zwischen den Protonen

Elektronendruck bei $d_{\mathrm{min}} \approx 3.5\lambdabar_{\mathrm{e}}$. Daraus folgt, dass der Radius des Weißen Zwerges 10^4 km beträgt. Die maximale Temperatur wird bei $d = 2d_{\mathrm{min}}$ erreicht und beträgt

$$kT \approx \frac{1}{70}\left(\frac{N}{N_0}\right)^{2/3} m_{\mathrm{e}}c^2 \approx 7\,\mathrm{keV} \approx k \cdot 10^8\,\mathrm{K}\,. \tag{15.14}$$

Keine schlechte Abschätzung für die Temperatur des Kerns eines Roten Riesen! Bei dieser Temperatur wird die Energie des Sterns durch die Heliumverbrennung gewonnen. Die Wasserstoffverbrennung findet nämlich schon bei $kT \approx 1\,\mathrm{keV}$ statt. (Im Zentrum der Sonne ist $kT = 1.3\,\mathrm{keV}$.) Der zeitliche Ablauf des Sternlebens kann man folgendermaßen schildern (Abb. 15.2): Der Stern kontrahiert, bis er die Temperatur $kT \approx 1\,\mathrm{keV}$ erreicht. Hier bleibt er so lange, wie sein Wasserstoff im Sternkern verbraucht wird. Danach kontrahiert der Kern des Sterns bis zur Temperatur $kT_{\mathrm{max}} \approx 10\,\mathrm{keV}$, der Mantel des Sterns expandiert und die Oberfläche kühlt sich auf eine Temperatur von etwa 3000 K ab, sodass der Stern rot erscheint. Nach Verbrauch des Heliums im Kern des Sterns, das im Wesentlichen zu Kohlenstoff und Sauerstoff verbrennt, ist die Masse des Sterns zu klein, um durch eine weitere Kontraktion höhere Temperaturen zu erreichen und neue Kernreaktionen zu zünden. Der Kern des Sterns kühlt sich zum Weißen Zwerg ab, der Gravitationsdruck wird durch den Pauli-Druck der Elektronen kompensiert.

15.1.7 Braune Zwerge

Stellare Objekte, die nur einige Hundertstel der Sonnenmasse besitzen, erreichen nach (15.14) nur $kT_{\max} \leq 1\,\text{keV}$. Diese Temperatur ist zu niedrig, um weitere Energie aus Kernreaktionen zu gewinnen. Das Leben solcher stellarer Objekte ist sehr einfach. Sie kontrahieren, dabei nimmt die kinetische Energie der Teilchen zu. Jedoch ist dieser Gewinn an kinetischer Energie nur halb so groß wie der Verlust an potentieller Energie. Die Differenz wird abgestrahlt. Wegen der niedrigen Oberflächentemperatur leuchtet der Zwerg nur sehr schwach, am stärksten in der Zeit, in der er sich in der Nähe der maximalen Temperatur aufhält. Die Farbe des „braunen" Zwerges ist zwar rötlich, aber der Name „Roter Zwerg" ist für normale Sterne mit Massen zwischen 0.1 und 1 $M_{\odot}$ reserviert worden.

15.1.8 Reaktionsrate

Die Temperaturen, die wir ausgerechnet haben, geben die Maxima der Maxwell-Verteilungen an. Wegen der Abstoßung zwischen den geladenen Kernen fusionieren nur aus der hochenergetischen Flanke der Verteilung (Abb. 15.3). Der Wirkungsquerschnitt ist bei coulombscher Abstoßung proportional zu $\exp(-b/E^{1/2})$ (Gamow-Faktor). Der Faktor $b = \pi\alpha Z_1 Z_2 c/\sqrt{2m}$, m ist die reduzierte Masse und Z_1 und Z_2 die Ladungen der fusionierenden Kerne. In der Regel erreicht die Reaktionsrate das Maximum bei Energien, die etwa zehnmal größer sind als die mittlere kinetische Energie des Plasmas.

15.2 Massivere Sterne als die Sonne

Die Sterne mit zehn Sonnenmassen und mehr erreichen in späten Entwicklungsphasen so hohe Temperaturen, dass sie Helium und leichte Elemente bis zum Eisen verbrennen. Neutronen, die im Wesentlichen durch (α, n)-Reaktionen entstehen, bauen Elemente bis zu Blei auf. Wenn der Kern des Sterns im Wesentlichen aus Eisen besteht, sind nur die endothermen Kernreaktionen möglich und der Stern kann dem Gravitationsdruck nicht standhalten. Er implodiert und explodiert anschließend.

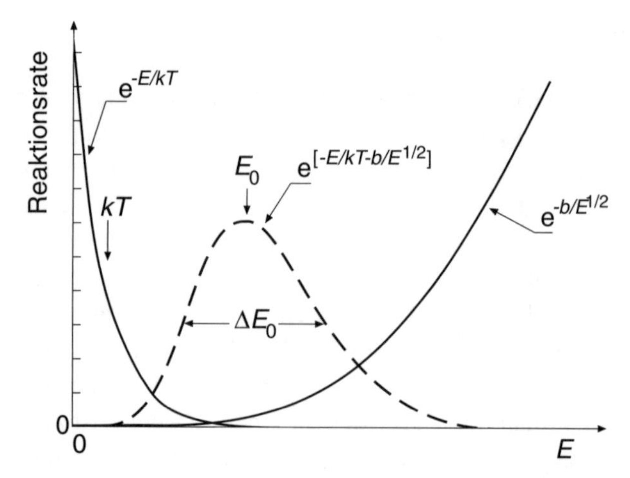

Abb. 15.3. Schematische Darstellung der Faltung der Maxwell-Verteilung $\exp(-E/kT)$ und des Gamow-Faktors $\exp(-b/E^{1/2})$ zur Berechnung der Rate von Fusionsreaktionen. Das Produkt dieser Kurven ist proportional zur Fusionswahrscheinlichkeit (*gestrichelte Kurve*). Die Fusion spielt sich im Wesentlichen in einem recht schmalen Energieintervall um E_0 mit der Breite ΔE_0 ab. Das Integral über diese Kurve ist proportional zur gesamten Reaktionsrate

15.2.1 Neutronensterne

Wenn die nach einer Explosion zurückgebliebene Masse – meistens aus Eisen bestehend – eine Größenordnung von 1.5 Sonnenmassen entspricht, kann der Pauli-Druck der Elektronen dem Gravitationsdruck nicht widerstehen, und es bildet sich ein Neutronenstern. Wegen der großen Dichte der Elektronen im implodierten Eisenkern schaltet sich der inverse β-Zerfall ein,

$$^{56}\mathrm{Fe} + 27\mathrm{e}^- \to 55\mathrm{n} + (\mathrm{pe}^-) \,, \tag{15.15}$$

bis fast alle Protonen zu Neutronen umgewandelt sind. Die etwa 2% überlebenden Protonen und Elektronen stehen im dynamischen Gleichgewicht mit entarteten Neutronen. Der Pauli-Druck kommt in Neutronensternen durch die Entartung der Neutronenzustände . Der mittlere Abstand zwischen den Neutronen ist $\lambda\!\!\!^-_\mathrm{n}$, etwa einen Faktor 1000 kleiner als der Abstand zwischen den Elektronen in Weißen Zwergen. Die Radien der Neutronensterne sind von der Größenordnung 10 km, etwa ein Faktor 1000 kleiner als die der Weißen Zwerge.

15.2.2 Schwarze Löcher

Bei noch größeren Restmassen – wenn der Pauli-Druck der entarteten Neutronen dem Gravitationsdruck nachgeben muss – kollabiert der Stern weiter, und es bildet sich ein Schwarzes Loch. Die Gravitationsenergie des Schwarzen Lochs an seiner Oberfläche ist so groß, dass nicht einmal Photonen entweichen können.

Die potentielle Energie eines Photons an der Oberfläche eines Sterns ist

$$E_{\text{pot}} = -\frac{GM}{R}\frac{\hbar\omega}{c^2}\,, \tag{15.16}$$

somit wäre seine kinetische Energie im Unendlichen

$$E_{\text{kin}} = \hbar\omega' = \hbar\omega - \frac{GM}{R}\frac{\hbar\omega}{c^2}\,. \tag{15.17}$$

Den Radius eines Schwarzen Lochs bekommt man für $\hbar\omega' = 0$, $R \leq GM/c^2$. Die Allgemeine Relativitätstheorie ergibt genau einen um den Faktor 2 größeren Wert für den kritischen Radius. Die Größe $2GM/c^2$ nennt man den Schwarzschild-Radius.

15.2.3 Elementhäufigkeit

Die Isotopenhäufigkeit von irdischen, lunaren und meteoritischen Proben ist mit wenigen Ausnahmen universell und stimmt mit der Häufigkeit der Nuklide in der kosmischen Strahlung überein, die von außerhalb des Sonnensystems stammt (Abb. 15.4). Nach der heutigen Vorstellung geschah die Synthese des heute vorhandenen Deuteriums und Heliums aus Wasserstoff zum größten Teil in der Frühzeit des Universums, als dieses nur einige Minuten alt war.

Die Produktionstätten der Elemente von Kohlenstoff bis Uran sind schwere Sterne in ihren späten Entwicklungsphasen. So werden im Stadium des Roten Riesens die Elemente Kohlenstoff und Sauerstoff produziert und in späteren Stadien die Elemente bis Eisen. Durch sukzessiven Einfang von Neutronen werden neutronenreiche Isotope produziert. Wenn die Isotope β-instabil sind, zerfallen sie zum stabilsten Isobar. Dadurch verläuft die Synthese zu immer schwereren Elementen entlang des Stabilitätstals. In diesem *langsamen Prozess* (engl. *s-process*) werden Kerne bis Blei erzeugt. Kerne oberhalb von Blei sind α-instabil und zerfallen wieder in α-Teichen und Blei. Der *schnelle Prozess* (engl. *r-process*) findet wahrscheinlich während der

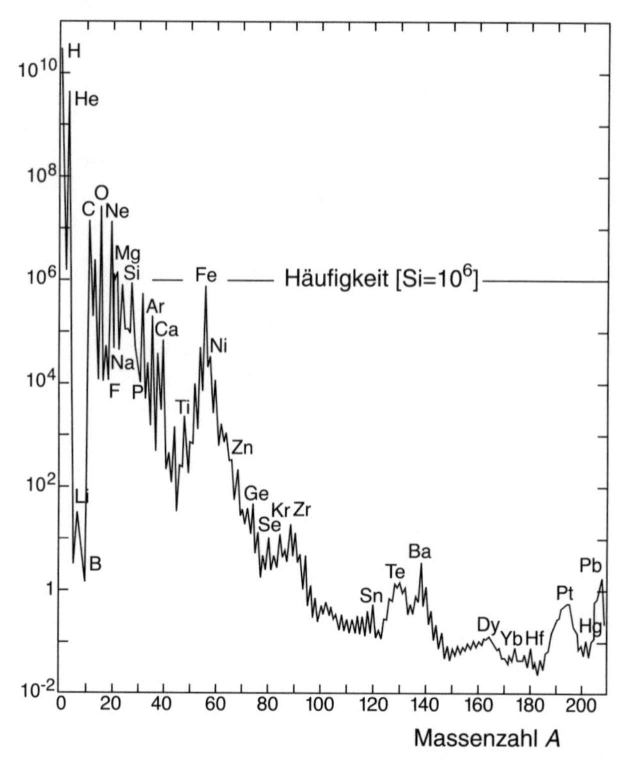

Abb. 15.4. Häufigkeit der Elemente im Sonnensystem als Funktion der Massenzahl A. Die Häufigkeit des Siliziums wurde auf 10^6 normiert

Supernova-Explosion statt. In diesem Stadium werden Neutronenflüsse von $10^{32}\,\mathrm{m}^{-2}\mathrm{s}^{-1}$ erreicht und die Anlagerung von vielen sukzessiven Neutronen ist viel schneller als β- und α-Zerfallsprozesse. Durch diesen Prozess werden auch Elemente erzeugt, die schwerer als Blei sind. Die obere Grenze zur Erzeugung von Transuranen ist durch spontane Spaltung gegeben.

15.3 Planeten und Asteroiden

Hier wollen wir abschätzen, wie groß die Massen der größten Planeten sind und wo die Grenze zwischen Planeten und Asteroiden liegt. Planeten und Asteroiden nennen wir Objekte, bei denen die mittleren Abstände zwischen Protonen größer sind als der Bohrsche Radius,

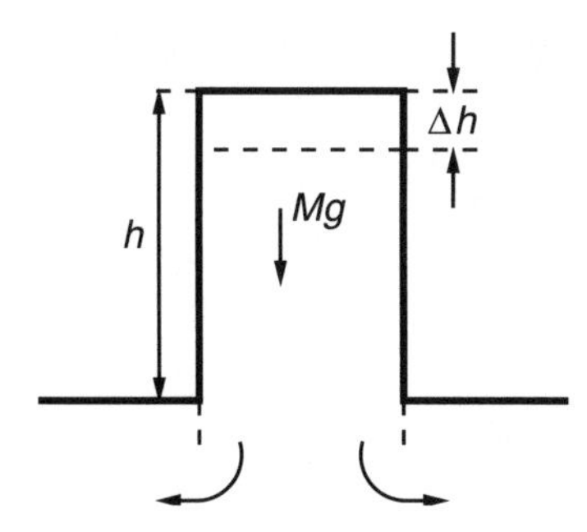

Abb. 15.5. Unter dem Gewicht des Berges der Höhe h verflüssigt sich das Gestein und wird seitlich verdrängt

(dies bedeutet normale Festkörpermaterie),

$$d \geq a_0 = \frac{\hbar c}{\alpha m_e c^2} \,. \tag{15.18}$$

Aus (15.13) folgt für die Masse des größten Planeten:

$$\frac{N}{N_0} \leq \left(\frac{10\alpha}{3}\right)^{3/2} \approx 4 \cdot 10^{-3} \,, \tag{15.19}$$

ein paar Promille der Sonnenmasse. Dies ist gerade die Masse des Jupiters!

Als untere Massengrenze der Planeten bezeichnen wir die Objekte, deren Radius noch immer viel größer ist als die Höhe der Berge. Und die maximale Größe der Berge ist – wie wir zeigen werden – durch die Masse des Planeten bzw. Asteroiden gegeben.

Die obere Grenze eines Berges wird erreicht, wenn durch das Gewicht des Berges das Material des Fußes verflüssigt werden kann. Flüssig bedeutet hier, daß sich das Gestein in eine amorphe Substanz mit einer sehr hohen Viskosität verwandelt, so etwa wie der Aggregatzustand des Erdmantels, auf dem die Erdkruste schwimmt.

In Abb. 15.5 sind die wichtigsten Größen gezeigt. Die Grenze der Stabilität ist gegeben, wenn durch Verminderung der Höhe um Δh der Verlust der potentiellen Energie gleich der Schmelzenergie ist:

$$Mg \cdot \Delta h = E_{\text{liq}} \cdot n \Delta h X \,. \tag{15.20}$$

Die Zahl der Moleküle in der Volumeneinheit bezeichnen wir mit n, die Schmelzenergie pro Molekül mit E_{liq}, ihre Massenzahl mit A und die Fläche des Bergfußes mit X. Wenn wir für die Masse des Berges

$$M = nAm_\mathrm{p}hX \tag{15.21}$$

in (15.20) einsetzen, heißt die Stabilitätsbedingung

$$gnAm_\mathrm{p}hX \leq E_\mathrm{liq}nX \;, \tag{15.22}$$

woraus folgt:

$$h \leq \frac{E_\mathrm{liq}}{Am_\mathrm{p}g} \;. \tag{15.23}$$

Schätzen wir E_liq ab und drücken den Wert in atomaren Größen aus: Die typische Bindungsenergie der Silikate, die die Hauptanteile der Erdkruste und des Erdmantels darstellen, beträgt einige eV, mit der Rydberg-Konstante ausgedrückt $\approx 0.2\,\mathrm{Ry}$. Die Schmelzenergie des Wassers ist $\approx 1/8$ der Bindungsenergie. So sind 10% der Bindungsenergie eine gute Abschätzung für E_{liq}. Dann ist die Bedingung (15.23) ausgedrückt in „fundamentalen" Größen

$$h \leq \frac{0.02\,\mathrm{Ry}}{Am_\mathrm{p}g} \;. \tag{15.24}$$

Für dic Erdc gibt dicsc Abschätzung $h \leq 30\,\mathrm{km}$. Aufgrund dcr Erosion ist die Berghöhe des Mount Everest ($h \approx 10$ km) weniger relevant als die Dicke der Erdkruste, die auf dem Erdmantel schwimmt. Der Grund dafür, dass der Mantel flüssig ist, besser gesagt zähflüssig, ist derselbe wie der, den wir in der oberen Abschätzung für die maximale Berghöhe benutzt haben. Die Dicke der Erdkruste beträgt 12–62 km, so dass unsere Abschätzung von 30 km für die Erde exzellent passt.

Für einen Planeten erwarten wir, dass sein Radius viel größer ist als die Höhe seiner Berge; $h_\mathrm{max}/R \leq 0.1$ ist wahrscheinlich eine gute Wahl für die folgende Abschätzung. Das Verhältnis h_max/R für die Erde ist $0.5 \cdot 10^{-2}$, wenn man die Dicke der Erdkruste (30 km) als Maß der Höhe nimmt. Die mittleren Dichten der Planeten unterscheiden sich nur um einen Faktor 2–3, so dass wir für die Gravitationsbeschleunigung an der Planetenoberfläche $g = GM/R^2 \propto R$ annehmen können. Aus (15.24) folgt dann für das Verhältnis

$$\frac{h_\mathrm{max}}{R} \propto \frac{1}{R^2} \;. \tag{15.25}$$

Pluto und auch der Mond erfüllen das Kriterium, ein Planet zu sein. Der größte Asteroid, Ceres, hat einen Radius von 500 km, $h_{\max}/R \sim 1$, und seine Form ist weit von der einer Kugel entfernt.

Weiterführende Literatur

H. Karttunen, P. Kröger, H. Oja, M. Poutanen, K. J. Donner: *Astronomie* (Springer, Berlin Heidelberg 1993)

V. F. Weisskopf: *Modern Physics from an Elementary Point of View*, CERN 70-8 (1970)

KAPITEL 16

Elementarteilchen

Science is always wrong:
it never solves a problem
without creating ten more.
George Bernard Shaw

Der große Erfolg der Physik, uns nähmlich die Illusion zu vermitteln, dass wir die Geheimnisse der Natur zu enthüllen durchaus imstande sind, besteht wahrscheinlich darin, dass man die Eigenschaften komplexerer Systeme auf die Wechselwirkungen zwischen einigen wenigen Bausteinen reduzieren kann. Auf diesem Weg der Reduktion sind wir zu den heutigen Elementarteilchen und deren Wechselwirkungen gelangt, die im *Standardmodell der Elementarteilchen* elegant beschrieben werden.

So exakt das Standardmodell die Gesamtheit der Teilchenphänomene beschreibt, so aufdringlich stellen sich neue Fragen; ohne sie beantworten zu können, werden wir nicht das Gefühl bekommen, dass wir die Physik der Teilchen verstehen. Zur Zeit steht die Frage nach dem Mechanismus der Massenerzeugung der Elementarteilchen im Vordergrund. Wie recht hat doch George Bernard Shaw mit seiner ironischen Bemerkung über die Wissenschaft.

16.1 Teilchenfamilien

Das Einordnen der Elementarteilchen in Familien ergibt sich durch die schwache Wechselwirkung, durch die Kopplung von W-Bosonen an die Leptonen und Quarks. Die Zerfälle der freien W-Bosonen sind in $\bar{p}p$- und in e^+e^--Collidern eingehend untersucht worden.

Zerfälle der $W^{\pm}$-Bosonen

Der Elektron-Positron-Collider LEP in CERN wurde einige Jahre lang bei einer Schwerpunktenergie von $\approx$180 GeV betrieben. Im Jahre 2000 wurde die Energie sogar bis $\approx$ 200 GeV erhöht. Unter diesen

Bedingungen war es möglich, die W-Bosonen, mit einer Masse $M_W = (80.22 \pm 0.26)$ GeV, paarweise in großen Mengen zu erzeugen.

Betrachten wir erst die Zerfälle der schwachen Bosonen in die Leptonenpaare,

$$W^- \to e^- \bar{\nu}_e, \ \mu^- \bar{\nu}_\mu, \ \tau^- \bar{\nu}_\tau \ , \tag{16.1}$$

und W^+ in die positiv geladenen Leptonen und die jeweiligen Neutrinos. Die Zerfälle von $W^\pm$ zeigen eine wichtige Charakteristik der schwachen Wechselwirkung: sie sortieren die Leptonen in drei Familien von jeweils einem geladenen Lepton und dem entsprechenden Neutrino $(e\nu_e)$, $(\mu\nu_\mu)$, $(\tau\nu_\tau)$. Soweit wir aus Experimenten wissen, zerfallen $W^\pm$ immer in die Leptonenpaare derselben Familie, Abb. 16.1.

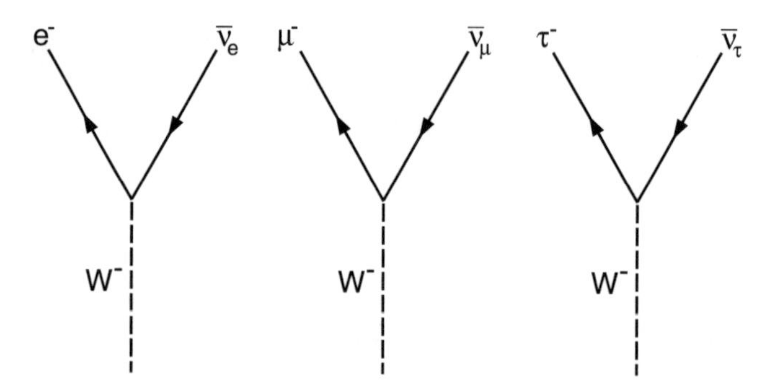

Abb. 16.1. Zerfall des W^--Bosons in Leptonenpaare

In erster Ordnung gilt die gleiche Regel auch für die Zerfälle in Quarks. Aber neben dem dominanten Zerfall in Quarks derselben Familie gibt es auch Zerfälle in Quark-Antiquark-Paare, bei denen die beiden aus benachbarten oder sogar entfernten Familien stammen. Diese Zerfälle sind im Vergleich zum dominanten unterdrückt (Abb. 16.2).

N. Cabibbo bemerkte 1963, dass die Amplituden der schwachen Zerfälle der Hadronen unitäre Verhältnisse zueinander haben, wenn man annimmt, dass die leptonischen Zerfälle nur innerhalb einer Familie stattfinden:

$$M(\mu \to \nu_\mu) : M(n \to p) : M(\Lambda \to p) = 1 : \cos\theta_C : \sin\theta_C \ . \tag{16.2}$$

Glashow, Iliopoulos und Maiani haben später das noch unbekannte

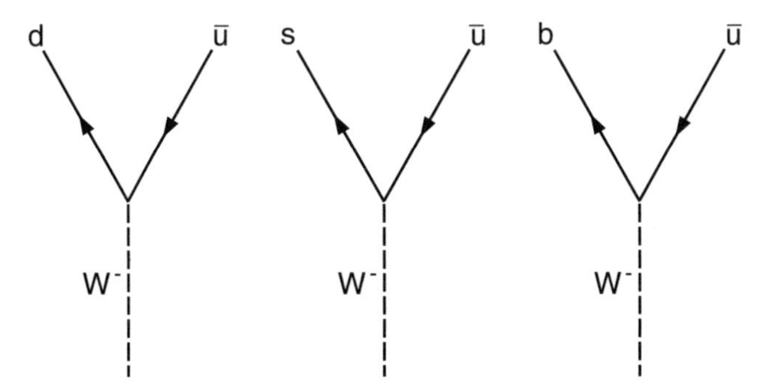

Abb. 16.2. Zerfall des W^- Bosons in Quarkpaare. Der Zerfall in Quarkpaare der (*links*) gleichen, (*mitte*) benachbarten und (*rechts*) entfernten Familien

Charm-Quark als Partner des Strangequarks postuliert, um die Unitarität in zwei Quarkfamilien zu vervollständigen. Mit der Entdeckung der dritten Teilchenfamilie haben Kobayashi und Maskawa die unitäre Matrix auf 3×3 vergrößert.

Die unitäre Transformation durch die so genannte Cabibbo-Kobayashi-Maskawa- oder CKM-Matrix verbindet die physikalischen Quarks (d, s, b) mit einem neuen Satz von Quarkzuständen (d′, s′, b′):

$$\begin{pmatrix} \mathrm{d}' \\ \mathrm{s}' \\ \mathrm{b}' \end{pmatrix} = \begin{pmatrix} V_{\mathrm{ud}} & V_{\mathrm{us}} & V_{\mathrm{ub}} \\ V_{\mathrm{cd}} & V_{\mathrm{cs}} & V_{\mathrm{cb}} \\ V_{\mathrm{td}} & V_{\mathrm{ts}} & V_{\mathrm{tb}} \end{pmatrix} \begin{pmatrix} \mathrm{d} \\ \mathrm{s} \\ \mathrm{b} \end{pmatrix} . \tag{16.3}$$

Es ist Konvention, die d-, b-, s-Quarks als Superposition von d′, s′, b′ zu betrachten. Man könnte es ebenso mit den u-, c-, t-Quarks tun.
Die Unitarität der CKM-Matrix lässt sich folgendermaßen interpretieren: Die W-Bosonen koppeln streng nur an die schwachen Ladungen innerhalb einer Familie, wie das für Leptonen der Fall ist. Aber die physikalischen Quarks sind keine Eigenzustände der schwachen Wechselwirkung! Dies sind die Paare (u, d′), (c, s′) und (t, b′). Durch den zur Zeit noch nicht verstandenen Mechanismus, der den Teilchen die Masse verschafft, entsteht die Mischung der Eigenzustände der schwachen Wechselwirkung, die physikalischen Quarks. Die physikalischen Quarks (u, d), (c, s) und (t, b) sind Eigenzustände des Massenoperators, der die massenerzeugende Wechselwirkung diagonalisiert.
Die Zerfälle von Quarks sind in Abb. 16.3 zusammengefasst.

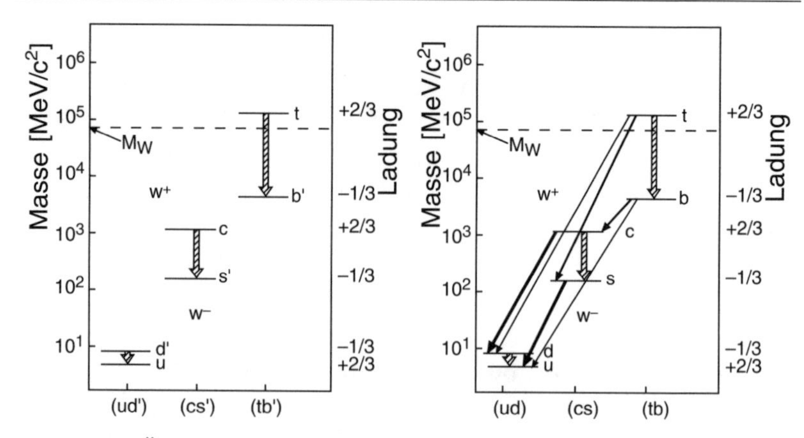

Abb. 16.3. Übergänge zwischen Quarks durch geladene Ströme – virtuelle $W^{\pm}$-Bosonen: (*links*) die Übergänge zwischen den Eigenzuständen der schwachen Wechselwirkung, (*rechts*) zwischen den physikalischen Quarks. Nur das t-Quark hat eine so große Masse, dass es ein reales W-Boson ausstrahlt. Die breiten Pfeile bezeichnen schnellere Übergänge (innerhalb der Familien) und die dünnen Pfeile die weniger wahrscheinlichen Übergänge zwischen den Familien

Neutrino-Oszillationen

Die drei Neutrinos, ν_e, ν_μ, ν_τ, wurden experimentell in inversen Reaktionen nachgewiesen. Es wurde auch demonstriert, dass sie verschiedene Flavours haben. Alle drei Neutrinos koppeln an die W-Bosonen mit der universellen Kopplungskonstante g_W an. Diese Resultate und die Annahme, dass die Neutrinos die Masse Null haben, führten zur Überzeugung, dass die ν_e, ν_μ, ν_τ nicht nur die Eigenzustände der schwachen Wechselwirkung, sondern auch die Eigenzustände des Massenoperators sind. „Massenoperator" ist nur ein vornehmes Wort für den Massenterm in der Dirac-Gleichung. Für masselose Neutrinos ist selbstverständlich jede beliebige Mischung von Neutrinos ebenfalls ein Eigenzustand des Massenoperators.

Die oben genannten Experimente wurden jedoch in unmittelbarer Nähe der Erzeugung der Neutrinos, entweder mit Beschleunigern oder Kernreaktoren, durchgeführt. Die Messungen der solaren Neutrinos durch den inversen Betazerfall am ^{37}Cl und ^{71}Ga zeigen ein anderes Ergebnis. Auf der Erde wird nur ein Drittel bis die Hälfte des Flusses solarer ν_e gemessen, der von Sonnenmodellen vorhergesagt wird. Dass die Voraussagen der Sonnenmodelle richtig sind, wurde mit der

Messung des Neutrinoflusses durch Wechselwirkungen mit dem Z^0-Austausch, der auf alle drei Neutrinoflavours koppelt, bestätigt.

Das Sundbury Neutrino Observatory (Kanada) benutzt zum Nachweis der solaren Neutrinos einen 2000 Meter unter der Erdoberfläche befindlichen Čerenkov-Detektor, der mit 1000 Tonnen schweren Wasser (D_2O) gefüllt ist. Mit diesem detektor können folgende Reaktionen gemessen werden:

$$\begin{aligned} \nu_e + \mathrm{d} &\rightarrow \mathrm{p} + \mathrm{p} + \mathrm{e}^- \\ \nu_{e,\mu,\tau} + \mathrm{d} &\rightarrow \mathrm{p} + \mathrm{n} + \nu_{e,\mu,\tau} \\ \nu_{e,\mu,\tau} + \mathrm{e}^- &\rightarrow \mathrm{e}^- + \nu_{e,\mu,\tau} . \end{aligned}$$

Die erste Reaktion misst nur ν_e, da die Energie der Neutrinos zu klein ist, um μ und τ zu erzeugen. Die zweite Reaktion ist Flavour unabhängig und misst den Gesamtfluss der Neutrinos. Tatsächlich ergab sich ein dreimal größerer Gesamtfluss als der Fluss von ν_e alleine. Die Streuung am Elektron hat zwar einen größeren Wirkungsquerschnitt für ν_e (Z- und W-Austausch) als für ν_μ und ν_τ (nur Z-Austausch), bietet jedoch noch einen zusätzlichen Test.

Auch bei der Messung atmosphärischer Neutrinos wurde eine Anomalie festgestellt: Die Rate der in der Erdatmosphäre erzeugten ν_μ, die mit einem Detektor auf der Erde nachgewiesen werden, hängt stark davon ab, ob die Neutrinos nur die Atmosphäre oder die gesamte Erdkugel durchlaufen müssen. Die Messungen stammen vom Super-Kamiokande-Detektor (Japan), einem, mit 32 000 Tonnen Wasser gefüllten Čerenkov-Detektor, der 1000 Meter unter der Erdoberfläche liegt.

Die atmosphärischen Neutrinos entstehen in den folgenden Zerfällen:

$$\begin{aligned} \pi^+ &\rightarrow \mu^+ + \nu_\mu \\ \mu^+ &\rightarrow \bar{\nu}_\mu + \mathrm{e}^+ + \nu_e \end{aligned}$$

und durch die Zerfälle der entsprechenden Antiteilchen. Am Anfang, wenn die Neutrinos nur die Atmosphäre durchlaufen, ist das Verhältnis zwischen myonischen und elektronischen Neutrinos $[n(\nu_\mu) + n(\bar{\nu}_\mu)]/[(\nu_e) + n(\bar{\nu}_e)] = 2$. Im Gegensatz dazu ist der Fluss der ν_μ, die durch die Erde kommen, fast um einen Faktor zwei vermindert, obwohl die Erde für Neutrinos so transparent ist, dass sich der Neutrinofluss durch Reaktionen der schwachen Wechselwirkung nicht merklich abschwächen sollte. Andererseits ist der Fluss atmosphärischer ν_e auf der Längenskala des Erddurchmessers nicht beeinflusst.

Zusammenfassend kann man sagen, dass man Neutrino-Oszillationen von ν_μ auf der Längenskala des Erddurchmessers und von ν_e in die anderen Neutrino-Typen auf der Längenskala des Abstandes Sonne-Erde nachgewiesen hat. Zwei Eigenschaften von Neutrinos folgen daraus: Die Neutrinos haben von Null verschiedene Massen, und ν_e, ν_μ, ν_τ sind keine Eigenzustände des Massenoperators. Die Eigenzustände des Massenoperators benennen wir ν_1, ν_2, ν_3. Analog zu den Quarks können wir auch für Neutrinos die Eigenzustände der schwachen Wechselwirkung als Superposition der Neutrinos des Massenoperators schreiben. Die zu der CKM-Matrix analoge Matrix für Neutrinos wird wahrscheinlich Pontecorvo-Maki-Nakagawa-Sakata-Matrix heißen. B. Pontecorvo hat als erster die Möglichkeit der Neutrino-Antineutrino-Oszillationen in Betracht gezogen, die anderen drei haben die Flavour-Mischung für die Neutrinos untersucht.

Die unitäre Transformation durch die Pontecorvo-Maki-Nakagawa-Sakata- oder PMNS-Matrix verbindet die Neutrinos der schwachen Wechselwirkung ν_e, ν_μ, ν_τ mit einem neuen Satz von Neutrinos, den Eigenzuständen des Massenoperators, ν_1, ν_2, ν_3:

$$\begin{pmatrix} \nu_\mathrm{e} \\ \nu_\mu \\ \nu_\tau \end{pmatrix} = \begin{pmatrix} U_{\mathrm{e}1} & U_{\mathrm{e}2} & U_{\mathrm{e}3} \\ U_{\mu 1} & U_{\mu 2} & U_{\mu 3} \\ U_{\tau 1} & U_{\tau 2} & U_{\tau 3} \end{pmatrix} \begin{pmatrix} \nu_1 \\ \nu_2 \\ \nu_3 \end{pmatrix} . \tag{16.4}$$

Als Beispiel berechnen wir die Wahrscheinlichkeit, dass nach einem Abstand L die solaren Neutrinos ihre ursprünglichen Flavours haben. Da die Energien der solaren Neutrinos weit unterhalb der Produktionsschwelle für Myonen und Tau-Leptonen liegen, können wir ausschließlich ν_e nachweisen. Um die Übung einfach zu halten, rechnen wir nur mit zwei Neutrinos. Dann lautet die zeitabhängige Wellenfunktion des Neutrinos:

$$|\nu_\mathrm{e}(t)\rangle = U_{\mathrm{e}1}\mathrm{e}^{-iE_{\nu_1}t/\hbar}|\nu_1\rangle + U_{\mathrm{e}2}\mathrm{e}^{-iE_{\nu_2}t/\hbar}|\nu_2\rangle . \tag{16.5}$$

Da die Neutrinos relativistisch sind, kann man die Energien näherungsweise als $E_{\nu_i} = \sqrt{p^2c^2 + m_i^2c^4} \approx pc(1 + 1/2 \cdot m_i^2c^2/p^2)$ schreiben.

Die Wahrscheinlichkeit, dass die solaren Neutrinos nach einer Zeit t ihren ursprünglichen Flavour ν_e haben, ist:

$$\begin{aligned} P_{\nu_e \to \nu_e}(t) &= \langle \nu_e(t) | \nu_e(t) \rangle \\ &= |U_{e1}|^2 + |U_{e2}|^2 + 2|U_{e1}||U_{e2}| \cos\left(\frac{1}{2} \frac{(m_1^2 - m_2^2)c^4}{\hbar pc} t \right) . \end{aligned} \tag{16.6}$$

Die Oszillationslänge L ist die Länge, bei der die Phase 2π erreicht. Mit der Abkürzung $\Delta m^2 = m_1^2 - m_2^2$ und $t = L/c$ ergibt sich:

$$L = 4\pi \frac{\hbar pc}{\Delta m^2 c^4} . \tag{16.7}$$

Aus den Beobachtungen der Oszillationen kann man nur sehr grobe Aussagen über Δm^2 und die PMNS-Matrix machen: Für die solaren Neutrinos ist es plausibel, dass $\Delta m^2 < 10^{-3} \mathrm{eV}^2$ sei, und dass sich die Neutrinos im Gegensatz zu den Quarks stark mischen!

Die Zerfälle von Leptonen sind in Abb. 16.4 zusammengefasst, die mögliche starke Neutrinomischung ist angedeutet.

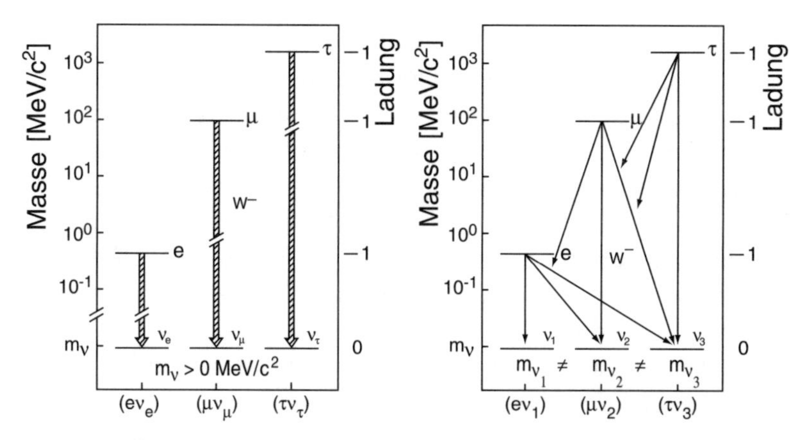

Abb. 16.4. Übergänge zwischen Leptonen durch geladene Ströme – virtuelle $W^{\pm}$-Bosonen: (*links*) Übergänge zwischen den Eigenzuständen der schwachen Wechselwirkung, (*rechts*) zwischen den Eigenzuständen des Massenoperators. Wir haben $m_{\nu_1} \neq m_{\nu_2} \neq m_{\nu_3} \neq 0$ angenommen. Die Pfeile im rechten Teil der Abbildung sollen nur auf eine mögliche Mischung der Massenzustände hinweisen

Paritätsverletzung

Die Paritätsverletzung ist eingehend im Kern-β-Zerfall und in den Zerfällen von Pionen und Myonen untersucht worden. Zusammenfassend kann man sagen, dass die W-Bosonen nur an linkshändige Fermionen und an rechtshändige Antifermionen koppeln. Für die schwache Wechselwirkung existieren die rechtshändigen Fermionen und linkshändigen Antifermionen nicht.

Schwacher Isospin

Jede Familie von linkshändigen Quarks und Leptonen bildet ein Dublett von Fermionen, die sich durch Emission bzw. Absorption von W-Bosonen ineinander umwandeln können. Die elektrische Ladung der Fermionen eines Dubletts unterscheidet sich dabei gerade um eine Einheit e. Wenn man nur die schwache Wechselwirkung betrachtet – d. h. man ignoriert den großen Massenunterschied der Fermionen einer Familie – ist es nahe liegend, die beiden Fermionen eines Dubletts als zwei Projektionen ($T_3 = \pm 1/2$) eines Teilchen mit dem schwachen Isospin $T = 1/2$ zu betrachten. Für die rechtshändigen Antifermionen kehrt sich das Vorzeichen von T_3 und der Ladung um.

Rechtshändige Fermionen und linkshändige Antifermionen koppeln hingegen nicht an W-Bosonen und werden deshalb als Singuletts ($T = T_3 = 0$) beschrieben. Die linkshändigen Leptonen und die cabibborotierten linkshändigen Quarks jeder Familie bilden also zwei Dubletts. Wenn die Einführung des schwachen Isospins eine physikalische Bedeutung haben soll, dann sind – wie im Fall des üblichen Spins – die $W^{\pm}$ zwei Projektionen des schwachen Isospintripletts. Es sollte dann noch ein dritter Zustand existieren mit $T = 1$, $T_3 = 0$, der mit gleicher Stärke g wie $W^{\pm}$ an die Fermiondupletts koppelt. Diesen Zustand bezeichnen wir mit W^0.

16.2 Schwache Quarkzerfälle

Die schwachen Zerfälle werden durch den Austausch virtueller W-Bosonen vermittelt. Dabei ändert ein Quark sein Flavour, d.h. seine Ladung und eventuell seine Familienzugehörigkeit, und emittiert ein virtuelles W-Boson. Was mit diesem passiert, hängt von dem zur Verfügung stehenden Phasenraum des Vielteilchen-Endzustandes ab. Die Lebensdauer des Quarks hängt sicher von dem Massenunterschied

Tabelle 16.1. Multipletts der elektroschwachen Wechselwirkung. Die Quarks d′, s′ und b′ gehen durch verallgemeinerte Cabibbo-Rotation (CKM-Matrix) aus den Masseneigenzuständen hervor. Dubletts des schwachen Isospins T sind durch Klammern zusammengefasst. Die elektrische Ladung ze der beiden Zustände in jedem Dublett unterscheidet sich jeweils um eine Einheit. Das Vorzeichen der dritten Komponente T_3 ist so definiert, dass die Differenz $z - T_3$ innerhalb eines Dubletts konstant ist

	Fermionmultipletts			T	T_3	z
Leptonen	$\begin{pmatrix} \nu_e \\ e \end{pmatrix}_L$	$\begin{pmatrix} \nu_\mu \\ \mu \end{pmatrix}_L$	$\begin{pmatrix} \nu_\tau \\ \tau \end{pmatrix}_L$	1/2	+1/2 −1/2	0 −1
	e_R	μ_R	τ_R	0	0	−1
Quarks	$\begin{pmatrix} u \\ d' \end{pmatrix}_L$	$\begin{pmatrix} c \\ s' \end{pmatrix}_L$	$\begin{pmatrix} t \\ b' \end{pmatrix}_L$	1/2	+1/2 −1/2	+2/3 −1/3
	u_R	c_R	t_R	0	0	+2/3
	d_R	s_R	b_R	0	0	−1/3

zwischen den in der Wechselwirkung beteiligten Quarks und der Umgebung ab, in der sich die beiden vor und nach dem Zerfall befinden. Das erklärt die große Spanne der Lebensdauer der schwachen Zerfälle, die besonders im Falle des Kern-β-Zerfalls beeindruckend ist. Der einzige schwache Zerfall, dessen Lebensdauer nicht vom Vielteilchen-Phasenraum dominiert wird und daher besonders einfach *on the back of an envelope* auszurechnen ist, ist der des Top-Quarks. Wegen seiner großen Masse ($m_t c^2 = (174 \pm 5)$ GeV) ist der Zerfall in ein b-Quark, begleitet von der Emission eines reellen W^+ ($t \to b + W^+$), möglich. Dieser Kanal übernimmt in der Tat fast 100% der Gesamtübergangswahrscheinlichkeit des Zerfalls.

Zerfall des Top-Quarks

Die Lebensdauer des Top-Quarks schätzen wir wie üblich mit Hilfe Fermis *Zweiter Goldener Regel* ab

$$\Gamma = \frac{2\pi}{\hbar}|\mathcal{M}|^2 \frac{4\pi p_\mathrm{b}^2 \mathrm{d}p_\mathrm{b} n_\mathrm{s}}{(2\pi\hbar)^3 \mathrm{d}E_0} \,. \tag{16.8}$$

Hier ist n_s der Spinfaktor, der die drei Projektionen der Polarisation des W-Bosons berücksichtigt, $E_0 = E_\mathrm{b} + E_\mathrm{W}$ ist die Gesamtenergie des Zerfalls. Im Top-System ist $p_\mathrm{b} = p_\mathrm{W}$, und für die Zerfallsenergie kann man $\mathrm{d}E_0 = (v_\mathrm{b} + v_\mathrm{W})\mathrm{d}p_\mathrm{b}$ schreiben. In (16.8) ersetzen wir das Differential $\mathrm{d}E_0/\mathrm{d}p_\mathrm{b} = v_\mathrm{b} + v_\mathrm{W}$ und bekommen den Ausdruck für die Übergangswahrscheinlichkeit mit der endgültigen Form des Phasenraums:

$$\begin{aligned}\Gamma &= \frac{2\pi}{\hbar}|\mathcal{M}|^2 \frac{4\pi p_\mathrm{b}^2 n_\mathrm{s}}{(2\pi\hbar)^3 (v_\mathrm{b} + v_\mathrm{W})} \\ &= \frac{2\pi}{\hbar}|\mathcal{M}|^2 \frac{4\pi p_\mathrm{b}^2 n_\mathrm{s}}{(2\pi\hbar)^3 p_\mathrm{b} c^4 (E_\mathrm{b} + E_\mathrm{W})/E_\mathrm{b} E_\mathrm{W}} \,. \end{aligned} \tag{16.9}$$

In unserer vereinfachten elektroschwachen Vereinheitlichung ($\alpha_\mathrm{W} \sim \alpha$) können wir das Matrixelement mit $\mathcal{M}^2 \approx 4\pi\alpha(\hbar c)^3/(2E_\mathrm{W})$ annähern. Die Summe $E_\mathrm{b} + E_\mathrm{W} = m_\mathrm{t} c^2$ ist die Top-Masse und $E_\mathrm{b} \approx p_\mathrm{b} c$,

$$\Gamma \approx 2\alpha \frac{p_\mathrm{b}^2}{m_\mathrm{t}} n_\mathrm{s} \,. \tag{16.10}$$

Die Abschätzungen $p_\mathrm{b}^2 \approx \frac{1}{6}(m_\mathrm{t} c)^2$ und $n_\mathrm{s} \approx 3$ ergeben

$$\Gamma \approx \alpha\, m_\mathrm{t} c^2 \,. \tag{16.11}$$

Die elementare elektroschwache Zerfallsbreite entspricht einem Vertex im Feynman-Graf und hat den typischen Wert von 1/137 der Masse des zerfallenden Teilchens.

Die genaue Berechnung mit der elektroschwachen Theorie von Glashow, Weinberg und Salam ergibt fast dasselbe Resultat. Statt α muss man die schwache Kopplung nehmen, $f_\mathrm{tb}^2 \alpha_\mathrm{W} = \frac{1}{4}\alpha/\sin^2\theta_\mathrm{W} = 1.081\,\alpha$, wobei $f_\mathrm{tb} = \frac{1}{2}$ das Matrixelement für den Übergang t$\rightarrow$ b ist. Der Spinfaktor ist etwas größer als 3, $n_\mathrm{s} = \frac{1}{2} + \frac{1}{2} + \frac{1}{2}(m_\mathrm{t}/m_\mathrm{W})^2 = 3.34$; die beiden transversalen Komponenten tragen wegen der Mittelung über $\sin^2(\theta/2)$ jeweils nur die Hälfte bei, während die longitudinale

Komponente dominiert. Der Phasenraumfaktor ist $p_b^2/(m_t c)^2 = [1 - (m_W/m_t)^2]^2 = 0.155$ statt 1/6. Weiterhin kommt noch die schwache und die starke Strahlungskorrektur mit einem Faktor von 1.02 hinzu. Diese Faktoren resultieren in

$$\Gamma = 1.14\,\alpha\, m_t c^2 = 1.45\,\text{GeV}\ . \qquad (16.12)$$

Diese Zerfallsbreite entspricht einer Lebensdauer $\tau = \hbar/\Gamma = 0.5 \cdot 10^{-24}$ s, die etwas kurz erscheint, aber auf der Zeitskala des Top-Quarks $\hbar/(m_t c^2)$ sehr langlebig ist, $\tau = 137\,\hbar/(m_t c^2)$.

16.3 Z^0 und Photon

Das Z^0-Boson ist nicht das W^0-Boson, das wir mit unserer Überlegungen über den schwachen Isospin vorausgesagt haben. Die Masse des Z^0-Bosons ist (91.187 ± 0.007) GeV/c^2, fast 11 GeV/c^2 größer als die Massen der W-Bosonen. Da wir aber wenig über die Massen der Teilchen verstehen, ist diese Ungleichheit der Massen kein starkes Argument gegen unsere Behauptung. Aber der Zerfall des Z^0-Bosons zeigt eindeutig, dass dieses nicht nur schwach an die Fermionen koppelt (Abb. 16.5).

Aus der Analyse der Experimente am LEP und am SLAC ergeben sich folgende Verzweigungsverhältnisse (nach Particle Data Group):

$$\begin{array}{llll} Z^0 & \longrightarrow & e^+ + e^- & 3.366 \pm 0.008\,\% \\ & & \mu^+ + \mu^- & 3.367 \pm 0.013\,\% \\ & & \tau^+ + \tau^- & 3.360 \pm 0.015\,\% \\ & & \nu_{e,\mu,\tau} + \overline{\nu}_{e,\mu,\tau} & 20.01 \pm 0.16\,\% \\ & & \text{Hadronen} & 69.90 \pm 0.15\,\%\,. \end{array} \qquad (16.13)$$

Es ist offensichtlich, dass der Z^0-Zerfall sowohl zwischen geladenen Leptonen und Neutrinos wie auch zwischen den Quarks verschiedener Ladung unterscheidet. Wenn alle Fermionpaare dieselbe Kopplung an Z^0 hätten, würde man 1/21 für jedes Leptonenpaar und 15/21 für Hadronen erwarten (wegen der drei Farbladungen und fünf aktiven Flavour der Quarks). Bis jetzt sind wir schon daran gewöhnt: Die massenerzeugende Wechselwirkung bringt die schönen Symmetrien der schwachen Wechselwirkung durcheinander. Die Urbosonen (Eichbosonen) der schwachen und der elektromagnetischen Wechselwirkung sind die drei $W^{\pm,0}$-Bosonen der SU(2)-Symmetrie des schwachen Isospins und das Urphoton B der U(1)-Symmetrie.

Die perfekte SU(2)×U(1)-Symmetrie wird durch die massenerzeugende Wechselwirkung gebrochen, die eine Zustandsmischung analog der CKM-Mischung verursacht. Das Photon und das Z^0 sind durch eine unitäre Transformation mit dem Urphoton B und dem W^0 verbunden.

Die unitäre Transformation zwischen dem Urphoton B und W^0

$$\begin{aligned} |\gamma\rangle &= \cos\theta_W|B\rangle + \sin\theta_W|W^0\rangle \\ |Z^0\rangle &= -\sin\theta_W|B\rangle + \cos\theta_W|W^0\rangle \end{aligned} \tag{16.14}$$

wird mittels des so genannten Weinberg-Winkels θ_W ausgedrückt.

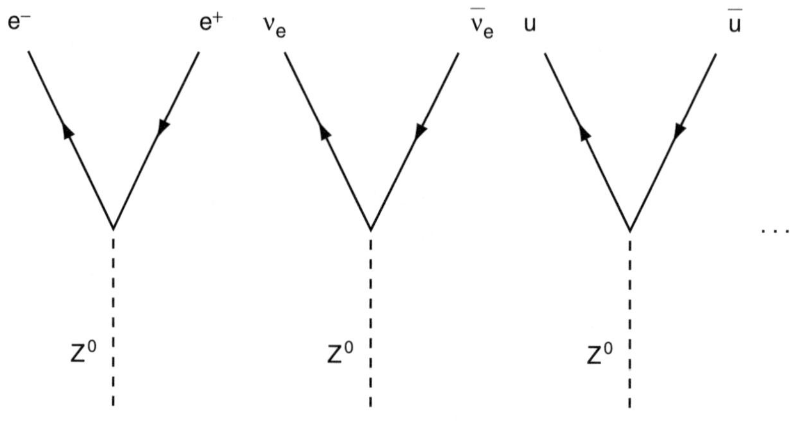

Abb. 16.5. Der Zerfall des Z^0 Bosons in Fermionpaare. Fermion und Antifermion entsprechen immer demselben Flavour

Aufgrund dieser Mischung mischt sich auch die schwache Zerfallsamplitude (die dritte Komponente des schwachen Isospins T_3) mit der elektromagnetischen Amplitude (der elektrischen Ladung z), so dass die partiellen Zerfallsbreiten zu $(T_3 - z\,\sin^2\theta_W)^2$ proportional sind. Die rechtshändigen Fermionen haben keine schwache Kopplung, $T_3 = 0$. Für linkshändige negative Leptonen und Quarks hat der schwache Isospin den Wert $T_3 = -\frac{1}{2}$, und für Neutrinos und positive Quarks ist $T_3 = +\frac{1}{2}$. Wenn wir die linkshändigen und rechtshändigen Beiträge zusammenfassen, bekommen wir mit der Abschätzung $\sin^2\theta_W \approx \frac{1}{4}$

$$\Gamma \propto (-z\,\sin^2\theta_W)^2 + \left(\frac{1}{2} + |z|\,\sin^2\theta_W\right)^2 \approx \frac{1}{8}\left(2 - 2|z| + z^2\right) , \tag{16.15}$$

und beim Z^0-Zerfall ungefähr die Verhältnisse:

$$\Gamma(e^+e^-) : \Gamma(\nu_e\bar{\nu}_e) : \Gamma(u\bar{u}) : \Gamma(d\bar{d}) \approx 1 : 2 : \left(3 \times \tfrac{10}{9}\right) : \left(3 \times \tfrac{13}{9}\right) \tag{16.16}$$

und Entsprechendes für die zweite und dritte Familie. Der Faktor 3 ist bedingt durch die drei Quarkfarben (siehe Kap. 3). Die Verhältnisse für den genaueren Wert $\sin^2\theta_W = 0.2312$ sind $1 : 1.99 : 3.42 : 4.41$. Die experimentellen Werte betragen $1 : 1.98 : 3.00 : 4.93$, wobei wir den Mittelwert von drei Familien genommen haben (bei $u\bar{u}$- und $c\bar{c}$-Paaren eigentlich von zwei Familien, weil das $t\bar{t}$-Paar zu schwer ist und nicht erzeugt wird). Die Übereinstimmung für die Leptonen ist ausgezeichnet, während die zehnprozentige Abweichung bei den Quarks auf andere physikalische Einflüsse und Phänomene hinweist. Im Endzustand entstehen wegen des Confinements keine freien Quarks, da diese hadronisieren, wodurch die Zerfallswahrscheinlichkeiten vom Phasenraum beeinflusst werden.

16.4 Higgs ex Machina

Laut George Bernard Shaw haben wir mit der Lösung eines Problems zehn neue Probleme erzeugt, jedoch zu unserer Freude. Hier erwähnen wir nur drei, die aber im Schweregrad dem gelösten Problem nicht nachstehen:

(i) Welcher Mechanismus ist für die Massen der Elementarteilchen verantwortlich? Im Standardmodell wird dies mit der Kopplung der Teilchen an die (hypothetischen) Higgs-Felder erklärt.

(ii) Warum kommt es zum Konflikt zwischen dem Massenoperator und der schwachen Wechselwirkung, so dass sich die Masseneigenzustände d, s, b von den schwachen Dublettpartnern d′, s′, b′ unterscheiden? Wir wissen es nicht, aber wir kennen auch keine Symmetrie, die das verhindert. In der Natur ist alles erlaubt – so glauben wir – was nicht durch einen Erhaltungssatz explizit verboten ist.

(iii) Wie schwer sind Neutrinos? Im vereinfachten Standardmodell macht man die Annahme, dass Neutrinos massenlos seien. In diesem Fall wären sie als Eigenzustände des Massenoperators entartet, und man könnte für die Basis ebenso gut die schwachen Partner von e, μ und τ als physikalische Teilchen nehmen, die Mischung – in Analogie zur CKM-Matrix – wäre nicht nachzuweisen. Es gibt aber starke Hinweise auf eine CKM-analoge Mischung bei den Sonnenneutrinos und atmosphärischen Neutrinos. Das Standardmodell wird man mit endlichen Neutrinomassen und mit der CKM-analogen Mischung auch bei Leptonen erweitern müssen. Die Mischungsparameter experimentell zu bestimmen, ist jedoch eine sehr aufwändige Angelegenheit und wird – so schätzt man – Experimentalphysiker noch 20 Jahre beschäftigen.

In einer naiven elektroschwachen Theorie mit vollkommener $U(1)\times SU(2)$-Symmetrie würden das Elektron und das Neutrino dieselbe Masse und dieselbe elektrische Ladung besitzen. Ebenso würden die Partner der SU(2)-Dubletts (μ, ν_μ), (τ, ν_τ), (d, u), (s, c) und (b,t) in der Masse entartet sein. Da wir glauben, dass die Welt so beschaffen ist, dass die Feldtheorien renormalisierbar sind, müssten auch die schwachen Bosonen ohne Masse sein. (Denn jeder explizite Massenterm würde in Renormierungfaktoren auftauchen, was es unmöglich macht, diese in effektiven Kopplungskonstanten zu absorbieren.) So sieht aber die Natur nicht aus.

Hier tritt der Deus ex machina – das Higgs-Feld – auf und gibt den Teilchen die richtigen effektiven Massen. Das geschiet durch einen Phasenübergang, verkörpert durch eine spontane Symmetriebrechung.

Bereiten wir erst das Szenario für den Phasenübergang vor. Das Higgs-Feld muss einen schwachen Isospin besitzen, um an die schwachen Bosonen zu koppeln. Das bedeutet, es muß aus SU(2)-Dubletts bestehen. Weiterhin müssen wenigstens zwei Dubletts vorhanden sein, weil drei Komponenten des Higgs-Feldes in longitudinale Komponenten der schwachen Bosonen $W^\pm$ und Z^0 umgewandelt werden müssen; die massenlosen schwachen Bosonen haben nämlich nur zwei transversale Freiheitsgrade. Wenn sie aber eine Masse bekommen, brauchen sie noch einen longitudinalen Freiheitsgrad. Das Higgs-Feld verschafft also die Masse, die longitudinale Komponente des Spins und auch – wie wir später sehen werden – die Mischung zwischen dem Urphoton B und W^0. Die vierte Komponente des Higgs-Feldes bleibt übrig als ein unabhängiges Teilchen. Die Suche nach dem Higgs-Boson ist die große Herausforderung heutiger Experimente und stellt das Hauptprogramm der Forschung an dem im Bau befindlichen *Large Hadron Collider* im CERN dar.

Das einfachste Muster eines Phasenübergangs realisiert man dadurch, dass der Ordnungsparameter, in unserem Fall das Higgs-Feld, einen von Null verschiedenen Vakuuerwartungsmwert bekommt. Das erreicht man mit einem Potential $V(\Phi)$ des Higgs-Feldes Φ wie in

Abb. 16.6, in dem das Feld einen beliebigen Wert innerhalb des ringförmigen Minimums einnehmen kann. Das heißt spontane Symmetriebrechung, das Vakuum ist nicht mehr unter SU(2) symmetrisch.

Dieses Muster des Phasenübergangs haben wir schon für die spontane Brechung der chiralen Symmetrie angewandt (Kap. 6). Auch dort hatte die Energie als Funktion des Ordnungsparameters (der Konstituentenmasse M) die Form einer Sektflasche mit einem entarteten Grundzustand (Vakuum) bei einem von Null verschiedenen Wert von M. Wir haben jedoch in Kap. 5 und 6 den Phasenübergang auch als Folge der Rückkopplung des Ordnungsparameters (5.25) bzw. (6.16) beschrieben. Beide Muster sind equivalent, da die Rückkopplungsgleichung eine Variationsgleichung für die Energiefläche in Form einer Sektflasche ist.

Es ist üblich, die zwei Higgs-Dubletts als ein komplexes Feld Φ zu beschreiben, so dass die obere komplexe Komponente einem positiv und einem negativ geladenen Teilchen und die untere komplexe Komponente zwei neutralen Teilchen entsprechen. Da das Vakuum neutral ist, kann nur die untere (neutrale) Komponente des Higgs-Dubletts einen von Null verschiedenen Vakuumerwartungswert besitzen, den wir mit v bezeichnen, wobei man die Phase des Higgs-Feldes immer so definieren kann, dass v reell wird. Das Higgs-Feld Φ entwickeln wir

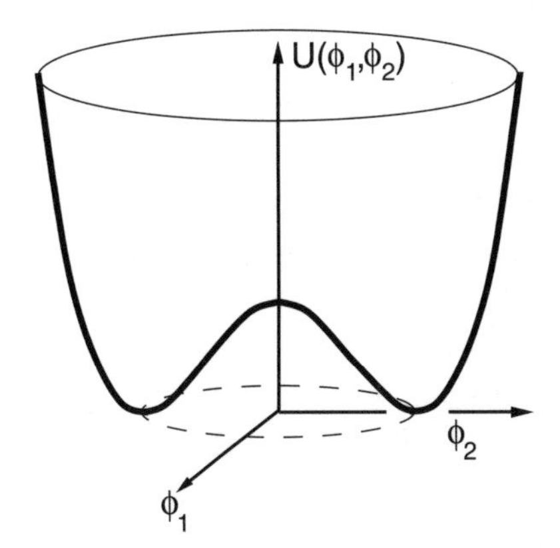

Abb. 16.6. Bei niedrigen Temperaturen („niederenergetische" Phänomene unterhalb der TeV-Schwelle) hat die Potentialkurve Minima für das Higgs-Feld ungleich Null, was zur spontanen Symmetriebrechung der SU(2)×U(1)-Symmetrie führt. Bei hohen Temperaturen ($kT > 2v$) und hohen Dichten dagegen sieht die Potentialkurve ganz anders aus; sie hat ein Minimum bei $\Phi_{\text{Higgs}} = 0$, und die Symmetrie wird wieder hergestellt

nach seinem Vakuumwert Φ_0. Dann entsprechen die einzelnen Komponenten der vier reellen Felder den Fluktuationen um den Vakuumwert

$$\Phi_0 = \frac{1}{\sqrt{2}}\begin{pmatrix} 0 \\ v \end{pmatrix} \qquad \Phi = \frac{1}{\sqrt{2}}\begin{pmatrix} \chi_1 + \mathrm{i}\chi_2 \\ (v + \chi_3) + \mathrm{i}\chi_4 \end{pmatrix} . \qquad (16.17)$$

Die Komponenten $\chi_{1,2}$ werden in die longitudinalen Komponenten der schwachen Bosonen $W^{\pm}$ umgewandelt, χ_4 wird die longitudinale Komponente des neutralen schwachen Bosons, χ_3 entspricht einem echten Teilchen. Warum gerade χ_3? Weil χ_3 zusammen mit v auftritt und die Fluktuation des Higgs-Feldes in die steile Richtung der „Sektflasche“ (Abb. 16.6) beschreibt.

Die minimale Kopplung des Higgs-Feldes mit B- und W-Bosonen ist

$$\begin{aligned} \mathcal{L}_{\mathrm{Higgs}} = & \left[\left(\mathrm{i}g\frac{\boldsymbol{\tau}}{2}\boldsymbol{W}^{\mu} + \mathrm{i}g'\frac{1}{2}B^{\mu}\right)\frac{1}{\sqrt{2}}\begin{pmatrix} 0 \\ v \end{pmatrix}\right]^{\dagger} \\ & \cdot \left[\left(\mathrm{i}g\frac{\boldsymbol{\tau}}{2}\boldsymbol{W}_{\mu} + \mathrm{i}g'\frac{1}{2}B_{\mu}\right)\frac{1}{\sqrt{2}}\begin{pmatrix} 0 \\ v \end{pmatrix}\right] . \end{aligned} \qquad (16.18)$$

Die (2×2)-Pauli-Matrix $\boldsymbol{\tau}$ ist die schwache Ladung und der Faktor $\frac{1}{2}$ in der Kopplung mit dem Urphotonfeld B ist die U(1)-Hyperladung des Higgs-Feldes. Die Kopplungskonstanten g und g' stehen mit α und α_{W} in solch einer Beziehung, dass $\alpha_{\mathrm{W}} = g^2/4\pi$, $\tan\theta_{\mathrm{W}} = g'/g$, $\alpha = \alpha_{\mathrm{W}} \sin^2\theta_{\mathrm{W}}$ gelten.

Hier haben wir nur den Vakuumterm des Higgs-Feldes angegeben, da nur dieser quadratische Terme in den Feldern W, B und χ erzeugt, die für die Massenerzeugung wichtig sind. Das volle Higgs-Feld trägt auch zu kubischen und Termen vierter Potenz bei, die für verschiedene Prozesse wie Higgs-Erzeugung und -Zerfall verantwortlich sind. Die wichtigsten Zerfälle des Higgs-Bosons sind die in die Paare Z^0Z^0 oder W^+W^-, die die volle Kopplung g haben. Solche Zerfälle sind praktisch durch Zerfallsprodukte der schwachen Bosonen – zwei Paare von Jets oder Leptonen – nachzuweisen. Wenn die Higgs-Masse kleiner als zwei Massen der schwachen Bosonen ist, muss wenigstens eines von den schwachen Bosonen virtuell sein.

Die quadratischen Terme der schwachen Felder sehen wie Massenterme aus und können als solche interpretiert werden. Die Bosonen bekommen eine Masse, weil sie am „Higgs-Feld kleben“. Durch Diagonalisierung kann man sich des gemischten Terms $-2gg'W^{0\mu}B_\mu/4$ entledigen:

$$\begin{aligned} &\frac{1}{4} \quad (W^{0\mu}, \quad B^\mu) \begin{pmatrix} g^2v^2, & -gg'v^2 \\ -gg'v^2, & g'^2v^2 \end{pmatrix} \begin{pmatrix} W^0_\mu \\ B_\mu \end{pmatrix} \\ \to \; &\frac{1}{4} \quad (Z^{0\mu}, \quad A^\mu) \begin{pmatrix} (g^2+g'^2)v^2, & 0 \\ 0, & 0 \end{pmatrix} \begin{pmatrix} Z^0_\mu \\ A_\mu \end{pmatrix} \end{aligned} \tag{16.19}$$

und man bekommt

$$\mathcal{L}_{\mathrm{Higgs}} = 2\frac{m_{\mathrm{W}}^2c^4}{2}W^{+\mu}W^-_\mu + \frac{m_{\mathrm{Z}}^2c^4}{2}Z^{0\mu}Z^0_\mu + \frac{m_\gamma^2c^4}{2}A^\mu A_\mu \tag{16.20}$$

mit $m_{\mathrm{W}}c^2 = gv/2$, $m_{\mathrm{Z}}c^2 = \sqrt{g^2+g'^2}\,v/2 = m_{\mathrm{W}}c^2/\cos\theta_{\mathrm{W}}$ und $m_\gamma = 0$. Das Photonfeld haben wir mit A bezeichnet. Die Diagonalisierung entspricht der „Weinberg-Mischung“ (16.14). Aus $g = (e/\sqrt{\varepsilon_0\hbar c})/\sin\theta_{\mathrm{W}} = 0.6$ kann man auch den Vakuumwert $v = 2m_{\mathrm{W}}c^2/g = 246\,\mathrm{GeV}$ berechnen, obwohl er keine messbare physikalische Bedeutung hat.

Auch Fermionen koppeln an das Higgs-Feld und bekommen dadurch eine Masse. Für diesen Zweck genügt es, die einfachste Form der Kopplung anzunehmen, die so genannte Yukawa-Kopplung (Kontaktkopplung)

$$\mathcal{L}'_{\mathrm{Higgs}} = -\sum_\alpha \frac{g_\alpha}{\sqrt{2}}\,(v+\chi_3)\,\bar{\psi}_\alpha\psi_\alpha = -\sum_\alpha m_\alpha c^2\left(1+\frac{\chi_3}{v}\right)\bar{\psi}_\alpha\psi_\alpha\,. \tag{16.21}$$

Wir haben $g_\alpha v/\sqrt{2} = m_\alpha c^2$ als Fermionmassen interpretiert. Der Preis einer solchen Massenerzeugung ist die Kopplung der Fermionen an das Higgs-Feld χ_3. Die andere Komponenten $\chi_{1,2,4}$ sind hier nicht geschrieben, weil sie besser als Kopplung an die äquivalenten longitudinalen Komponenten der schwachen Bosonen umschrieben werden und in der Lagrange-Dichte zusammen mit den transversalen Komponenten bei der Quark-W- oder Quark-Z-Kopplung verpackt werden.

Es ist bemerkenswert, dass die Kopplung $g_\alpha/\sqrt{2} = m_\alpha c^2/v = g(m_\alpha/m_{\mathrm{W}})$ der Fermionmasse m_α proportional ist. Der Unterdrückungsfaktor $(m_{\mathrm{b}}/m_{\mathrm{W}})$ ist sogar beim b-Quark sehr klein, so dass der Zerfall des Higgs-Teilchen in schwere Fermionpaare ($\mathrm{b\bar{b}}$) viel unwahrscheinlicher ist als der Zerfall in zwei schwache Bosonen.

Das Higgs-Modell hat trotz seiner Eleganz aber auch einen Schönheitsfehler: für jedes einzelne Fermion braucht man eine, *a priori* willkürliche Kopplungskonstante g_α. Sie ist (bis auf den Faktor $\sqrt{2}\,c^2/v$) gleich der Masse, die durch den Higgs-Mechanismus erzeugt wird.

16.5 Protonzerfall

Vereinheitlichung wird in der Physik groß geschrieben. Schon Newton hat seine Gravitationstheorie mit der Hypothese eingeführt, dass die gleichen Gesetze auf der Erde und dem Himmel gelten. Maxwell hat gezeigt, dass die elektrische und magnetische Wechselwirkung mit einer einzelnen Kopplungskonstante zu erklären ist. Dieses Muster der Vereinheitlichung versucht man heute auch auf die elektromagnetische, schwache und starke Wechselwirkung im Rahmen der *Grand Unified Theory* anzuwenden.

Zuerst scheint es ziemlich unwahrscheinlich, alle drei Wechselwirkungen mit einer gemeinsamen Kopplungskonstante zu beschreiben, da diese bei heute erreichbaren Beschleunigerenergien so verschieden sind: $\alpha = 1/137,\ \alpha_\mathrm{W} = 1/32,\ \alpha_\mathrm{s} \approx 1/5 - 1/9$.

Ein Hinweis auf eine mögliche Vereinheitlichung kommt jedoch von den laufenden Kopplungskonstanten ((3.19) und (3.20)). Die elektromagnetische Kopplungskonstante wird mit feinerer Auflösung (mit wachsendem Q^2) stärker; wegen der Vakuumpolarisation wird die Ladung abgeschirmt und je kleiner die Abstände, desto mehr Ladung wird bei der Messung gesehen. Bei der schwachen und starken Wechselwirkung ist es umgekehrt: die schwachen Bosonen tragen den schwachen Isospin, und Gluonen die Farbe, der Effekt der Selbstkopplung überwiegt den der Vakuumpolarisation, und beide Wechselwirkungen werden mit wachsendem Q^2 schwächer. Da die Extrapolation oberhalb der schwachen Energieskala (100 GeV) durchgeführt wird, ist das Urphoton von W^0 entkoppelt, und es muss statt der elektromagnetischen die Kopplungskonstante des Urphotons, $\alpha_\mathrm{B} = \frac{5}{3}g'^2/4\pi = \frac{5}{3}\alpha/\cos^2\theta_\mathrm{W}$, benutzt werden. Der Faktor $\frac{5}{3}$ ist die Folge der einheitlichen Normierung aller drei Konstanten. Bei etwa 10^{15} GeV treffen sich alle drei Kopplungskonstanten bei einem Wert von etwa 1/45, Abb. 16.7.

Selbstverständlich hat diese Extrapolation nur dann eine Bedeutung, wenn es zwischen der schwachen Skala 100 GeV und der Vereinheitlichungsskala 10^{15} GeV keine neue Physik gibt.

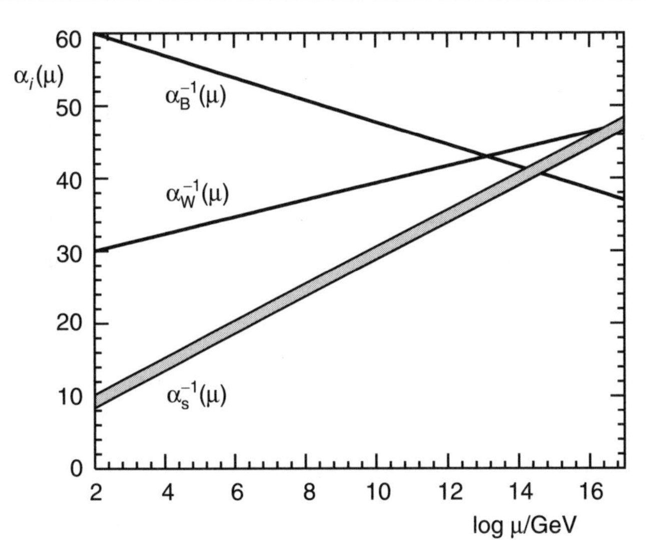

Abb. 16.7. Der Hinweis auf die *Grand Unified Theory* folgt aus der Extrapolation der laufenden Kopplungskonstanten α_s, α_W, α_B. Aufgetragen sind die inversen Kopplungskonstanten in Abhängigkeit von der Skala $Q^2 = \mu^2$, bei der die Konstante gemessen wird

Die Hypothese der *Grand Unified Theory* ist, dass es bei dieser Energieskala einen Phasenübergang zu einer größeren Symmetrie gibt und eine Umwandlung zwischen Quarks in Leptonen möglich ist. Die Bosonen, die diese Umwandlung vermitteln, nennen wir X-Bosonen. Ihre Masse entspricht etwa der Vereinheitlichungsskala.

Ein experimenteller Test der Vereinheitlichungshypothese ist der Protonzerfall. Eine *on the back of an envelope*-Abschätzung der Protonlebensdauer unternehmen wir unter der Annahme, dass die X-Bosonen eine Masse $m_\mathrm{X} = 10^{15}\,\mathrm{GeV}/c^2$ haben. Es ist am einfachsten, einen schwachen Zerfall mit dem gleichen Phasenraum zum Vergleich zu benutzen, wie man es für das Proton erwartet.

Vergleichen wir einen Zerfallskanal des Protons ($\mathrm{p} \to \pi^0 + \mathrm{e}^+$) mit dem eines der schwachen Zerfälle des D-Meson ($\mathrm{D}^+ \to \bar{\mathrm{K}}^0 + \pi^+$) (Abb. 16.8). Nehmen wir weiterhin an, dass auch die restlichen Zerfallskanäle etwa gleiche Phasenräume haben. In der *Grand Unified Theory* sind alle Kopplungskonstanten gleich, nur die Propagatoren unterscheiden sich dramatisch. Die Matrixelemente sind proportional

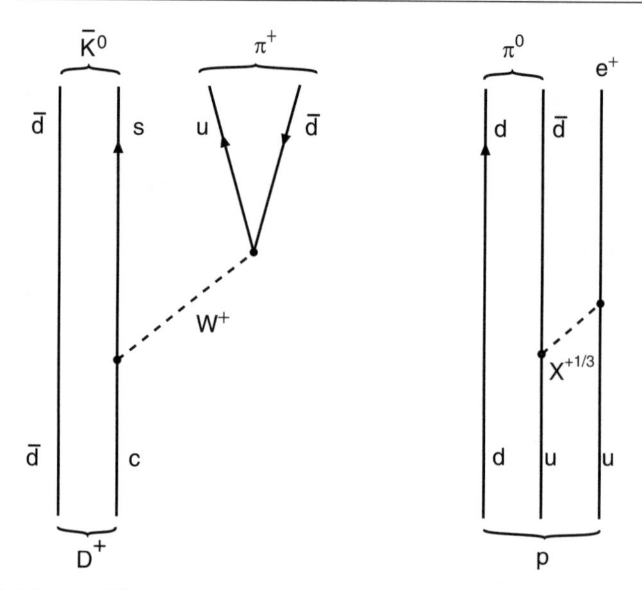

Abb. 16.8. Der Phasenraum beim Protonzerfall ist mit dem beim cabibbo-erlaubten Zerfall des D-Mesons vergleichbar

zum Quadrat der inversen Bosonmasse:

$$\mathcal{M}(\mathrm{p} \to \pi^0 \mathrm{e}^+) \propto \frac{1}{m_\mathrm{X}^2}, \qquad \mathcal{M}(\mathrm{D}^+ \to \bar{\mathrm{K}}^0 \pi^+) \propto \frac{1}{m_\mathrm{W}^2}, \tag{16.22}$$

woraus das Verhältis der Lebensdauern

$$\frac{\tau(\mathrm{p} \to \pi^0 \mathrm{e}^+)}{\tau(\mathrm{D}^+ \to \bar{\mathrm{K}}^0 \pi^+)} \approx \left(\frac{m_\mathrm{X}}{m_\mathrm{W}}\right)^4 \approx 10^{52} \tag{16.23}$$

folgt. Die Lebensdauer des D^+ beträgt 10^{-12} s, woraus wir die Protonlebensdauer mit

$$\tau_\mathrm{proton} \approx 10^{52} \times 10^{-12}\,\mathrm{s} \approx 10^{40}\,\mathrm{s} \approx 10^{32}\,\text{Jahre} \tag{16.24}$$

abschätzen. Bisherige Experimente haben noch keinen Protonzerfall mit Sicherheit nachgewiesen, woraus man auf eine untere Grenze für die Protonlebensdauer $\tau_\mathrm{proton} > 10^{32}$ Jahre schließt. Vielleicht liegt die Vereinheitlichungsskala bei etwas höherer Energie als die Extrapolation in Abb. 16.7 suggeriert!

16.6 Teilchen ohne Eigenschaften

Die Tatsache, dass die *Grand Unified Theory* noch keinen experimentellen Rückhalt hat, sollte uns nicht daran hindern, noch über eine weitere Vereinheitlichung der Wechselwirkungen mit der Gravitation zu spekulieren. Die „Planck-Skala", bei der diese ultimative Vereinheitlichung stattfinden könnte, wird durch die Energie definiert, bei der auch die Gravitationskopplungskonstante einen Wert vergleichbar zu anderen Kopplungskonstanten erreicht, das bedeutet $\alpha_G \sim 1$. Schätzen wir die Planck-Skala ab. Die Gravitationskopplungskonstante zwischen zwei Teilchen im relativistischen Fall hängt von der totalen Energie der Teilchen, d. h. der Masse sowie der kinetischen und potentiellen Energie, ab. Die Massen des Newtonschen Gesetzes ersetzen wir durch $m_P = E_P/c^2$, wobei mit dem Index P die Planck-Skala gemeint ist.

Die Gravitationskopplungskonstante

$$\alpha_G = \frac{Gm_P^2}{\hbar c} = \frac{G(E_P/c^2)^2}{\hbar c} \tag{16.25}$$

erreicht einen mit den anderen Kopplungskonstanten vergleichbaren Wert bei der Energie

$$E_P \approx \sqrt{\frac{\hbar c^5}{G}} = 10^{19} m_P c^2 \approx 10^{19}\,\text{GeV}\,. \tag{16.26}$$

Für die Gravitationskonstante haben wir hier $G = 10^{-38}\hbar c/m_P^2$ (siehe (15.8)) eingesetzt.

Die ultimative Vereinheitlichung bedeutet eine noch größere Symmetrie, die alle Eigenschaften der Elementarteilchen umfasst. Idealerweise hätte man gerne: ein Teilchen, eine Wechselwirkung, eine Kopplungskonstante. Das **Urteilchen** soll natürlich viele innere Freiheitsgrade besitzen, die sich später in Familien, Ladungen, Flavours und Farben entwickeln. Aber im Anfangsstadium treten alle inneren Freiheitsgrade ganz symmetrisch auf, sind daher nicht erkennbar. Das Urteilchen ist also *ohne Eigenschaften*. Ebenso ist das Urboson noch *ohne Eigenschaften*. In heutigen „Big-Bang"-Szenarien besteht der Anfangszustand des Universums aus den Urteilchen und Urbosonen. Diese große Symmetrie ist langweilig, die Vielfältigkeit und Schönheit unserer Welt kommt erst durch **Symmetriebrechung** zustande.

Im ersten Schritt bei der Abkühlung des Universums trennt sich die Gravitation von anderen Wechselwirkungen. Anschließend folgt die Trennung der elektroschwachen Wechselwirkung von der starken; gleichzeitig trennen sich die Leptonen von den Quarks. Dies passiert bei einer Temperatur von etwa 10^{15} GeV. Einige der Bosonzustände bleiben massenlos (γ, $W^{\pm,0}$, Gluonen), und einige bekommen eine große Masse, vielleicht in der Größenordnung von 10^{16} GeV. Zuvor konnten sich die Fermionen frei ineinander umwandeln, nachher sind die Vermittler (massive Bosonen) zu schwer, und der Zerfall von Proton in Positron und π^0 braucht wenigstens 10^{32} Jahre.

Bei einer Temperatur von etwa 100 GeV kommt es wieder zur Symmetriebrechung, in der sich die elektromagnetische Wechselwirkung von der schwachen trennt. Die schwachen Bosonen bekommen eine Masse, die der Energie der Symmetriebrechung entspricht, Fermionen erhalten weitere Eigenschaften. Die Teilchen in den Dubletts wie (e, ν_e), (u, d), usw. unterscheiden sich nachher in Ladung, Masse, Flavour und Familie.

Irgendwo dazwischen kommt es wahrscheinlich zu noch einer Symmetriebrechung, die den Unterschied zwischen links- und rechtshändigen Fermionen markiert und die schwache Kopplung mit den linkshändigen Fermionen bevorzugt.

Man beschreibt also den Zeitablauf im Universum seit dem Big Bang in einer Reihenfolge von Symmetriebrechungen von großen zu kleinen Energien. Endlich kam es zur Brechung der Translationssymmetrie im Weltall, die Materie wurde inhomogen und begann sich in Galaxien zu konzentrieren. Und immer so weiter.

Die letzten bedeutenden, uns bekannten Symmetriebrechungen oder – wie man in solchen Fällen lieber sagt – Selbstorganisationen im Weltall, sind das Erscheinen des Lebens und des Menschen auf der Erde.

Weiterführende Literatur

M. Treichel: *Teilchenphysik und Kosmologie* (Springer, Berlin Heidelberg 2000)

Ch. Berger: *Elementarteilchenphysik* (Springer, Berlin Heidelberg 2002)

Particle Data Group (D. E. Groom et al.): *Review of Particle Physics*, Eu. Phys. J. **C15** (2000) 1

Q. R. Ahmad et al.:*Sundbury Neutrino Observatory Collaboration* (Phys. Rev. Lett.**87** (2001) 071301

S. Fukuda et al.: *Super-Kamiokande Collaboration* Phys. Rev. Lett. **86** (2001) 5651

Nous pardonnons souvent
à ceux qui nous ennuient,
mais nous ne pouvons pardonner
à ceux que nous ennuyons.
La Rochefoucauld

Sachverzeichnis

Naturkonstanten

Konstante	Symbol	Wert
Lichtgeschwindigkeit	c	$2.997\,924\,58 \cdot 10^{8}$ m s^{-1}
Planck-Konstante	h	$6.626\,075\,5\,(40) \cdot 10^{-34}$ J s
	$\hbar = h/2\pi$	$1.054\,572\,66\,(63) \cdot 10^{-34}$ J s
		$= 6.582\,122\,0\,(20) \cdot 10^{-22}$ MeV s
	$\hbar c$	197.327 053 (59) MeV fm
	$(\hbar c)^2$	0.389 379 66 (23) GeV^2 mbarn
atomare Masseneinheit	$u = M_{^{12}\mathrm{C}}/12$	931.494 32 (28) MeV/c^2
Masse des Protons	M_p	938.272 31 (28) MeV/c^2
Masse des Neutrons	M_n	939.565 63 (28) MeV/c^2
Masse des Elektrons	m_e	0.510 999 06 (15) MeV/c^2
Elementarladung	e	$1.602\,177\,33\,(49) \cdot 10^{-19}$ A s
Dielektrizitätskonstante	$\varepsilon_0 = 1/\mu_0 c^2$	$8.854\,187\,817 \cdot 10^{-12}$ A s/V m
Permeabilitätskonstante	μ_0	$4\pi \cdot 10^{-7}$ V s/A m
Feinstrukturkonstante	$\alpha = e^2/4\pi\varepsilon_0\hbar c$	$1/137.035\,989\,5\,(61)$
klass. Elektronenradius	$r_\mathrm{e} = \alpha\hbar c/m_\mathrm{e}c^2$	$2.817\,940\,92\,(38) \cdot 10^{-15}$ m
Compton-Wellenlänge	$\bar{\lambda}_\mathrm{e} = r_\mathrm{e}/\alpha$	$3.861\,593\,23\,(35) \cdot 10^{-13}$ m
Bohrscher Radius	$a_0 = r_\mathrm{e}/\alpha^2$	$5.291\,772\,49\,(24) \cdot 10^{-11}$ m
Rydberg-Energie	hcR_∞	
	$= m_e c^2\alpha^2/2$	13.605 698 1 (40) eV
Bohrsches Magneton	$\mu_\mathrm{B} = e\hbar/2m_\mathrm{e}$	$5.788\,382\,63\,(52) \cdot 10^{-11}$ MeV T^{-1}
Kernmagneton	$\mu_\mathrm{N} = e\hbar/2m_\mathrm{p}$	$3.152\,451\,66\,(28) \cdot 10^{-14}$ MeV T^{-1}
Magnetisches Moment	μ_e	1.001 159 652 193 (10) μ_B
	μ_p	2.792 847 386 (63) μ_N
	μ_n	$-1.913\,042\,75$ (45) μ_N
Avogadrozahl	N_A	$6.022\,136\,7\,(36) \cdot 10^{23}$ mol^{-1}
Boltzmann-Konstante	k	$1.380\,658\,(12) \cdot 10^{-23}$ J K^{-1}
		$= 8.617\,385\,(73) \cdot 10^{-5}$ eV K^{-1}
Gravitationskonstante	G	$6.672\,59\,(85) \cdot 10^{-11}$ N m^2 kg^{-2}
	$G/\hbar c$	$6.707\,11\,(86) \cdot 10^{-39}$ (GeV/c^2)$^{-2}$
Fermi-Konstante	$G_\mathrm{F}/(\hbar c)^3$	$1.166\,39\,(1) \cdot 10^{-5}$ GeV^{-2}
Weinberg Winkel	$\sin^2\theta_\mathrm{W}$	0.231 24 (24)
Masse des $\mathrm{W}^\pm$	M_W	80.41 (10) GeV/c^2
Masse des Z^0	M_Z	91.187 (7) GeV/c^2
Starke Kopplungskonstante	$\alpha_\mathrm{s}(M_\mathrm{Z}^2 c^2)$	0.119 (2)

Druck: Strauss Offsetdruck, Mörlenbach
Verarbeitung: Schäffer, Grünstadt